Bohne · Ökologische Gebäudetechnik

Kohlhammer

Dirk Bohne

Ökologische Gebäudetechnik

Verlag W. Kohlhammer

Für Sunnyi und Marius

1. Auflage 2004

Softcover reprint of the hardcover 1st edition 2004
Umschlag: Gestaltungskonzept Data Images GmbH
Gesamtherstellung:
W. Kohlhammer Druckerei GmbH + Co. Stuttgart

ISBN 978-3-322-97856-1 ISBN 978-3-322-97855-4 (eBook)
DOI 10.1007/978-3-322-97855-4

Vorwort

Die Höhe des Energieverbrauchs eines Gebäudes wird durch die bauphysikalischen Qualitäten, die Art der eingesetzten Anlagen, die Nutzung selbst und die Ausschöpfung von „ökologischen Maßnahmen" bestimmt. Oft sind durch Kombination der gewählten Architektur, der Konstruktion und der Anlagen des technischen Ausbaus im Sinne der Bauökologie erhebliche Energieeinsparungen möglich. Es gehört zum Selbstverständnis eines jeden Anlagenplaners, die Dimensionierung und die Auswahl der technischen Anlagenkomponenten mit dem Ziel der Verbrauchsminimierung vorzunehmen. Nur durch ganzheitliche Betrachtungen ist jedoch ein weiterer Schritt möglich.

Integrierte Gebäudekonzepte werden häufig an bereits gebauten Beispielen dargestellt und geben dem Planer für seinen eigenen Entwurf nur bedingt Empfehlungen. Das vorliegende Buch soll angesichts der Vielzahl der Kombinationsmöglichkeiten einen Überblick verschaffen und insbesondere Planungskriterien verdeutlichen.

Für die vertrauensvolle Zusammenarbeit danke ich dem Kohlhammer Verlag, besonders Herrn Dr. Klaus-Peter Burkarth. Allen beteiligten Mitarbeitern danke ich für die Hilfe herzlich: Frau Stefani Reichelt (Manuskript), Frau Indira Schädlich (Beispiele und Bilder), Frau Nadine von Bürck (Beispiele), Frau Füsun Saygan (Grafiken, Zeichnungen) und Frau Wieslava Czernecki (Zeichnungen).

Inhaltsverzeichnis

1 Einleitung

Ökologisches Bauen ist untrennbar mit einer besonderen – auf den jeweiligen Bedarfsfall angepassten – Gebäudetechnik verbunden. Wird Ökologie als „Lehre von den Wechselwirkungen zwischen den Organismen und ihrer Umwelt einerseits und zwischen verschiedenen Umweltfaktoren andererseits" beschrieben, ist Bauökologie bzw. ökologisches Bauen die Lehre von den Wechselwirkungen zwischen Gebäuden und Nutzern einerseits und Gebäude und Gebäudetechnik andererseits. Es versteht sich von selbst, dass bei der Herstellung, beim Betrieb und bei der Entsorgung eines Gebäudes darauf zu achten ist, umweltverträgliche Materialien und ressourcenschonende Technologien einzusetzen.

Im Vordergrund des Konzeptes eines „ökologischen Gebäudes" steht der architektonische Entwurf, durch den alle folgenden technischen Maßnahmen geprägt sind. Die Wechselwirkung zwischen der Auswahl geeigneter Gebäudetechnik und dem Gebäudeentwurf bestimmt insbesondere bei ökologischen Konzepten die Qualität der Nutzung und der Energiebilanz. Dieses Buch hat zum Ziel, Planern, Bauherrn und anderen einen Überblick über die möglichen technischen Anlagenkonzepte zu geben und eine Entscheidungshilfe für die Auswahl „ökologischer Gebäudetechnik" zu liefern. Die Vielfalt der Lösungen, beginnend bei dem städtebaulichen Entwurf bis hin zu den technischen Details, begrenzt selbstverständlich die Möglichkeit, die zahlreichen Aspekte in allen Einzelheiten zu beschreiben.

Verschiedene ökologisch sinnvolle technische Anlagen wie z. B. die Photovoltaik können unabhängig vom Gebäudeentwurf installiert und betrieben werden. Selbstverständlich sind diese Technologien auch Gegenstand dieses Buches. Im Vordergrund steht jedoch die Integration in den Gebäudeentwurf und damit die Entwurfsansätze, die ein Gebäude unveränderbar prägen (und damit auch sein thermisches Verhalten). Denn ein wirklich konsequentes ganzheitliches Gebäudekonzept nutzt zunächst alle Kenntnisse über das thermische und strömungstechnische Verhalten im Kontext zu den Klimabedingungen aus, um dann mit möglichst geringem technischen Aufwand die Energie- und Luftströmungen im Gebäude zu lenken. Schließlich können unvermeidbare technische Anlagen unter Nutzung erneuerbarer Energien, einfachen „Tag-/Nachtstrategien", Energierückgewinnung oder mehrstufigen Prozessen in ihrem Energieverbrauch reduziert werden.

Viele Publikationen beschäftigen sich intensiv mit einzelnen Themen der erneuerbaren Energien oder den zahlreichen Möglichkeiten energiesparender Technologien. Darstellungen einzelner (gelungener) Gebäude mit sinnvollen ganzheitliche Ansätzen sind nur bedingt auf andere Entwürfe anzuwenden. Ziel dieses Buches ist es, einen Überblick über die verschiedenen Techniken und erste Hinweise für die Planung zu geben und damit Planer bei der Suche nach Lösungen zu unterstützen. Schließlich sind über 50 Objekte beschrieben, in denen unterschiedlichste Lösungen angewendet wurden. Es handelt sich um Beispiele vom Einfamilienhaus über den Wohnungsbau bis zu unterschiedlichen Objektgebäuden. Eine möglichst breite Anwendung soll mit den vorgestellten Lösungen und Beispielen erreicht werden.

2 Grundsätzliche Aspekte des ökologischen Bauens

Gebäude, die mit dem Anspruch des ökologischen Bauens erstellt werden, unterstellt man in erster Linie im Vergleich zu den sonst üblichen Bauweisen geringen Primärenergiebedarf, geringe Schadstoffanteile der eingesetzten Materialien und – nicht zuletzt durch Bauten mit Vorreiterrolle – einen gleichzeitig höheren Komfort.

Der für den Gebäudebetrieb erforderliche Primärenergiebedarf setzt sich aus den Anteilen zur Deckung des Heiz-, Kühl-, Lüftungs- und Elektroenergiebedarfs und aus den durch den Betrieb der Anlagen verursachten Verlusten zusammen. Gering ausfallen können die einzelnen Anteile nur, wenn

- das Gebäude nach Größe, Form und Ausrichtung unter Beachtung der äußeren Einflüsse so konzipiert wird, dass geringe Energieströme zur Einhaltung der Behaglichkeit erforderlich werden;
- die Anlagentechnik auf den erforderlichen Betrieb optimiert möglichst wenig Primärenergie verbraucht;
- natürliche Maßnahmen wie Energiezwischenspeicherung weitestgehend ausgeschöpft werden und
- vorrangig die regenerativen Energiequellen für die Lieferung von Heiz-, Kühl- und Elektroenergie genutzt werden.

Eine Einteilung ökologischer Gebäudetechnik in unterschiedliche Methoden und Technologien ist nur bedingt möglich, denn die Grenzen sind fließend. Häufig unterteilt man „aktive Maßnahmen" und „passive Maßnahmen". Die in diesem Buch behandelten Themen werden – verwendet man diese Termino-

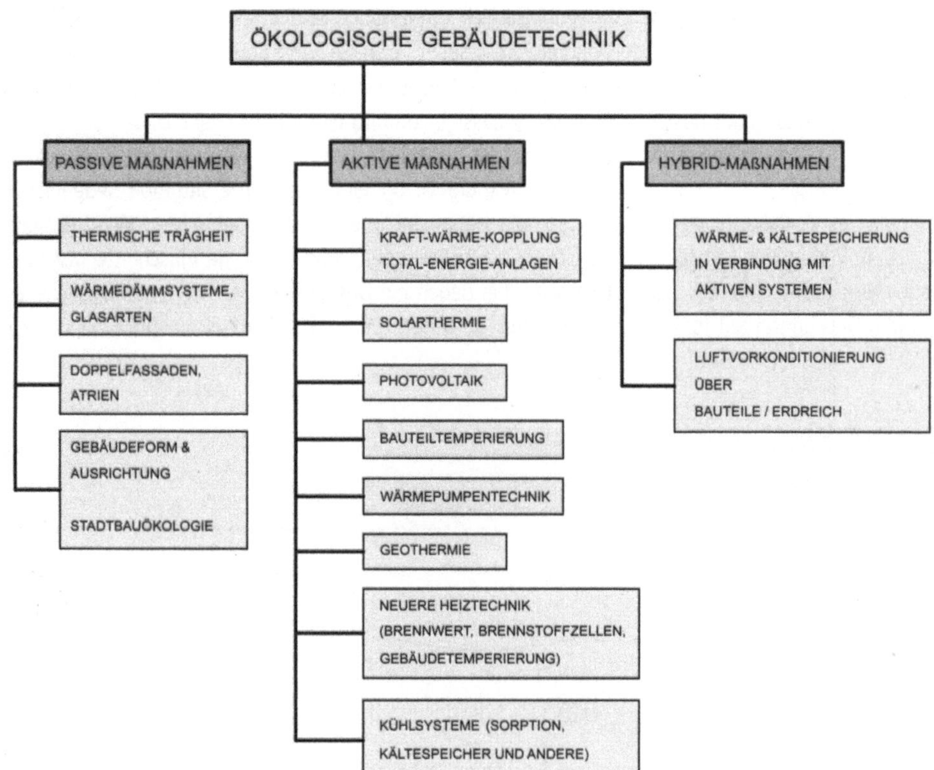

Bild 2.1: *Einteilung der ökologischen Gebäudetechnik nach passiven, aktiven und hybriden Maßnahmen*

logie – wie in Bild 2.1 dargestellt klassifiziert. Nahezu alle passiven Maßnahmen stehen in Verbindung mit dem thermischen Verhalten eines Gebäudes, der Nutzung der in Wärme umgewandelten Sonnenstrahlung oder der Dämpfung von Heiz- und Kühllasten im Gebäude durch wärmespeichernde Bauteile. Daher werden in dem Kapitel „Thermische Speicherung und solare Gewinne" die grundsätzlichen Anwendungen dazu beschrieben. Im Kapitel „Ökologische Gebäudetechnik" werden die verschiedenen Technologien von Anlagenkonzepten dargestellt und im Kapitel „Integrierte Gebäudekonzepte" die Anwendungen, die bereits fester Bestandteil des Gebäudeentwurfs sind.

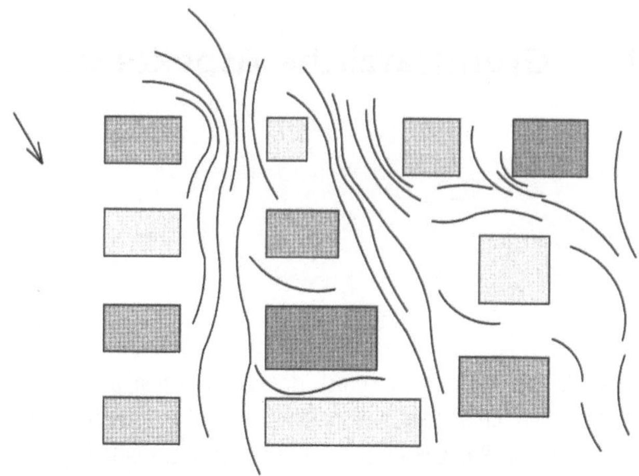

Bild 2.2: *Luft-Geschwindigkeitsverteilung nach Anordnung und Höhe der Gebäude (qualitativ)*

2.1 Stadtbauökologie

Die städtebauliche Planung und die damit einhergehenden Festlegungen bilden die Grundlage für nahezu alle passiven Maßnahmen zur Primärenergiereduktion beim Betrieb von Gebäuden und darüber hinaus auch die Grundlage für den Einsatz regenerativer Energien, wie Solarthermie, Photovoltaik und auch Erdwärmenutzung bis hin zur Konzeption von Nahwärmeversorgungsanlagen.

Schon bei der Aufstellung eines Flächennutzungsplanes können die Kenntnisse über die Abhängigkeiten des Heizenergiebedarfes von den örtlichen klimatischen Verhältnissen genutzt werden und bei der Aufstellung des Bebauungsplanes so umgesetzt werden, dass insbesondere die Ausrichtung von Gebäuden optimiert wird, Verschattungen verhindert werden und damit passive Solarenergienutzung über einen möglichst langen Zeitraum des Jahres möglich ist.

Gegebenenfalls müssen auch im Rahmen eines Bebauungsplanes Konzepte wie Nahwärmeinseln z. B. in Verbindung mit solaren unterirdischen Langzeitwärmespeichern (siehe Kap. 3.5 bis 3.7) mit einem möglichst hohen solaren Deckungsanteil fossile Energieträger ersetzen. Aufgrund des Volumens der zuletzt genannten Speicher ist eine Einbeziehung in den städtebaulichen Entwurf unabdingbar. Auch der Ausnutzungsgrad von solaren Nahwärmekonzepten lässt sich nur durch eine Einbindung in den Bebauungsplan gewährleisten. Selbstverständlich hängt die Qualität eines Siedlungsentwurfs nicht ausschließlich von energetischen Gesichtspunkten ab. Je nach Dichte der Bebauung und der Topografie wird auch die Betrachtung der Windverhältnisse im Bereich von urbanen Strukturen bedeutsam. Das lokale Windfeld verursacht je nach Anordnung der Gebäude Strömungsgeschwindigkeiten in Bodennähe, die in Spitzen deutlich über der zulässigen Komfortsituation liegen. Dabei ist für die Bewertung der jeweiligen Windsituation weniger die absolute Windgeschwindigkeit für eine bestimmte Situation bedeutsam, sondern die Häufigkeit über ein Jahr betrachtet. Windsensible Bereiche sind insbesondere städtebauliche Einschnitte bzw. Situationen, bei denen ein Düseneffekt bei Windanströmung entstehen kann. So gelten z. B. nach /1/ unterschiedliche Windkom-

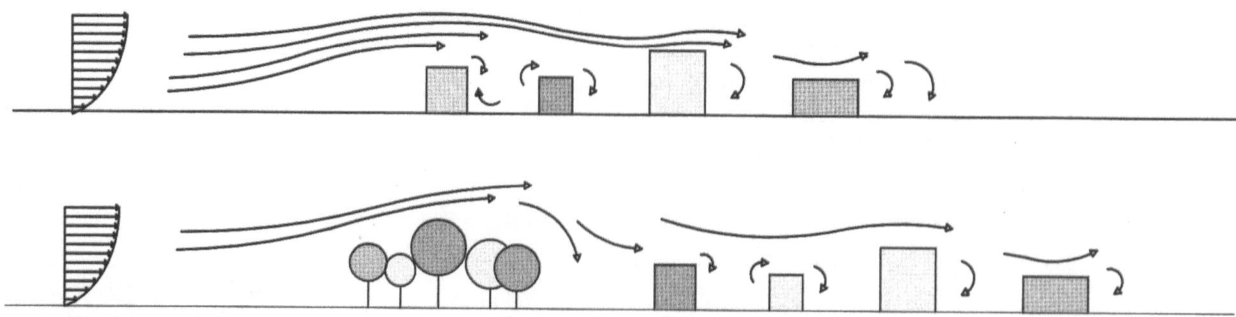

Bild 2.3: *Einfluss der Topographie auf die Anströmungsverhältnisse und Windverteilung (qualitativ, links: Geschwindigkeitsfeld)*

fortklassen, die von A (Schwellwert < 11 m/s Windgeschwindigkeit) für Bürgersteige oder Verkehrsflächen, Windkomfortklasse B (Schwellwert < 8,5 m/s) für Parks, Eingangsgänge, Durchgangsbereiche, Windkomfortklasse C (Schwellwert < 6,5 m/s) für Einkaufspassagen, Parks, Wartebereiche bis Windkomfortklasse D (Schwellwert < 5 m/s) für Parks, Ruhebänke, Spielplätze reichen. Die in der Strömungstechnik übliche Darstellung für Stromfäden gleicher Geschwindigkeit zur Visualisierung der Windgeschwindigkeiten ist qualitativ für eine mögliche Situation in Bild 2.2 dargestellt.

Bei der Anordnung von höheren Gebäuden ist die Gebäudeumströmung bzw. die Druckverteilung an Gebäuden bei Wind und Thermik einflussgebend auf freie Lüftung und Thermik im Gebäude. Neben dem Einfluss der Nachbarbebauung sind bei höheren Gebäuden die mit der Höhe vom Boden zunehmenden Windgeschwindigkeiten von Bedeutung.

Je nach dem Abstand der Gebäude voneinander wird durch im Windschatten auftretende sog. Tot-Zonen die Konzeption von freier Lüftung für Gebäude erheblich beeinflusst. In den Gebäuden selbst überlagern sich die Einflüsse der äußeren Druckverteilung zwischen Anströmung (Luvseite) und Windschatten (Leeseite) und die im Gebäude selbst durch Thermik verursachte natürliche Durchlüftung. Beide Erscheinungen (die Druckverhältnisse am Gebäude durch Winddruck und der durch thermische Druckdifferenz verursachte Luftaustausch) überlagern auch bei Einbau von zentralen raumlufttechnischen Anlagen das lufttechnische Verhalten eines Gebäudes.

Obwohl Simulationsrechnungen zur Analyse dieser Effekte z. B. für den Siedlungsbau durchgeführt werden können, ist die Untersuchung anhand von städtebaulichen Modellen oder auch einzelnen Gebäudemodellen im Grenzschichtwindkanal sinnvoll. Nur so kann eine Optimierung der Planung und ein Verhalten des Gebäudes vor dessen Ausführung untersucht werden. Qualitativ ist dieser Einfluss in Bild 2.3 dargestellt.

Stadtbauökologische Konzepte berücksichtigen daher:

- Minimierung der Wärmeverluste der Gebäudehülle durch Anordnung der Gebäude;
- Solarenergetische Optimierung nach Ausrichtung;
- Beachtung der Windverhältnisse und ggf. Untersuchung von auftretenden Windgeschwindigkeiten bei verdichteter Bebauung oder höheren Gebäuden;
- Prüfung der Möglichkeit von Nahwärmekonzepten und regenerativen Energiequellen;
- die Beachtung des baulichen Wärmeschutzes, der passiven Solarenergienutzung, die Optimierung der Tageslichtnutzung, die Minimierung des Stromverbrauchs und schließlich für den Nichtwohnungsbau Möglichkeiten der sanften Kühlung über regenerative Energie.

2.2 *Behaglichkeitskriterien*

Die von Menschen in Räumen empfundene Behaglichkeit wird durch die unterschiedlichsten Einflüsse bestimmt. Die wichtigsten Behaglichkeitskriterien sind der Strahlungsaustausch zwischen Mensch und Raum, der Aktivitätsgrad der jeweiligen Person, der Wärmeleitwiderstand der Kleidung, die Raumlufttemperatur, die Luftgeschwindigkeit und ihre Turbulenz, die Luftfeuchte, die Farbgebung des Raumes, psychische Faktoren sowie Beleuchtung und Geräusche. Für die Planung von Gebäuden, die mit neueren Heiz- und Kühltechniken über größere Wandflächen (Gebäudetemperierung, siehe 2.3) arbeiten, sind die Anforderungen an eine thermische Behaglichkeit die maßgeblichen Größen.

In einem Raum fühlt der Mensch sich behaglich (bezogen auf die thermische Betrachtung), wenn die momentane Wärmeabfuhr der der momentanen Wärmeproduktion des Menschen entspricht. Der größte Teil der Wärmeabgabe des Menschen erfolgt durch Wärmeübergang, durch Konvektion und Strahlung (rund 2/3). Ca. 37 % an Wärme werden durch Atmung und Verdunstung abgegeben. Der Grundumsatz im Ruhefall wird durch die tätigkeitsbezogene Aktivität vergrößert, siehe Bild 2.4.

Günstige Behaglichkeitsbedingungen in einem Raum können nur über eine Betrachtung der Abhängigkeit von Lufttemperatur, Umfassungstemperatur der Oberflächen eines Raumes, der Luftgeschwindigkeit, der Luftfeuchte und dem Wärmeleitwiderstand der Kleidung angegeben werden. Laut Fanger /2/ sind optimale Bedingungen erreicht, wenn nicht mehr als 5 % Unzufriedene auftreten. In Bild 2.5 sind Einflussfaktoren auf die Behaglichkeit von Menschen in Räumen angegeben.

Durch die Abhängigkeit von den genannten Einflussgrößen muss häufig schon in der Vorplanung von Gebäuden eine System-Vorentscheidung getroffen werden. Konvektionsströme und Strahlungswärmeströme können nur in begrenzten Bereichen variiert werden.

Bei der Betrachtung von Heiz-, Kühl- und Klimatisierungssystemen stehen folgende Einflussgrößen im Vordergrund:

Oberflächentemperatur von Umschließungsflächen

Ungleichmäßige Oberflächentemperaturen in einem Raum verursachen einen ungleichmäßigen Wärmeentzug bzw. eine ungleichmäßige Wärmeaufnahme des Menschen. Legt man optimale Verhältnisse zugrunde (nicht mehr als 5 % Unzufriedene in

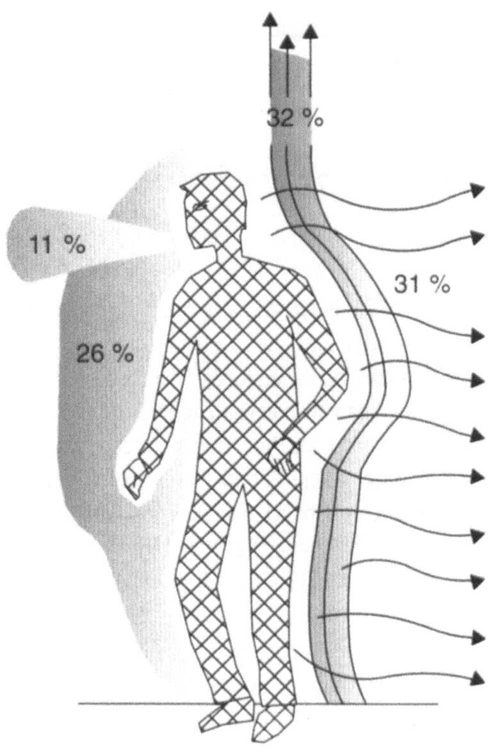

Bild 2.4: *Wärmeabgabe des Menschen: Atmung 11 %, Verdunstung 26 %, Strahlung 31 %, Konvektion 32 %*

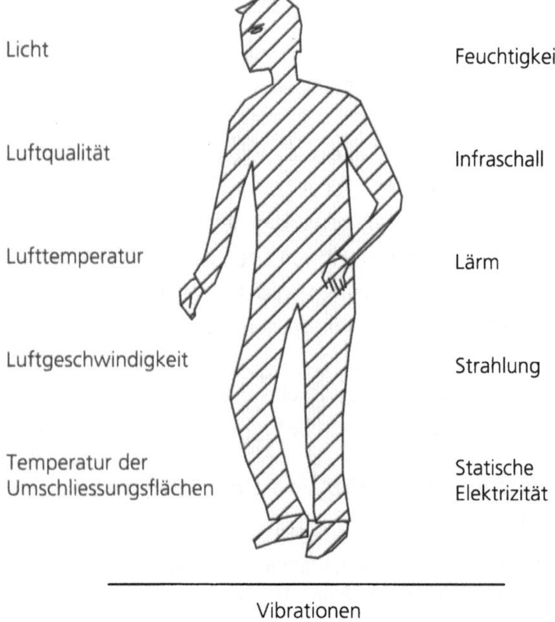

Bild 2.5: *Einflussfaktoren auf die Behaglichkeit in Räumen*

einem Raum), soll die operative Temperatur in einem Raum (arithmetisches Mittel aus Raumlufttemperatur und dem Mittelwert der Oberflächentemperatur) zwischen 22°C bis 26°C betragen.

Luftgeschwindigkeit

Die Luftgeschwindigkeit in einem Raum sollte zwischen 0,15 m/s bis 0,28 m/s liegen, wobei der letztere Wert für Turbulenzgrade von unter 5 % und bei 0,15 m/s Turbulenzgrade von 20 % und mehr zugrunde gelegt wurden. Der Turbulenzgrad beschreibt die Schwankung der Luftbewegung an einem bestimmten Ort um einen Mittelwert der gesamten Schwankungsbewegung. Der Turbulenzgrad wird in erster Linie bei raumlufttechnischen Anlagen für Räume durch die Luftdurchlässe und ihre Anordnung sowie die überlagerten Konvektionsströme im Raum bestimmt.

Niedrige Turbulenzgrade bei Räumen mit raumlufttechnischen Anlagen werden z. B. durch Quellluftsysteme erreicht, die durch impulsarme Strömung mit leichter Untertemperatur zur Raumtemperatur in Bodennähe die Zuluft austreten lassen und die konvektive Auftriebsströmung an Wärmequellen (z. B. Personen, Computer oder andere Wärmequellen) nutzen, um zu Abluftdurchlässen in der Regel im oberen Deckenbereich zu gelangen. Bei dieser Art der Luftführung im Raum entstehen nicht nur geringe Turbulenzgrade. Von Vorteil ist auch die nicht durchmischte Frischluft im Vergleich zu der sog. Mischluftströmung. Bei letzterer wird durch Luftaustritt mit gegenüber der Quellluftsrömung deutlich höherer Geschwindigkeit über Induktionswirkung eine Raumströmung mit permanenter Durchmischung verursacht. Es sind dadurch allerdings deutlich höhere Luftwechselraten in Räumen erzielbar und entsprechend höhere Heiz- oder Kühllasten zu transportieren.

Strahlungsasymmetrie

Für die bei zahlreichen neueren ökologischen Heiz- und Kühlsystemen idealerweise verwendeten Strahlungsheiz- und Kühlsysteme ist die sog. Strahlungsasymmetrie wichtigste Beurteilungsgröße. Darunter versteht man die Temperaturdifferenz zwischen einer Heiz- oder Kühlfläche und den anderen Umgebungsflächen. Die Behaglichkeitsgrenzen für die Strahlungstemperaturasymmetrie sind in der Literatur umstritten. Die eher niedrigen Werte werden für den Fall von Heizdecken mit 4 K angegeben, bei Kühldecken mit 13 – 14 K.

Raumluftfeuchte

Die Raumluftfeuchte sollte mind. einen Wert von 30 % relativer Feuchte nicht unterschreiten. Als obere Grenze gilt eine relative Feuchte von 65 %.

Lufttemperaturgradient

Der Lufttemperaturgradient im Raum über die vertikale Raumachse sollte nicht mehr als 2 K/m betragen.

Luftqualität

Einen ebenfalls großen Einfluss auf die Behaglichkeit hat die Luftqualität. Die Luftqualität in Räumen wird geprägt durch die unterschiedlichsten Quellen der Verunreinigung. Mit der in die Räume natürlich oder durch mechanische Lüftungsanlagen hereintretenden Luft werden Pollen, Pilzsporen, Bakterien, Schwefeldioxid, Stickoxide, Kohlenmonoxid und zahlreiche andere Partikel und Stoffe in den Raum hinein transportiert. Auch die bei der Einrichtung von Gebäuden verwendeten unterschiedlichsten Materialien setzen die verschiedensten organischen und anorganischen Verbindungen frei.
Die Luftqualität kann bei Systemen der Raumlufttechnik durch entsprechende Filterstufen und Filtereinrichtungen zumindest zum Teil verändert werden. Das Verhindern von schadstoffabgebenden Baumaterialien ist ebenso eine Sache des ökologischen Bauens und der Materialwahl. Die in den Räumen von Menschen vorgenommenen Aktivitäten und der Stoffwechsel des Menschen sind eine weitere Schadstoffquelle, die durch Lufterneuerung in Grenzen gehalten werden muss. Der notwendige Luftaustausch nach Gebäudenutzung und Personenbelegung kann an unterschiedlichen Stellen nachgelesen werden /3,4/.
Maßstab für die unterschiedlichen bei der Atmung abgegebenen Stoffe ist die CO_2-Produktion des Menschen. Sie schwankt je nach Aktivitätsgrad von ruhender Tätigkeit mit 12 l/h/Pers. bis zu über 30 l/h/Pers. (bei schwerer Arbeit). Die bereits 1858 von Pettenkofer definierte maximale CO_2-Grenze von 0,1 Volumenprozent für Wohnräume ist auch heute noch Maßstab für hervorragende Luftqualität. Die max. Arbeitsplatzkonzentration wird mit 0,5 Volumenprozent angegeben. Je nach Tätigkeit ist im Mittel zur Einhaltung der Pettenkofergrenze für Räume eine Außenluftrate pro Person von 30 m^3/h, zur Einhaltung der Empfehlung nach /5/ von 20 m^3/h/Pers. erforderlich. Diese Werte berücksichtigen allerdings nicht eine ggf. vorhandene CO_2-Vorbelastung der Außenluft. Ist die Außenluft nicht vorbelastet, kann die Pettenkofergrenze schon mit 20 m^3/h/Pers. eingehalten werden und bei einer starken Vorbelastung durchaus bis 200 m^3/h/Pers. ansteigen /4/.
Die komplexen Zusammenhänge der thermischen Behaglichkeit können an dieser Stelle nur kurz angesprochen werden. Für die Planung und Konzeption von Gebäuden mit innovativen Temperierungssystemen oder Lüftungskonzepten ergibt sich aus dem o.g. folgende Erkenntnis:

- Die Strahlungsasymmetrie sollte möglichst gering sein.
- Relative Raumluftfeuchten sollten zwischen 35 – 65 % liegen.
- Eine ausreichende Lufterneuerung zur Einhaltung notwendiger hygienischer Mindestluftqualitäten im Raum soll möglich sein, wobei natürliche Lüftung z. B. durch unterstützende Thermokamine oder andere Maßnahmen anstelle einer raumlufttechnischen Anlage vorgesehen werden sollten.
- Möglichst angemessener, niedriger Geräuschpegel im Raum.
- Ausreichend Tageslicht bzw. angepasste künstliche Beleuchtung.

2.3 Gebäudetemperierung

Der mittlerweile übliche Wärmeschutz von Gebäudehüllen hat dazu geführt, dass seit Mitte der 1970er Jahre bis heute die spezifische Heizlast von Gebäuden von bis zu 200 W/m^2 auf heute 30 – 50 W/m^2 gesunken ist. Die Heizlast wird dabei als Summe der Transmissionsverluste

$$\Phi_{T,i} = U_i \times A_i \times \Delta T \qquad (2.1)$$

aus den Wärmedurchgangskoeffizienten U_i der einzelnen Außenbauteile i, den dazugehörigen Flächen A_i und der Temperaturdifferenz zwischen Innenraum und niedrigster Außentemperatur ΔT ermittelt.
Die durch Druckunterschiede am Gebäude (Windeinfluss) sowie thermische Druckunterschiede im Gebäude entstehenden freien Lüftungswärmeverluste werden mit:

$$\Phi_{V,i} = \dot{V}_i \times \rho \times c_p \times \Delta T \qquad (2.2)$$

berechnet, worin

$\dot{V}$ der Volumenstrom aufgrund von freier Lüftung
c_p die spezifische Wärmekapazität für Luft 1 kJ/(kg K)
ΔT der Temperaturunterschied zwischen Raumtemperatur und Lufteintrittstemperatur

bedeuten.

Die spezifische Heizlast erhöht sich durch höhere Anteile von Raumlufttechnik in Abhängigkeit des eingesetzten Wärmerückgewinnungssystems, da der transportierte Außenluftstrom auf eine den Behaglichkeitskriterien entsprechende Zulufttemperatur erwärmt werden muss.
Das früher üblicherweise eingesetzte System einer Warmwasserpumpenheizung mit Vorlauftemperaturen im Auslegungsfall (statistisch niedrigste Außenlufttemperatur) von 90°C erzeugte in den meist verwendeten statischen Heizflächen größtenteils konvektive Wärmeströme. Bei gleicher Größe der Heizflächen

können heute deutlich geringere Heizmitteltemperaturen gefahren werden.

Ein wesentlicher Aspekt bei den mittlerweile geringen erforderlichen Heizleistungen von Heizsystemen ist, dass Flächenheizungen unter Einhaltung der Anforderungskriterien an die Behaglichkeit verwendet werden können. Die geringe Heizleistung erfordert so geringe Heizmitteltemperaturen, dass bei genügendem Wärmeschutz an der Fassade die in Kapitel 2.2. genannten Anforderungen an die Strahlungsasymmetrie in den meisten Fällen eingehalten werden können. Gegenüber früheren Gebäuden wird dadurch einem dem angestrebten Temperaturprofil eines Raumes gegenläufigen und unbehaglichen Profil entgegengewirkt.

Aufgrund der geringen Heizmitteltemperaturen spricht man bei diesem Heizsystem von dem „*Gebäudetemperierungssystem*".

Flächenheizungen können entweder als Deckensystem, aufgebracht unmittelbar unterhalb der Rohdecke z. B. in Form einer Kapillarrohrmatte, die mit Putz aufgebracht wird, ausgeführt werden, oder es können abgehängte Deckensysteme in den unterschiedlichsten Ausführungen und Qualitäten verwendet werden, die mit wassergeführten Rohrschlangen und je nach Konstruktion erforderlichen wärmeschlüssigen Verbindungen an das Deckensystem hergestellt werden. Ebenso sind Wandheizsysteme oder Fußbodenheizsysteme möglich. Alle Systeme haben gemeinsam, dass die Wärme und die Raumluft nicht direkt, sondern indirekt über Strahlung bzw. Wärmeaufnahme in der gegenüberliegenden Strahlungsfläche und schließlich konvektiver Wärmeabgabe erfolgt. Bei den Systemen der statischen Heizung wird die Raumluft überwiegend direkt konvektiv erwärmt, ein geringerer Anteil wird über Strahlung abgegeben.

Damit sind Flächenheizungen unter der Voraussetzung guter Wärmedämmwerte für die Außenfassade bei Einhaltung der Behaglichkeitskriterien einzusetzen. Die max. erzielbare Heizleistung unterscheidet sich zwischen Decken-, Wand- und Fußbodensystem. Auch abgependelte Deckensysteme werden hier nach Konstruktion mit unterschiedlichen Konvektionsanteilen geliefert, so dass die Leistungen dem Bedarf entsprechend geprüft werden müssen. Mögliche Leistungsbereiche sind:

Deckensysteme für Kühlung bis 100 W/m^2
Deckensysteme für Heizung bis 40 W/m^2
Fußbodensystem für Kühlung bis 40 W/m^2
Fußbodensysteme für Heizung bis 100 W/m^2.

Die mittlerweile üblichen Wärmedurchgangskoeffizienten (U-Werte) für Wärmeschutzglas, z. B. 1,1 W/(m^2 K) und insbesondere für Bauten mit der Konzeption eines Passivhauses bis zu 0,6 W/(m^2 K), tragen zu den guten mittleren U-Werten heutiger Fassaden bei. Für den sommerlichen Wärmeschutz ist allerdings der Energiedurchlassgrad (g-Wert) entscheidend. Der Energiedurchlassgrad beschreibt den Anteil an durch das Fenster tretender Wärme der auftreffenden direkten und diffusen Sonnenstrahlung. Mit dem Durchtritt durch das Fenster (Glas) erfolgt eine Umwandlung von kurzwelliger UV-Strahlung in langwellige Wärmestrahlung und eine Transmission aufgrund des Wärmefluss durch die Temperaturerhöhung des Glases infolge von Absorption. Der Gesamtenergiedurchlassgrad

$$g_F = g \times z \tag{2.3}$$

setzt sich aus dem Abminderungsfaktor z der Sonnenschutzeinrichtung und dem Energiedurchlassgrad g des Glases zusammen. Mit außenliegendem Sonnenschutz wird eine wesentliche Reduktion des Gesamtenergiedurchlassgrades erzielt (Tabelle 2.1). Unter sommerlicher Wärmelast (Kühllast) treten neben der Kühllast durch Sonneneinstrahlung die Transmission durch lichtundurchlässige Bauteile, die Infiltration von warmer Außenluft aus Nachbarräumen sowie die Wärmeabgabe von Personen, Be-

Sonnenschutzbehang	**Abminderungsfaktor z**	**Gesamtenergiedurchlassgrad g_F**	**Bemerkung**
Acrylstoff, gelb	0,25	0,15	Gewebe aus Acrylfasern
Acrylstoff, weiß	0,36	0,22	Gewebe aus Acrylfasern
Screengewebe, weiß	0,23	0,14	PVC-beschichtetes Glasfasergewebe
Raffstoren 80 mm, Lamellen weiß (RAL 9010)	0,11	0,07	System geschlossen
Raffstoren 80 mm, Lamellen grau (RAL 9006)	0,10	0,06	System geschlossen

Tabelle 2.1: *Gesamtenergiedurchlassgrad bei unterschiedlichen außen angebrachten Sonnenschutzeinrichtungen*

leuchtung und Maschinen auf. So sehr die spezifische Heizlast von Gebäuden in den letzten Jahren gesunken ist, so ist insbesondere bei Nichtwohngebäuden durch erhöhte Wärmeproduktion, z. B. von PC's und durch Verwendung großer Glasflächenanteile an der Fassade, die Kühllast gestiegen.

Zum Teil oder ggf. auch vollständig lässt sich durch Wärmespeicherung im Raum der Temperaturgang beeinflussen. So kann teilweise auch unter Einhaltung der kühllastdämpfenden Speicherwirkung von Bauteilen in Räumen eine Kühlanlage zur Herstellung behaglicher Raumkonditionen nicht vermieden werden. Idealer Weise lassen sich Flächenheizsysteme nun mit Systemen der sog. stillen Kühlung verbinden. Sowohl Decken- als auch Wand- oder Fußbodenheizungen können gleichzeitig als Kühlsystem verwendet werden. Beachtet werden muss die physikalische Grenze des Taupunkts an der Oberfläche der wärmeaufnehmenden Fläche.

Bei den möglichen Systemen ist, neben der Anordnung in Decke, Wand oder Boden, die Einbautiefe entscheidend. Eigene, abgependelte oder vor die Konstruktion gestellte Kühl- und Heizflächen können schnell wirksam werden und weisen eine gute Anpassung an Lastspitzen auf. Bei in die Bauteile integrierten Rohrsystemen dagegen verhindert die wirksame Speichermasse, je nach Einbautiefe, schnelle Lastwechsel.

Wenn Rohrsysteme, z. B. in Betondecken, eingebaut werden, spricht man von Bauteilaktivierung oder Betonkernaktivierung (siehe Bild 2.6).

Bei diesem System werden z. B. Rohrsysteme (PE-Xa, PE-Xc, HD-PE u.a) mit einem Durchmesser von 17 bis 26 mm in einem Verlegeabstand von 150 – 300 mm in Beton in die neutrale Zone eingebaut (siehe Bild 2.7).

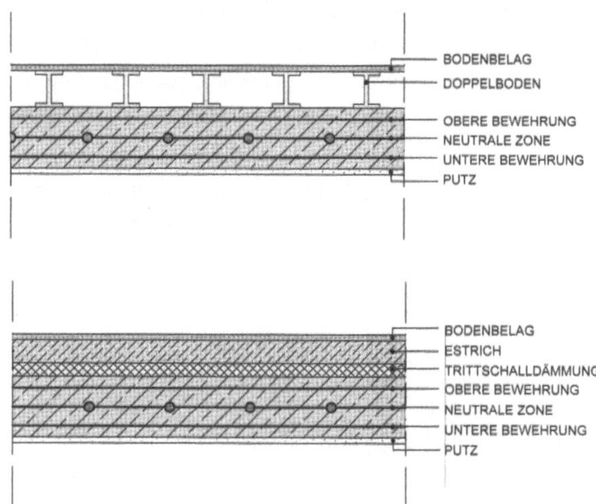

Bild 2.7: *Bauteilaktivierung mit Rohren in Mittellage und Wärmefluss nach unten (oberes Bild: Decke mit aufgeständertem Fußboden, unten: Decke mit Estrich und Trittschalldämmung)*

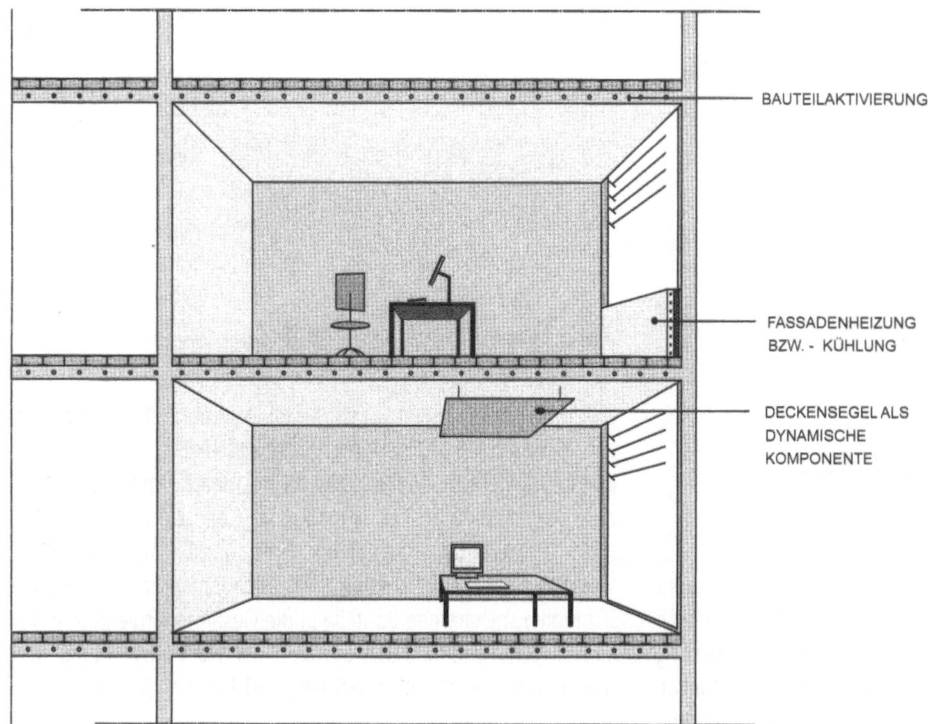

Bild 2.6: *Bauteilaktivierung mit Zusatzkomponenten (Fassadenheizung/-kühlung; Deckensegel)*

Dargestellt ist eine typische Situation in einem Bürogebäude, die entweder mit einem Doppelboden den Wärmefluss nach oben verhindert oder durch Trittschalldämmung und Estrich ebenso nur einen geringen Wärmefluss nach oben zulässt.
Deshalb werden solche Bauteile üblicherweise als Deckenheiz- und -kühlsystem eingesetzt.
Mit diesem Prinzip lassen sich Kühlleistungen von bis zu 40 W/m² und Heizleistungen von bis zu 50 W/m² erzielen (Dauerleistung für 8 bis 10 Stunden). Die große Trägheit macht eine Bauteilaktivierung besonders dann sinnvoll, wenn die Betondecken zur Zwischenlagerung von Umweltenergie verwendet werden.
Eine Kompensation der Regelträgheit kann z. B. durch unterschiedliche Lagen von Rohren erzielt werden (siehe Bild 2.8).

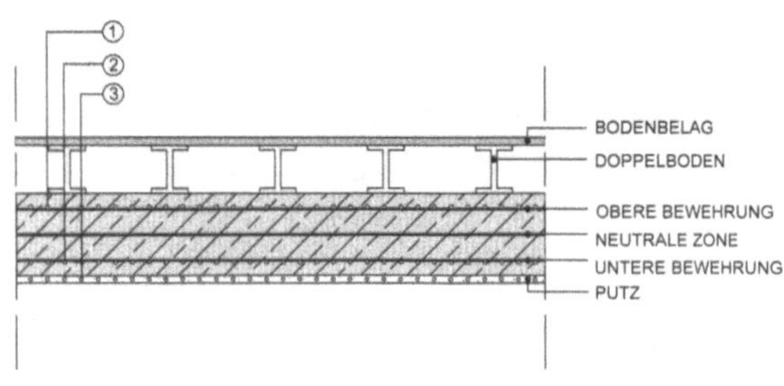

ANWENDUNG DER KAPILLARROHRMATTEN:

① OBERHALB DER OBEREN BEWEHRUNG
② UNTERHALB DER UNTEREN BEWEHRUNG
③ IN DEM DECKENPUTZ

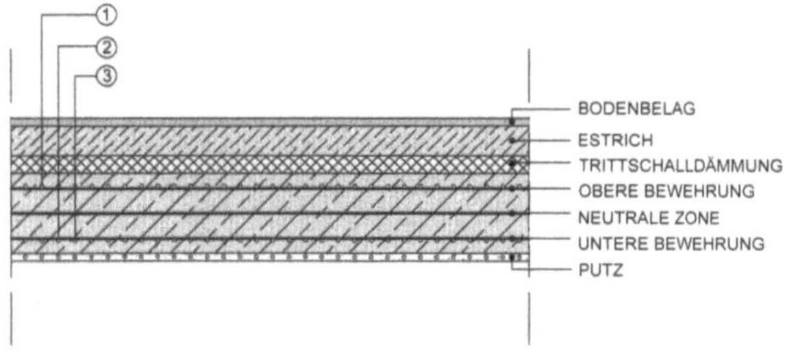

ANWENDUNG DER KAPILLARROHRMATTEN:

① OBERHALB DER OBEREN BEWEHRUNG
② UNTERHALB DER UNTEREN BEWEHRUNG
③ IN DEM DECKENPUTZ

Bild 2.8: *Bauteilaktivierung mit mehreren Rohrlagen, hier mit Kapillarrohrmatten*

Bei einer Anordnung von Rohrlagen in der oberen und unteren Zone kann die dargestellte Betondecke als Passivsystem für die Zwischenspeicherung (obere Rohrlage) und zur aktiven Heizung bzw. Kühlung (untere Rohrlage) verwendet werden. Manche Überlegungen regen an, Betondecken beidseitig zu dämmen und als Wärmezwischenspeicher für Umweltenergie im Gebäude über ein Rohrsystem zu be- und entladen /6/.

Ebenso kann man die Regelträgheit durch den Einbau von Zusatzsystemen in Form von Deckensegeln oder Randzonenheizung kompensieren, die in die Betondecke integriert werden (siehe Bild 2.9).

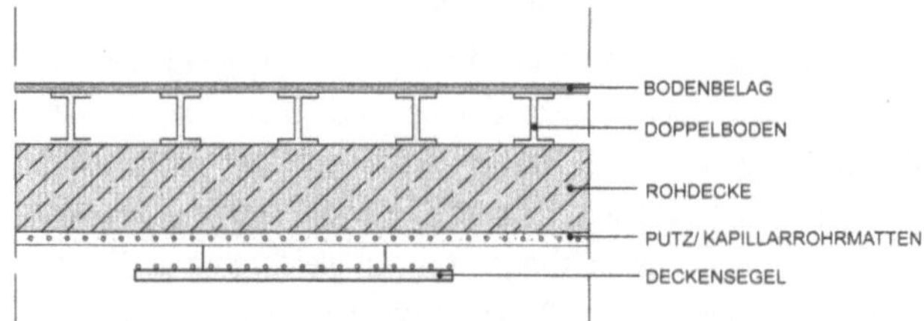

Bild 2.9: *Bauteilaktivierung mit Kapillarrohrmatten im Putz eingebaut; zusätzlich Deckensegel als dynamische Komponente zur Spitzenlastkompensation*

Wie beim Heizfall ist auch im Kühlfall bei Flächenkühlsystemen die Lage im Raum für die max. mögliche Wärmeaufnahme entscheidend. Die möglichen, spezifischen Kühlleistungen sind bei Deckensystemen dem Bodensystem überlegen.
Wenn Fußbodenkonstruktionen für die Bauteilaktivierung genutzt werden, muss die Dämmung zwischen Estrichsystem und Betonplatte entfallen, siehe Bild 2.10. Dadurch wird auch die Speichermasse der Betondecke mit herangezogen.

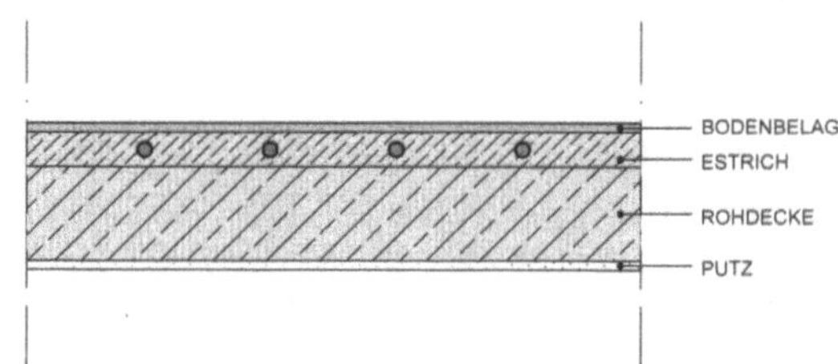

Bild 2.10: *Bauteilaktivierung als Fußbodensystem*

Die Strahlungsasymmetrie bei diesen Systemen bleibt innerhalb der in Abschnitt 2.2 genannten Behaglichkeitskriterien. Somit bieten Flächenheiz- und -kühlsysteme ideale Voraussetzungen zu einer Kombination mit ökologischer Gebäudetechnik, z. B. in Form von Wärmepumpenanlagen mit oberflächennaher Geothermie. Gleichzeitig können hier durch entsprechende Regelstrategien speichernde Bauteile in die Gesamtenergiekonzeption einbezogen werden. Auch Systeme der Nachtauskühlung, die weiter unten beschrieben werden, sind hiermit ideal zu verbinden.

Ein besonderes Augenmerk muss bei solchen Konzepten auf eine mögliche Lufterneuerung gerichtet werden. In der thermischen Behaglichkeit ist ebenso die Luftqualität zu beachten, für die Kombinationen mit z. B. Fassadenlüftungsgeräten eine gute Ergänzung sein können.

Aufgrund der niedrigen notwendigen Heiz- und Kühlmitteltemperaturen der beschriebenen Gebäudetemperierungsanlagen können besonders hohe Arbeitszahlen und Leistungsziffern bei Wärmepumpenanlagen erzielt werden. Damit stellen Gebäudetemperierungsanlagen einen wesentlichen Baustein für die ökologische Gebäudetechnik dar.

Selbstverständlich kann auch Luft als Wärmeträger, z. B. in Form von in die Betondecke eingebauten Rohren, verwendet werden. Allerdings ist dabei ein konstruktiv höherer Aufwand erforderlich und die schlechtere Wärmeleitfähigkeit von Luft gegenüber Wasser begrenzt die Leistungsfähigkeit. Häufig werden solche Anlagen in Verbindung mit ohnehin notwendigen raumlufttechnischen Anlagen konzipiert.

Eine wesentliche Voraussetzung für Gebäudetemperierungsanlagen ist die konsequente Vermeidung zu hoher Heiz- oder Kühllasten. Die oben erwähnten geringen Heizlasten ermöglichen in vielen Fällen die Wärmeabgabe im Heizfall bei Einhaltung der Behaglichkeitskriterien. Bei einem hohen Anteil transparenter Flächen und fehlender speicherwirksamer Masse im Raum wird die Kühllast leicht überschritten. Für 4 typische Konstruktionen mit unterschiedlicher Wärmespeicherfähigkeit der verwendeten Materialien und unterschiedlichen Glasarten bzw. g-Werten kann anhand thermischer Simulationsrechnungen die maximale auftretende Raumlufttemperatur im Laufe eines Tages berechnet werden. In Bild 2.11 sind die 4 verschiedenen Typen mit Angaben über Speicherwirksamkeit und Konstruktion angegeben, in den Bildern 2.12a und 2.12b wurden die Ergebnisse dargestellt. Es ist zu erkennen, dass nur bei einem hohen Anteil speicherwirksamer Fläche und geringem g-Wert (Bild 2.12a, untere Zeile) oder außenliegendem Sonnenschutz und speicherwirksamer Materialien (Bild 2.12b, untere Zeile) die Raumtemperatur ohne zusätzliche Kühlung im behaglichen Bereich auch bei mehreren Hitzetagen bleibt. Anzumerken ist, dass die Annahme von durchgehend geschlossenen Fenstern nicht der Realität entspricht, was die Höhe der berechneten Raumtemperatur relativiert.

Deutlich wird daraus, dass zunächst alle Maßnahmen im Entwurf eines Gebäudes zur Minimierung der Heiz- und Kühllasten auszuschöpfen sind, bevor zusätzliche technische Anlagen mit Energiebedarf vorgesehen werden.

Piktogramm	Beschreibung	Speicherkapazität der Bauteile	Mai		Juli	
	leichte Konstruktion, Sonnenschutz außenliegend, Glasfassade, Deckenabhängung	Fußboden: 29,30 Wh/(m^2K) Decke: 6,8 Wh/(m^2K) Innenwände: 3,30 Wh/(m^2K)	g = 0,59		g = 0,59	
	massive Konstruktion, Sonnenschutz innenliegend, Glasfassade	Fußboden: 29,30 Wh/(m^2K) Decke: 103,90 Wh/(m^2K) Innenwände: 51,70 Wh/(m^2K)	g = 0,59	g = 0,21	g = 0,59	g = 0,21
	leichte Konstruktion, Sonnenschutz innenliegend, Glasfassade, Deckenabhängung, aufgeständerter Boden	Fußboden: 10,80 Wh/(m^2K) Decke: 52,10 Wh/(m^2K) Innenwände: 3,30 Wh/(m^2K)	g = 0,59	g = 0,21	g = 0,59	g = 0,21
	massive Konstruktion, Sonnenschutz außenliegend, Lochfassade mit 80 cm Brüstung	Fußboden: 29,30 Wh/(m^2K) Decke: 103,90 Wh/(m^2K) Innenwände: 51,70 Wh/(m^2K)	g = 0,59		g = 0,59	

Bild 2.11: *Gegenüberstellung verschiedener Konstruktionsvarianten für die Untersuchung des thermischen Verhaltens eines typischen Büroraumes (g : Gesamtenergiedurchlassgrad). Büroraum 4,1 m × 4,7 m, lichte Höhe 2,7 m, Südausrichtung*

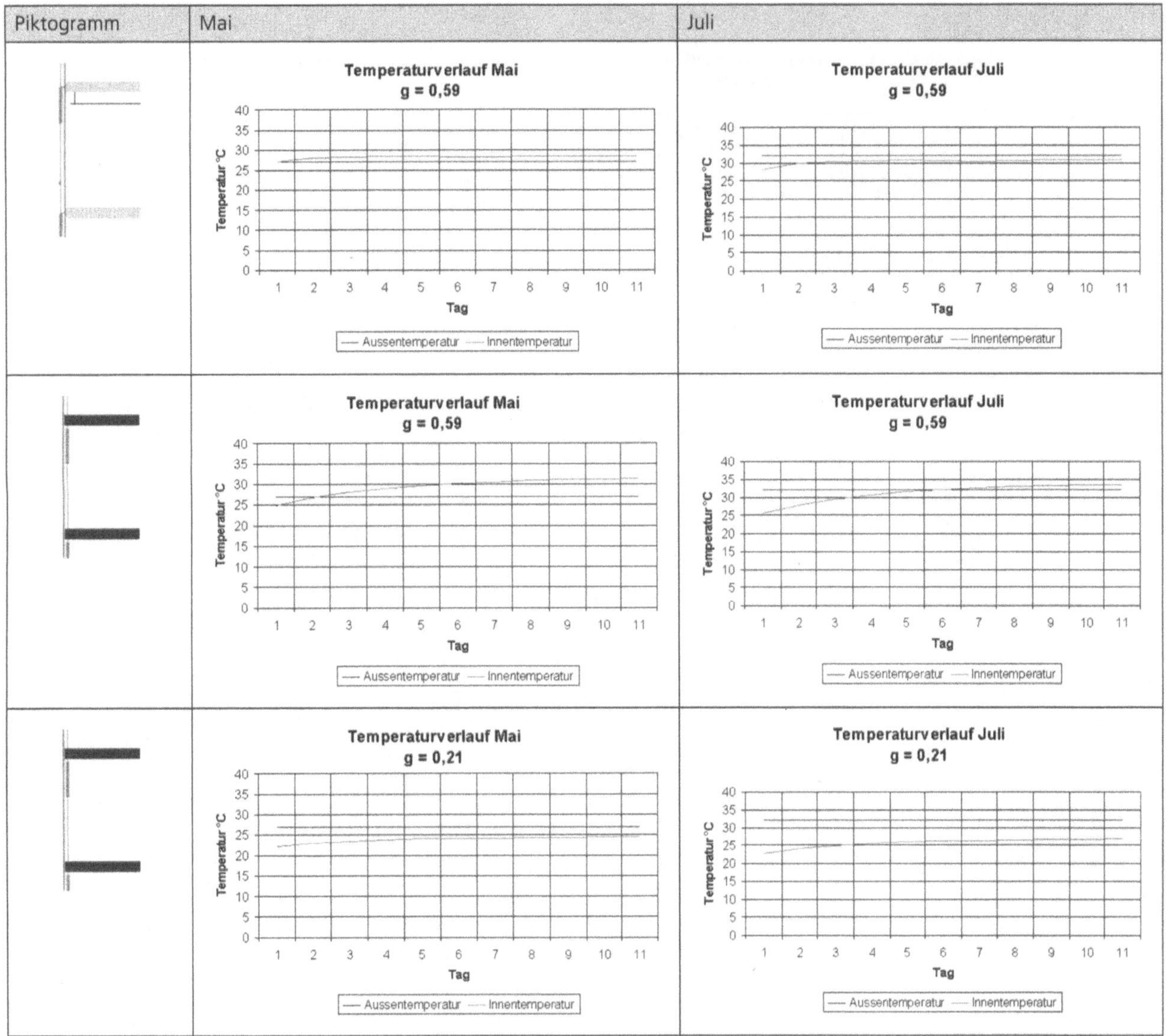

Bild 2.12a: *Maximale Raumtemperatur und Außenlufttemperatur für die Monate Mai und Juli, 11 aufeinanderfolgende Hitzetage, Binnenklima II, klare Atmosphäre, innere Lasten Standardbüro nach VDI 2078, gleichbleibender Luftwechsel n = 0,5 für ein nach Süden ausgerichtetes Büro gem. Bild 2.11*

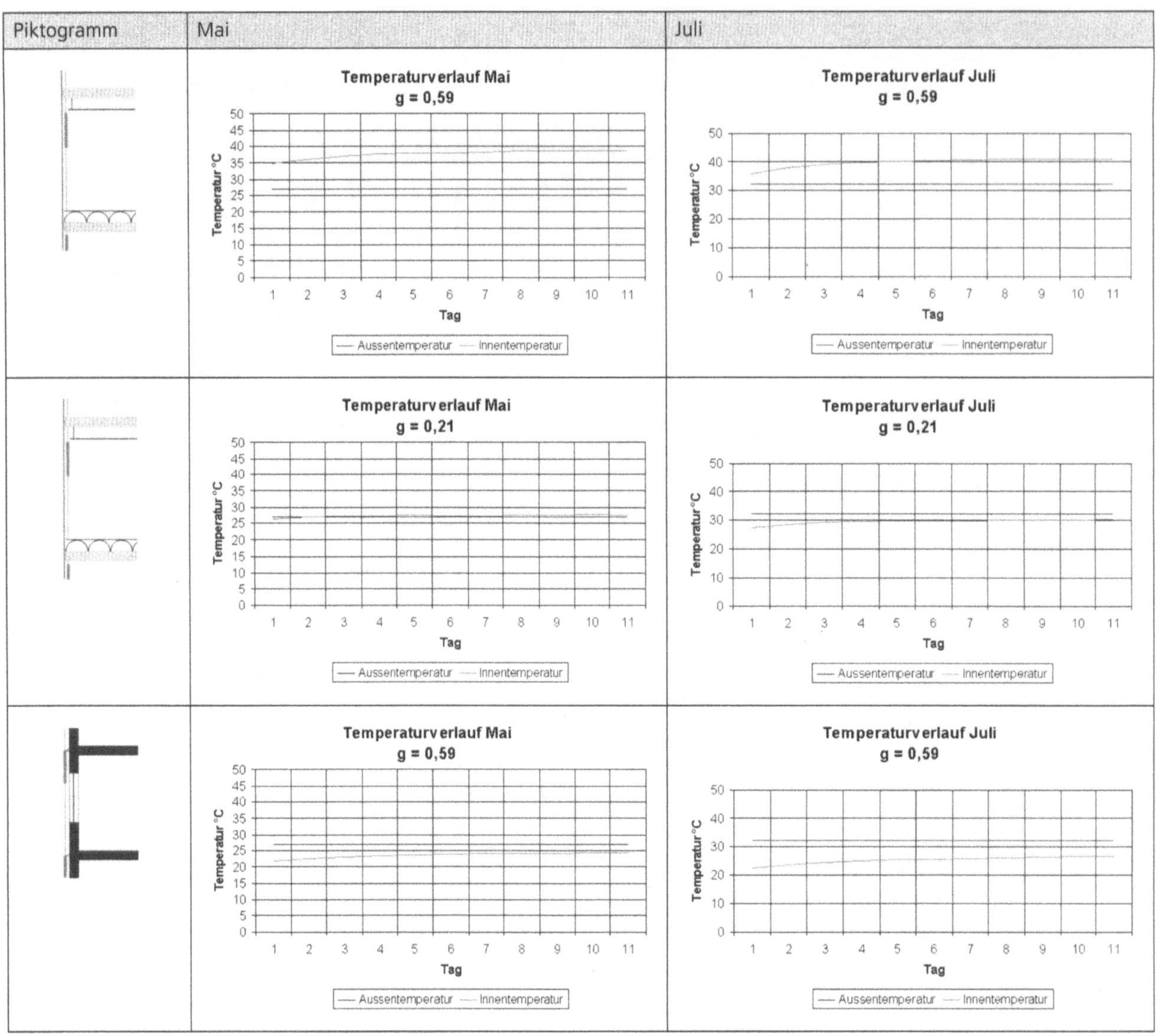

Bild 2.12b: *Maximale tägliche Raumtemperatur und Außenlufttemperatur für die Monate Mai und Juli, 11 aufeinanderfolgende Hitzetage, Binnenklima II, klare Atmosphäre, innere Lasten Standardbüro nach VDI 2078, gleichbleibender Luftwechsel n = 0,5 für ein nach Süden ausgerichtetes Büro gem. Bild 2.11*

3 Thermische Speicherung und solare Gewinne

3.1 *Wärmespeicherung in Räumen*

Grundsätzlich sollte schon mit dem Vorentwurf eines Gebäudes intensiv untersucht werden, in wieweit durch speicherwirksame Bauteile, durch Maßnahmen an der Fassade (Sonnenschutz, Doppelfassaden, Glasart) oder durch Einbindung von Zwischenspeichern (Aktivierung von Bodenplatten, Schlitzwänden, Erdkollektoren bzw. Erdsonden) die Notwendigkeit und Größe technischer Anlagen verringert werden kann.

Ein Gebäude ist der Änderung der äußeren klimatischen Bedingungen über die Fassade ausgesetzt. Die Bedingungen ändern sich nach Jahreszeit bzw. dem Temperaturniveau des Tages, durch die unterschiedliche Strahlungsintensität der Sonne, auch im Zusammenhang mit den städtebaulichen Situationen (Verschattung, Windgeschwindigkeit, Höhe des Gebäudes). Die in den Räumen gewünschten Konditionen weichen zu den meisten Zeiten des Jahres von den äußeren ab.

In Bild 3.1 ist der mittlere tägliche Temperaturverlauf der Außentemperatur für eine Messstation abgebildet /3/.

Die indirekte Nutzung von Solargewinnen (häufig als Solararchitektur bezeichnet) mit überwiegend nach Süden orientierten Verglasungen verbessert, insbesondere durch Wärmeschutzverglasung mit geringen U-Werten (< 1,1 W/m^2 k) und genügend hohen Energiedurchlassgraden (g > 0,5), die Wärmebilanz durch passive Gewinne.

Da zur Einhaltung der Energieeinsparverordnung /8/ in Deutschland durchschnittliche U-Werte zwischen 0,2 bis 0,4 W/(m^{2}K) der Außenwände notwendig sind, ist die Heizlast gering (30 – 50 W/m^2), während die Gefahr einer sommerlichen Überhitzung bei großen Verglasungsflächen gegeben ist.

Durch die Gestaltung eines Gebäudes und die Auswahl geeigneter Materialien lassen sich die Auswirkungen von Lastwechseln auf die Außenhaut und auch die von inneren Lasten dämpfen. Kern dieser Betrachtung ist die thermische Speicherwirkung der im Raum verwendeten Materialien.

Ziel eines bewussten Einsatzes speichernder Materialien ist es, möglichst selbsttätig ohne technische Einrichtung eine Schwankung der Innentemperatur bei abweichenden Heiz- und Kühllasten zu dämpfen. Bei richtiger Konzeption können so über große

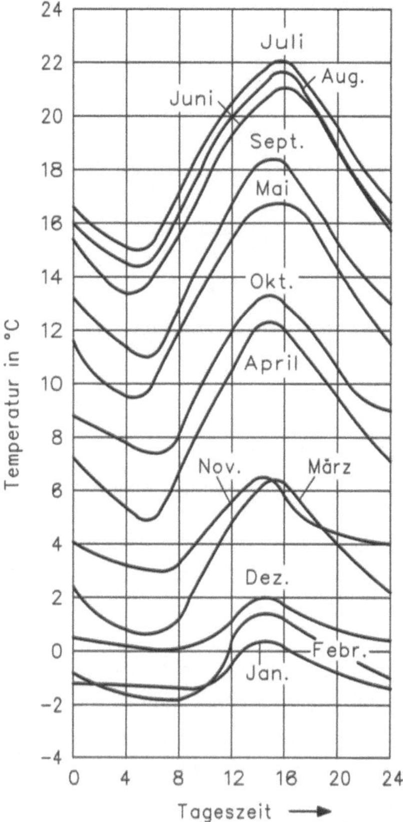

Bild 3.1: *Mittlerer täglicher Temperaturverlauf (Standort Berlin-Tempelhof)*

Zeiträume eines Jahres Einrichtungen für Heizung und Kühlung minimiert werden – oder teilweise ganz ohne Betrieb eine ausreichende Behaglichkeit sichergestellt werden.

Thermische Lasten

Der winterliche Wärmeschutz bestimmt den Heizenergiebedarf und beeinflusst die thermische Behaglichkeit. Gleichzeitig können bei hohem Wärmeschutz Heizsysteme mit geringen Heizmitteltemperaturen eingesetzt werden, was einen Einsatz energiesparender Anlagentechnik (z. B. Wärmepumpen, 4.2) begünstigt.

Tabelle 3.1: Aufbau und Wärmedurchgangskoeffizient U für verschiedene Wandaufbauten

Bezeichnung	Wandaufbau		Gesamtdicke	U-Wert ($W/m^2 \cdot K$)
massiv	Außenputz Leichthochlochziegel Innenputz	2,0 cm 36,5 cm 1,5 cm	40,0 cm	0,38
massiv	Außenputz Porenbeton (0,4) Innenputz	2,0 cm 36,5 cm 1,5 cm	40,0 cm	0,38
einschalig mit Dämmung	Beschichtung Polysterol WLG 040 Kalksandlochsteine Innenputz	0,6 cm 15,0 cm 24,0 cm 1,5 cm	41,5 cm	0,23
einschalig mit Kerndämmung	Beton Polysterol WLG 040 Beton	7,0 cm 10,0 cm 14,0 cm	31,0 cm	0,36
einschalig Leichtbauwand	Vorhangfassade Hinterlüftung Holzfaserplatte Holzrahmen mit Zellulose WLG 045 Dampfbremse Gipskarton	4,0 cm 2,0 cm 2,0 cm 15,0 cm 0,05 cm 1,0 cm	32,0 cm	0,18
zweischalige Wand mit Dämmung und Luftschicht	Vormauerziegel Luftschicht Mineralfaser WLG 035 Porenbeton Plansteine Innenputz	11,5 cm 4,0 cm 10,0 cm 17,5 cm 1,5 cm	44,5 cm	0,24
zweischalige Wand mit Kerndämmung	Kalksand – Vollstein 1,8 Polysterol WLG 035 Kalksand Lochstein 1,4 Innenputz	11,5 cm 10,0 cm 17,5 cm 1,5 cm	40,5 cm	0,29

Mit dem sommerlichen Wärmeschutz und der auf einen Raum wirkenden Kühllast wird die Funktion von speichernden Bauteilen und das Ziel, möglichst ohne thermische Einrichtung das Raumklima im Raum ausreichend behaglich zu halten, entscheidend beeinflusst.

Einige Neuentwicklungen von Glas ermöglichen mittlerweile relativ geringe Emission von Strahlung bei genügend hohem Tageslichtquotienten. Dennoch ist der Anteil speichernder Flächen bei Ganzglasfassaden gegenüber Lochfassaden geringer.

Der Ausgleich der Lastschwankungen im Raum durch speichernde Bauteile funktioniert nur, wenn:

- die speichernden Bauteile (Wände, Decken, Fußböden) offen dem Raum zugewandt sind (keine Deckenabhängung, keine aufgeständerten Fußböden, keine Wandverkleidung),
- eine genügend große Oberfläche im Verhältnis zur Fensterfläche im Raum vorhanden ist,
- die Materialien eine hohe Wärmespeicherkapazität und eine große Wärmeeindringgeschwindigkeit aufweisen.

Für die Wärmespeicherung aus Sonnenenergie durch passive Solarenergienutzung gilt, dass dunkle Oberflächen und direkt der Sonneneinstrahlung ausgesetzte Flächen effektiver sind als indirekt gekoppelte Flächen. Als Faustregel gilt, dass das Verhältnis von speichernder zu verglaster Fläche mindestens den Faktor 3 haben sollte.

Speichernde Bauteile werden – bedingt durch die schnelle Überhitzung gut gedämmter Gebäude bei gleichzeitigem Auftreten innerer Kühllasten – für die Kühlung in der Regel nachts konvektiv entladen, so dass hier die gesamte Speichermasse im Raum zu bewerten ist.

Wird zum Beispiel eine Betondecke mit 10 cm speicherwirksamer Tiefe um 3 K nachts abgekühlt, entspricht dies (Beton, schwer) 210 Wh/m^2.

Eine intensive Auseinandersetzung mit den Techniken der „passiven Solararchitektur" erfolgte bereits in den 1970er Jahren als Folge der ersten Energiekrisen. In diesem Zusammenhang entstanden zahlreiche Untersuchungen über das thermische Speicherverhalten von Gebäuden, die bewusst durch gezieltes Einspeichern von überschüssiger Wärme aus passiver Solarener-

Tabelle 3.2: *Wärmeeindringkoeffizient b, Speicherfähigkeit c sowie Dichte ρ und Wärmleitfähigkeit λ verschiedener Baustoffe; der Wärmeeindringkoeffizient ergibt sich aus* $b = \sqrt{\rho \times \lambda \times c}$*; je größer der Wärmeeindringkoeffizient, desto langsamer reagiert ein Raum auf Lastwechsel /92/.*

Baustoff	ρ $\frac{kg}{m^3}$	λ $\frac{W}{m \cdot K}$	c $\frac{J}{kg \cdot K}$	b $\frac{J}{m^2 \cdot K \cdot s^{1/2}}$
Normalbeton	2400	2,10	1000	2240
Zementestrich	2000	1,40	1000	1670
Kalkputz	1800	0,87	1000	1250
Kalksandstein	1400	0,70	1000	990
Leichtbeton	1400	0,62	1000	930
Ziegel	1400	0,58	1000	900
Gipskartonplatten	900	0,21	1000	850
Leichthochlochziegel	800	0,33	1000	510
Holz	600	0,13	2100	400
Hohlblocksteine	500	0,29	1000	380
Gasbeton	600	0,19	1000	340
Kork	300	0,05	1700	160
PS-Hartschaum	20	0,04	1500	35

gienutzung den Heizenergieverbrauch senken. Aus diesen Untersuchungen stammen die Ergebnisse von /9/, der als optimale Bauteilstärke 10 cm angibt. Andere Ergebnisse, mit bis zu 15 cm wirksamer Bauteiltiefe, beziehen sich auf direkt bestrahlte Flächen zur passiven Solarenergienutzung.

Im Bild 3.2 ist die wirksame Speicherfähigkeit der Bauteilstärke für verschiedene Baustoffe angegeben.

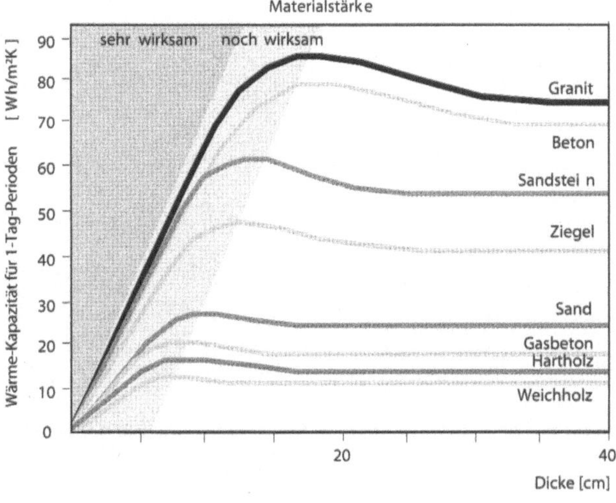

Bild 3.2: *Wirksamkeit von wärmespeichernden Baustoffen, abhängig von der eingebauten Dicke*

Durch die Gestaltung der Fassade sollte die äußere Kühllast weitestgehend reduziert werden (Sonnenschutzmaßnahmen, geringer Energiedurchlassgrad der Verglasung, Reduktion der Glasflächen bei Beachtung ausreichender Tageslichtnutzung).

Auch die inneren Lasten (Beleuchtung, Maschinen) sollten minimiert werden. Bei geeigneter Gestaltung kann dann eine genügend große Speichermasse das Ansteigen der Raumtemperatur durch Innenspeicherung der Raummassen so gedämpft werden, dass keine künstliche Kühlung des Raumes (der Räume) notwendig wird. Damit ist die wichtigste Voraussetzung geschaffen, um ggf. in Verbindung mit weiteren Maßnahmen (Nachtauskühlung, temporäre Speicher z. B. im Erdreich oder in der Bodenplatte, siehe unten) den übermäßigen Anstieg der Raumtemperatur unter innerer und äußerer Kühllast zu verhindern.

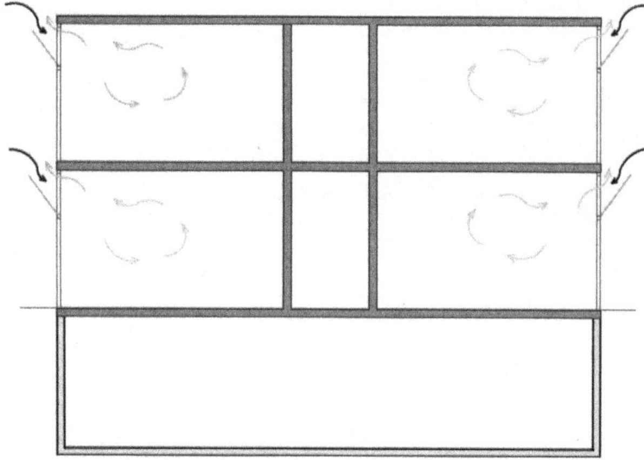

Bild 3.3: *Nachtauskühlung durch freie Lüftung: durch die nachts geöffneten Fenster findet eine Entspeicherung der Bauteile durch kühle Nachtluft statt*

3.2 Speicherung durch Tag-/Nacht-strategien

Die Möglichkeit der Wärme-(Kälte-)Speicherung in Räumen ist durch den Wechsel der Kühl- und Heizlasten zwischen Tag und Nacht begrenzt. Nur bei nicht zu hohen Lasten ist diese Methode wirksam. Die Anpassung der Heizlast ist durch unterschiedliche übliche Regeleinrichtungen (Nachtabsenkung, Einzelraumregelung, etc.) gut zu realisieren. Dagegen ist die Nutzung von Speichermassen zur Dämpfung eines schnellen Raumtemperaturanstieges durch kurzfristige Regelstrategien nicht möglich.

Eine einfache Strategie ist die Nachtauskühlung der Räume während einer Hitzeperiode. Da selbst an Tagen im Hochsommer in der Regel die Außentemperaturen nachts unter 18°C fallen, ist eine gezielte Führung der Außenluft nachts durch das Gebäude zur Entspeicherung von Wärme eine mögliche Methode. Das Prinzip ist in Bild 3.3 dargestellt.

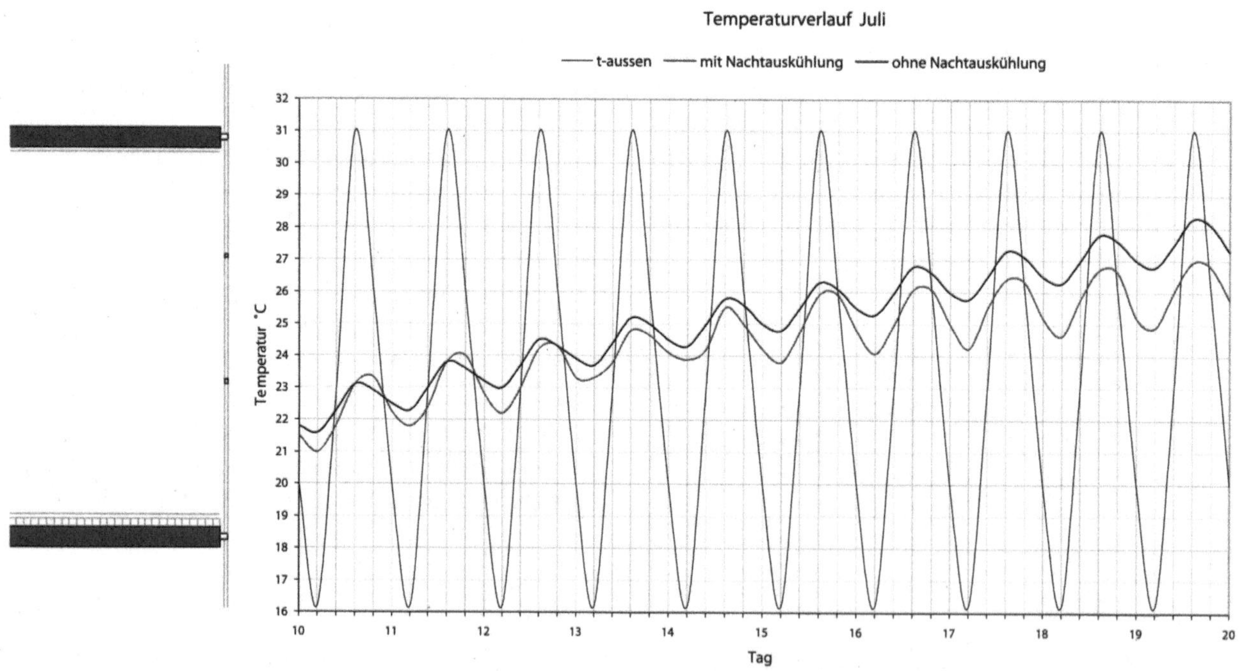

Bild 3.4: *Auswirkung der Nachtauskühlung auf einen nach Süden ausgerichteten Büroraum, Decke und Boden speicherwirksam.*

Büroraum, Südausrichtung: Konstruktion: Glasfassade, Decke: Beton ohne Abhängung, Fußboden: Beton und Estrich, Innenwände: massiv
Luftwechsel: 0,5 1/h (8:00 Uhr–18:00 Uhr) 2,0 1/h (Nachtauskühlung)
Fenster: g = 0.21, U = 1.4 W/m^{2}K
Wärmelasten: Standardwerte Büro

Für einen typischen Büroraum mit speicherwirksamen Decken- und Bodenkonstruktionen (keine Deckenabhängung, kein Doppelboden) ist die Auswirkung der Nachtauskühlung in Bild 3.4 mit unterstelltem 2-fachen Luftwechsel von 18 Uhr bis 8 Uhr auf den Temperaturverlauf in einem Büroraum für den Monat Juli (heitere Tage) aufgetragen. Es ist deutlich zu erkennen, dass ohne zusätzliche Kühlung über mehrere Hitzetage ausreichend niedrige Raumtemperaturen sichergestellt werden können. In Bild 3.4 ist die gleiche Situation ohne Nachtauskühlung gegenübergestellt. Die Darstellungen berücksichtigen allerdings eine reine konvektive Nachtauskühlung. Systeme mit z. B. deckenintegrierten Elementen (Bauteilaktivierung für Nachtauskühlung über Erdreich u. a.) sind deutlich wirksamer.

Der Vergleich mit einem Raum in leichter Bauausführung mit geringen Speichermassen zeigt, dass in diesem Fall eine Nachtauskühlung von vernachlässigbarem Einfluss auf den Temperaturanstieg im Tagesverlauf ist. Eine Nachtauskühlung dieser Art ohne technische Hilfsmittel (Stellmotore für Fensterflügel, Steuerung) ist kaum zu realisieren. Deshalb werden häufig andere Methoden bevorzugt, bei den z. B. eine einfache Abluftanlage im Nachtbetrieb für einen notwendigen Luftwechsel sorgt (Bild 3.5).

Auch können ohnehin notwendige raumlufttechnische Anlagen so konzipiert werden, dass unter Umgehung luftaufbereitender Maßnahmen (Heizung, Kühlung) vorhandene Luftverteilnetze für eine Nachtauskühlung verwendet werden. Bei integrierten Gebäudekonzepten werden unter Umständen Rohre in Betondecken als Luftführungssysteme eingebaut, die die Zwischendecken bzw. Bauteile gleichzeitig zur Energiespeicherung nutzen.

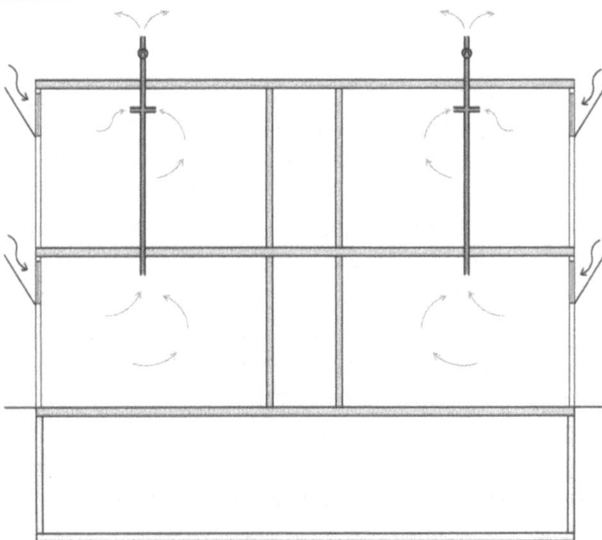

Bild 3.5: *Nachtauskühlung mittels Abluftanlagen*

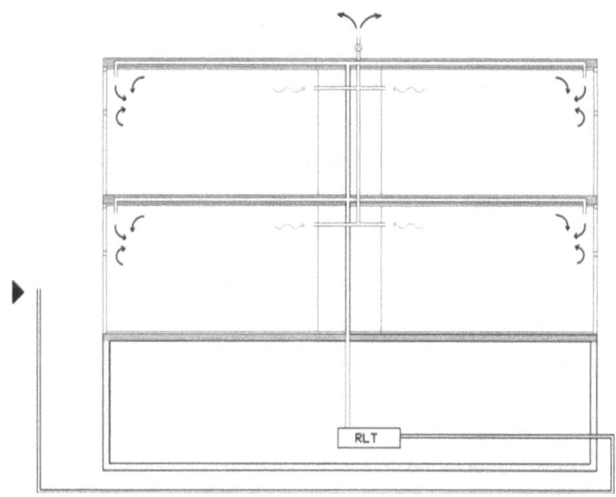

Bild 3.6: *Nachtauskühlung über Raumlufttechnische Anlagen und Zuluftleitungen in Betondecken*

Aufgrund der geringen Wärmeleitfähigkeit von Luft sind die, unten beschriebenen, wasserführenden Systeme (z. B. Bauteilaktivierung) für letzteres Beispiel allerdings wesentlich wirksamer. Eine mögliche Konzeption ist in Bild 3.6 dargestellt. Hier wird Außenluft im Erdreich temperiert (Sommer-/Winterfall), die notwendige Luftzuführung über Verteilnetze in den Betondecken erbracht und im Nachtbetrieb zur Speicherentladung der tagsüber aufgewärmten Betondecken genutzt.

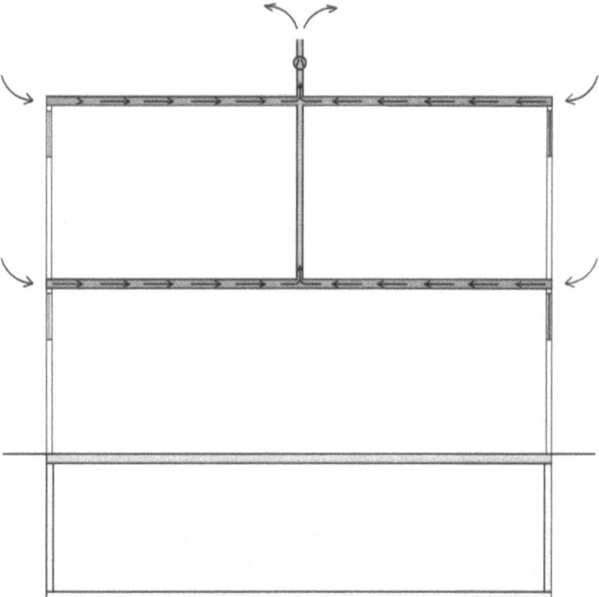

Bild 3.7: *Nachtauskühlung über speichernde Betondecken; Außenluft wird durch Betondecken zur Entspeicherung geführt (schematisch).*

Sofern Zulufteinrichtungen nicht notwendig sind, kann auch eine einfache Konstruktion mit Abluftführung über Betondecken sinnvoll sein (Bild 3.7).
Die Wirksamkeit von Einrichtungen oder Maßnahmen zur Nachtauskühlung sind abhängig von Art und Höhe der auftretenden Lasten und insbesondere von den passiven und aktiven Maßnahmen zur Nutzung der speichernden Bauteile.

Die Methoden

- Fenster nachts geöffnet (Kippstellung)
- Luftführung durch zentrale Abluftanlagen
- Einsatz vorhandener raumlufttechnischer Anlagen zur Nachtauskühlung
- Lufteinbringung durch Fassadengeräte

müssen in einem Gesamtkonzept integraler Planungen ausgewählt und untersucht werden.

3.3 Speicherung durch Bauteilaktivierung

Für die Technik der Bauteilaktivierung werden unterschiedliche Termini verwendet: Thermoaktive Decke, Betonkernaktivierung, Klimadecke u. a. Hier wird, wie bereits im Kap. 2.3 Gebäudetemperierung eingeführt, der Begriff Bauteilaktivierung (BTA) für wasser- oder luftführende Rohrsysteme in speichernden Bauteilen verwendet.
Unter Bauteilaktivierung versteht man in der Regel Betondecken (oder Wände), in die Rohre für ein geschlossenes wasserführendes Rohrsystem oder in Kombination mit einem raumlufttechnischen System eingebaut sind.
Bei geschlossenen wasserführenden Systemen werden entweder Rohre (17 – 26 mm Durchmesser bei einem Verlegeabstand von 150 – 300 mm) oder Kapillarrohrmatten (3,4 – 4,3 mm Außendurchmesser) eingebaut.
Für Luft als Wärmeträger werden entweder Luftkanäle bei der Herstellung von Fertigteilen eingebaut oder Rohre, z. B. innenberippt, zur Verbesserung des Wärmeaustauschs, auch für Ortbetonherstellung, vorgesehen.
Ziel dieser Technik ist, mindestens eine einem Raum zugewandte Seite als Heiz- oder Kühlfläche zu nutzen. Häufig ist dies (insbesondere bei Verwaltungsgebäuden) ein Deckensystem, welches durch Installationsebenen (Doppelboden) nach oben gedämmt ist (siehe Bild 2.6). Gegebenenfalls werden für problematische Zonen oder Räume Zusatzheiz- oder Kühleinrichtungen erforderlich.

Nachteilig ist die große Trägheit und die fehlende dynamische Regelschnelligkeit. Die Probleme treten insbesondere bei schnellen Lastwechseln (innere und/oder äußere Lasten) auf. Diese Nachteile werden teilweise durch Zusatzheizsysteme kompensiert, die durch weitere Lagen Rohr (randnah) im Bauteil oder durch Deckensegel realisiert werden, siehe Bild 2.6. Neben den oben beschriebenen Rohren für die Bauteilaktivierung können auch Kapillarrohrmatten eingesetzt werden, die schon seit längerem auch für Putz- und Deckenkühlsysteme verwendet werden.
Die im Bild 2.8 dargestellte Anordnung des Rohrsystems auf der oberen Bewehrung dient dazu, als Passivsystem zur Speicherbeladung (aus Geothermie, nächtlicher Außenluft, Flusswasser etc.) zu wirken. Die Rohrlage bei der unteren Bewehrung oder das Kapillarrohrmattensystem im Deckenputz wird dann als dynamische „aktive" Spitzenlastkompensation betrieben, siehe auch /6/. Denkbar ist eine nach oben und unten gedämmte, aktivierte Betondecke als Speicher und zusätzliche Deckensegel oder Deckensysteme als wärmeabgebende oder wärmeaufnehmende Elemente.
Die Deckensegel können auch als zusätzliche akustische Maßnahme ausgeführt sein. Bei der Unterbringung von Rohren oder Kapillarrohrmatten im Estrich eines Fußbodens kann die Aktivierung des Bauteils ebenfalls erfolgen, wenn die Zwischendämmung zwischen Beton und Estrich unterbleibt (Bild 2.10). Damit werden Heizleistungen bis 100 W/m^2 und Kühlleistungen bis 40 W/m^2 erzielt.
Im Leistungsvergleich (Heiz- und Kühlleistung) sind dynamische Deckentemperierungssysteme (Deckensegel oder geschlossene Deckensysteme) aktivierten Betondecken deutlich überlegen. Der – je nach Konstruktion – zusätzliche konvektive Anteil am Wärmeübergang führt zu Heizleistungen bis zu 170 W/m^2, allerdings wird die Behaglichkeitsgrenze ggf. überschritten. Die Vorteile der geringen Strahlungsasymmetrie gelten bei gegebenen Voraussetzungen sowohl für die reine Bauteilaktivierung als auch für die Temperierung mit dynamischen Deckensystemen.
Die reine Bauteilaktivierung ist also in erster Linie zur Speicherung von regenerativer Energie geeignet. Bei einer Wärmespeicherkapazität von 1,0 kJ/(kg · K) beträgt die Wärmespeicherung über 420 Wh/m^2 bei einer Temperaturänderung von 3 K für eine 20 cm starke Betondecke. Entscheidend bei der Überlegung für den möglichen Einsatz der Bauteilaktivierung sind also vielmehr die zur Verfügung stehenden Energiepotentiale aus der Umgebung (Geothermie, freie Kühlung und andere) und die Wärmebilanz unter Einbeziehung der Wärmespeicherkapazität der nutzbaren Bauteile.
Die Speicherung von Kälte (Wärme) in Bauteilen, meist handelt es sich um Betondecken, seltener um Wand- oder andere Bauteile, durch Transport von Umweltenergie als rein passives Sys-

tem hat zur Folge, dass der Wärmefluss auch in Nicht-Nutzungs-Zeiten weiter erfolgt und eine Regulierung nicht möglich ist. Damit geht ein Mehrverbrauch gegenüber flinken, regelbaren Systemen einher, der nur bei Nutzung „kostenloser" Umweltenergie tolerierbar und insbesondere bei Vermeidung von elektrischem Energieaufwand für Kühlung ist. Insofern sind Bauteilaktivierungssysteme für Gebäude mit Kühllast und relativ gleichmäßigen, voraussehbaren Lasten geeignet. Die Trägheit des Systems macht Bauteilaktivierung aber nur dann zweckmäßig, wenn z. B. über Geothermienutzung, Grundwasser- oder Flusswassernutzung oder andere Umweltenergie eine Speicherung im Bauteil mit verbunden ist.

Die aus den Simulationsrechnungen ermittelte negative Speicherwärme schwankt bei Rohrsystemen und Lage der Rohrregister zwischen 600 – 950 Wh/m² /6/.

3.4 Speicherung in Bauteilen außerhalb von Räumen

Da die passive Speicherung von Wärme (Kälte) im Raum durch die Konstruktion des Gebäudes und das thermische Verhalten der Materialien begrenzt ist, liegt die Überlegung nahe, zusätzliche Speicher im, neben oder unter dem Gebäude oder gemeinsam für mehrere Gebäude einzurichten.

Solche Ansätze sind schon zahlreich untersucht worden. Typisch sind z. B. die Anfang der 1980er Jahre entwickelten Konzepte mit Kiesspeichern (siehe Bild 3.8).

Die baulichen Zusatzmaßnahmen und die Begrenzung der Wärmespeicherwirkung hat nicht zu einer größeren Anwendung dieses Prinzips geführt. Weitaus einfacher und wirksamer ist die Nutzung von Erdwärmespeichern über Kollektoren oder unterirdische Kiesspeicher (siehe Kap. 3.5 und 3.6). In Verbindung mit geschlossenen Warmwasserpumpenheizanlagen ist die Zwischenspeicherung von Wärme wesentlich besser zu realisieren und die baukonstruktiven Probleme von gebäudeintegrierten

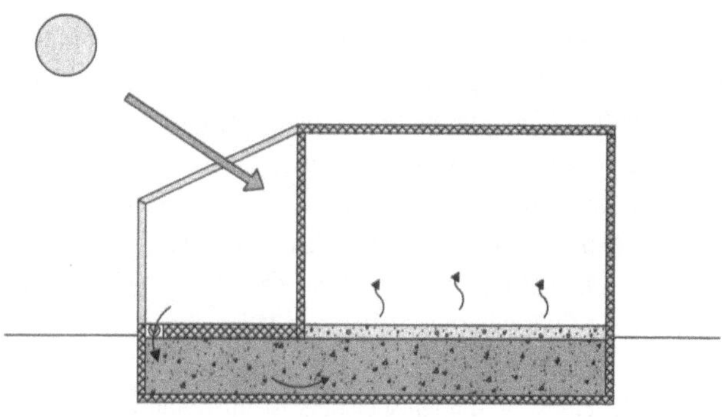

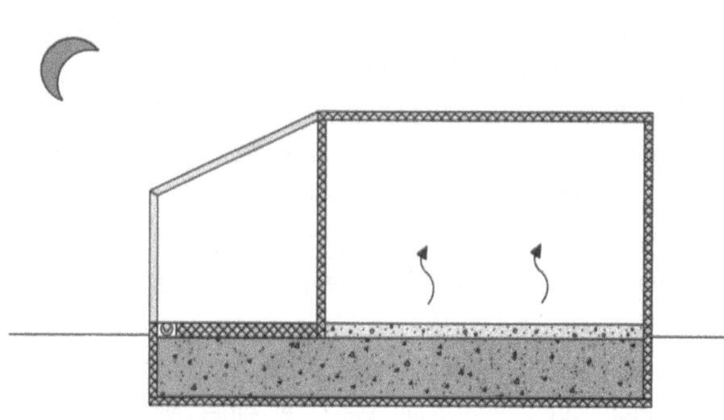

Bild 3.8: *Passive Solarenergienutzung durch Kiesspeicher; die tagsüber im Glasvorbau erwärmte Luft wird durch einen Kiesspeicher geführt. Abends und nachts wird die Wärme wieder an den Raum abgegeben /10/.*

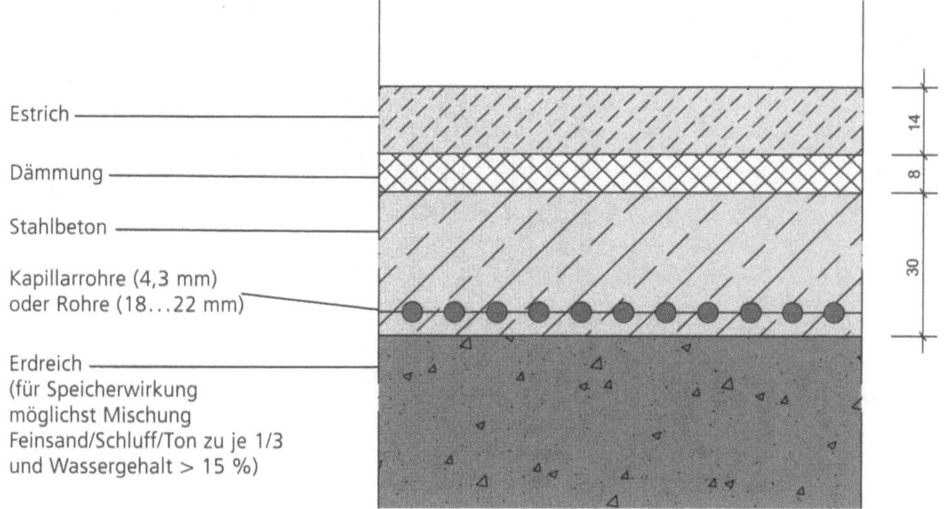

Bild 3.9: *Fundamentspeicher zur Zwischenspeicherung in der Bodenplatte und in dem angrenzenden Erdreich (Abmessungen beispielhaft)*

Wärmespeichern können vermieden werden. Allerdings können bauwerksintegrierte Speicher, die notwendige Bauteile wie Schlitzwände, Pfahlgründungen (Energiepfähle, siehe Kap. 4.2.2) als Absorber oder Speicher nutzen, herangezogen werden. Eine einfache Methode der Wärmespeicherung ist die Aktivierung der Bodenplatte bzw. des Fundamentes mit dem Ziel, die Bodenplatten und ein Teil des darunter liegenden Erdreichs für die Zwischenspeicherung von Wärmeenergie zu nutzen.

Der Aufbau eines Fundamentspeichers ist im Detail in Bild 3.9 dargestellt. In der Bodenplatte wird ein Rohrregister (z. B. Rohrdurchmesser 18 x 2 mm, 20 x 2 mm oder Kapillarrohrmatten 4,3 x 2,7 mm) eingebaut. Die Bodenplatte wird thermisch nach oben (mind. 8 cm WL 040) entkoppelt. Ggf. werden weitere Rohrlagen im Erdreich eingebaut.

Untersuchungen von /6/ zeigen, dass bei kurzen Be- und Entladezyklen Entladeleistungen bis 100 W/m^2 erzielt werden können. Bei mäßiger Entnahmeleistung (bis 40 W/m^2) beträgt der Entspeicherungsgrad nach 4-wöchigem Betrieb und 10 Stunden Betriebszeit täglich ca. 15 %. Die Eindringtiefe der Temperaturänderung konnte bis ca. 5 m Erdreichtiefe festgestellt werden. Eine günstige Speicherwirkung wird bei einer Mischung von Feinsand / Schluff / Ton zu je 1/3 und einem Wassergehalt > 15 % erzielt. Langzeitbetrieb führt bei Speichern unterhalb der Bodenplatte zu einer Verringerung des Wassergehaltes (Austrocknung) mit in der Folge geringerer Speicherkapazität (siehe Tabelle 3.3).

Der Einsatz von Fundamentspeichern ist somit besonders für die Zwischenspeicherung von Wärme für einen Zeitraum von wenigen Tagen bis zu einigen Wochen geeignet. Der Wechsel zwischen Wärmeentnahme und Wärmeeintrag begünstigt den Speicherwirkungsgrad erheblich (Regeneration des Speichers). Vor allem der geringe bauliche Aufwand gegenüber anderen Speichersystemen und die Nutzung des Erdreichs unterhalb der Bodenplatte als Speicher spricht für eine solche Lösung.

3.5 Speicherung im Erdreich durch Erdsonden

Der Einsatz von Erdwärmesondenspeichern ist ebenso für die Speicherung fühlbarer Wärme von mehreren Wochen bis zu mehreren Monaten geeignet. Solche Systeme sind als kombinierte Kälte-/Niedertemperaturwärmespeicher /12/ geeignet. Da thermische Verluste überwiegend durch die Deckflächen entstehen, sind die Sonden möglichst kompakt zueinander anzuordnen /12/ (z. B. hexagonale Anordnung (siehe Bild 3.10).

Tabelle 3.3: *Thermische Eigenschaften von Lockergesteinen (Auswahl aus /11/)*

Material	Wärmeleitfähigkeit (W/(m*K))	Spez. Wärmekapazität (MJ/(m^3*K))
Kies, trocken	0,4...0,5	1,4...1,6
Kies, wassergesättigt	ca. 1,8	ca. 2,4
Sand, trocken	0,3...0,8	1,3...1,6
Sand, wassergesättigt	1,7...5,0	2,2...2,9
Ton/Schluff, trocken	0,4...1,0	1,5...1,6
Ton/Schluff, wassergesättigt	0,9...2,3	1,6 – 3,4
Torf	0,2...0,7	0,5...3,8
Zum Vergleich		
Beton (1800 kg/m^3)	0,9...2,0	ca. 1,8
Wasser (+10° C)	0,99	4,15

Für die Nutzung von Erdsonden zur thermische Speicherung ist neben dem Schichtprofil die Wärmeleitfähigkeit, die Wärmekapazität und der Wassergehalt des Erdbodens wichtig. Anders als bei Wärmeentzug ist für die Speicherung ein geringer Grundwasserstrom günstig. Die anzusetzenden spezifischen Entzugsleistungen liegen zwischen 30 W/m (trockener Sand) bis zu

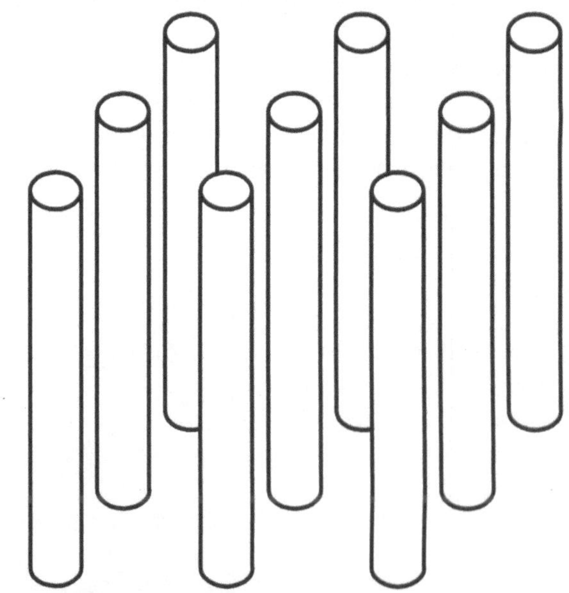

Bild 3.10: *Erdsonden für die Nutzung des Erdreichs als Speicher in möglichst kompakter Aufteilung (Abstand der Sonden möglichst D = 2 – 5 m), Einzel-U-Rohr-Anlagen, bei Solarkollektoren Doppel-U-Rohre*

70 W/m (Granit). Die Nutzungsgrade solcher Anlagen liegen zwischen 30 – 90 %, letztere hohe Nutzungsgrade werden nur bei großen Volumina von über 150.000 m³ erzielt /12/.
Eine Vorauslegung der Speicher (Volumen) ergibt sich aus der Wärmespeicherkapazität (Tabelle 3.3), der Temperaturspreizung im Speicher und dem Jahreswärmeentzug bzw. dem Nutzungsgrad.

Beispiel

Volumen:	240 m³
spezifische Wärmekapazität:	2,0 MJ (m³ K)
Temperaturspreizung:	30 K
Nutzungsgrad:	30 %
Jahreswärmeentzug:	ca. 43.200 MJ (12.000 kWh)

Dies würde dem Jahresheizwärmebedarf eines Einfamilienhauses mit 150 m² Fläche und 80 kWh Heizenergiebedarf pro m² entsprechen.
Für eine endgültige Speicherdimensionierung ist ein hydrogeologisches Gutachten und eine Simulationsrechnung über das Speicherverhalten notwendig, bei der auch die Regelstrategien des Systems einfließen.

3.6 Speicherung im Erdreich durch Kiesspeicher

Die Speicherung von Überschusswärme (Kälte) oder aus Solarthermie über Erdsondenanlagen ist bei geeigneten Bodenverhältnissen empfehlenswert, da ein erheblich geringerer baulicher Aufwand für Sondenanlagen notwendig ist. Außerdem können Erdsondenanlagen stufenweise erweitert werden (sukzessive Erweiterung des Erdspeichers bei Siedlungen).

Eine andere Technik ist der Bau eines Kies-Wasser-Speichers für Nahwärmekonzepte. Dazu wird ein Erdbecken mit Kunststoff-Folie ausgekleidet, mit Kies gefüllt und mit Wasser geflutet. Speicherboden und Speicherwände werden wärmegedämmt, unterhalb der Gebäudeoberfläche wird eine Erdüberdeckung (0,50 m bis 1,0 m) vorgesehen. Solche Speicher werden als saisonale Langzeitspeicher konzipiert /13/.
Es können Speichertemperaturen bis 90° C realisiert werden. Diese obere Temperaturgrenze wird durch die Temperaturfestigkeit der Abdichtungsfolien gesetzt. Ein wesentlicher Vorteil der Kies-Wasser-Speicher gegenüber geschlossenen Erd-Wasser-Speichern ist, dass eine tragende Deckenkonstruktion hier nicht notwendig ist. Der Speicher wird über in der Kiesfüllung ausgelegte Kunststoffrohrschlagen be- bzw. entladen. Möglich ist auch ein direkter Wasseraustausch. Das Wärmeäquivalent im Vergleich zu einem reinen Wasserspeicher beträgt 1: 1,5, d. h., es muss 1,5 mal mehr Volumen gegenüber einem reinen Wasserspeicher kalkuliert werden. Die Nutzungsgrade können bis zu 70 % betragen. Erfahrungen, Hinweise und Kostenschätzungen finden sich unter /14/.
Nach bisherigen Erfahrungen sind solche saisonalen Langzeitspeicher mit Wärmequelle Solarthermie realistisch mit einem Deckungsgrad (Heizwärmebedarf und Warmwasserwärmebedarf) von 40 – 50 % herzustellen. Eine vereinfachte hydraulische Schaltung eines solchen Nahwärmekonzeptes ist in Bild 3.11 dargestellt. Das Verteilnetz besteht aus zwei 2-Leiternetzen, für den Solarkreislauf (Kollektorfelder) und die Wärmeverteilung. Eine Vereinfachung ist möglich, wenn der Rücklauf des Solarkreislaufs und der Wärmeverteilung gemeinsam genutzt wird (3-Leitersystem).
Bei der Solarthermie werden die Kollektorfelder zum einen zur direkten Heiz- und Warmwassernutzung verwendet. Mit einem zwischengeschaltetem Pufferspeicher und dem Kies-Wasser-Wärmespeicher erfolgt die restliche Wärmespeicherung. Für die nicht ausreichende Deckung wird ein parallel betriebener Heizkessel vorgesehen. Idealer Weise kann ein solcher Heizkessel als Holzkessel (Holzvergasertechnik, Pellets) als CO_2-neutrale

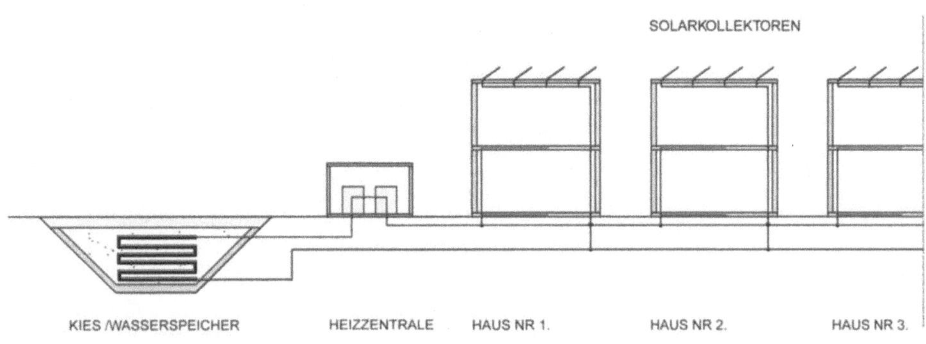

***Bild 3.11:** Kiesspeicher als saisonaler Wärmespeicher für ein solares Nahwärmekonzept mit thermischen Solarkollektoren*

zusätzliche Wärmequelle eingesetzt werden. Die hydraulische Schaltung besteht in der Regel aus einem Solarnetz sowie einem Nahwärmeversorgungsnetz.

3.7 Speicherung in Heißwasserspeichern

Die hohe spezifische Wärmekapazität von Wasser legt nahe, für eine Langzeitwärmespeicherung von Überschusswärme oder Wärme aus Solarthermie geschlossene Erdwärmespeicher zu errichten. Solche, häufig unterirdisch, vorgesehenen Heißwasserspeicher werden für Temperaturen bis 95°C ausgelegt. Für die wasserdichte Herstellung wird in der Regel ein Stahlbetonbehälter errichtet, der z. B. als Kegelstumpf selbsttragend mit nach oben angeordneter Edelstahlabdichtung und zusätzlicher Stahlbetondecke ausgebildet wird. Bei nicht wasserdichter Betonkonstruktion muss der Behälter mit Edelstahlblech ausgekleidet oder mit Folie versehen werden. Letzteres ist wegen der Temperaturbeständigkeit von Folie auf 80 GRD C begrenzt /15/. Die Anforderung an die Dichtigkeit und an die Statik erfordern einen weitaus höheren Aufwand als bei Kies-Wasser-Speichern.
Darstellungen verschiedener Speichertypen und Erfahrungen mit gebauten Speichern finden sich in /16/, /17/.

4 Ökologische Gebäudetechnik

4.1 *Direkte solare Nutzung*

4.1.1 *Photovoltaik*

Die direkte Umwandlung von Sonnenlicht in elektrische Energie mittels Solarzellen wird als Photovoltaik bezeichnet. Bei dem in Festkörpern auftretenden Effekt wird mittels des lichtelektrischen Effekts Strahlungsenergie auf die Elektronen der Festkörper übertragen. Elemente, die diesen photovoltaischen Effekt ausnutzen, werden als Solarzellen bezeichnet /19/.
Für die ökologische Gebäudetechnik sind Photovoltaikelemente wesentlicher Bestandteil eines Gesamtkonzeptes, das neben dem Ziel einer energieoptimierten Gesamtplanung des Gebäudes regenerative Energie für die Versorgung von Gebäuden zur Verfügung stellt.
Die Anlagen der Photovoltaik können als Inselanlagen oder als netzgekoppelte Anlagen erstellt werden. Netzgekoppelte Anlagen sind aufgrund wirtschaftlicher Randbedingungen zur Zeit der üblichen Anwendungsfall für Gebäude und werden hier im weiteren ausschließlich behandelt.

Sonnenlicht

Die Solarkonstante am äußeren Rand der Erdatmosphäre beträgt 1.353 W/m^2. Die Abschwächung der Strahlungsleistung des Sonnenlichtes auf dem Weg durch die Atmosphäre wird mit dem Begriff „Air Mass" bezeichnet. Ein Standard-Wert ist der Wert 1,5, der einer globalen Strahlungsleistung von 1.000 W/m^2 entspricht.
Daneben ist die Strahlungsintensität von Sonnenstand und Jahreszeit abhängig. Die Angabe von Leistungen für Photovoltaikmodule wird in Wp (Watt Peak) angegeben. Dies ist die Leistung, die bei Testbedingungen mit 1.000 W/m^2 und 25°C Umgebungstemperatur ermittelt wird.

Bauarten

Für Solarzellen werden unterschiedliche Technologien verwendet. Es werden Halbleiter-Materialien eingesetzt, die eine hohe Absorption der Sonnenstrahlung erlauben und andererseits einen guten Transport der erzeugten Ladungsträger ergeben. Im Wesentlichen verteilt sich die Auswahl solcher Materialien auf die Gruppen:

- mono- und multikristallines Silizium sowie
- Dünnschichttechnologien.

Monokristalline Silizium-Solarzellen werden aus eingeschmolzenem Silizium zu einem stabförmigen Einkristall gezogen und danach in Scheiben gesägt. Man erkennt monokristalline Silizium-Solarzellen an ihrer gleichmäßigen glatten Oberfläche sowie den gebrochenen Ecken. Der Wirkungsgrad in der Praxis liegt zwischen 15 bis 18,5 %.
Multikristalline Silizium-Solarzellen werden aus geschmolzenen Siliziumblöcken hergestellt. Aus dem grobkörnig erstarrten Silizium werden Scheiben gesägt. Sie besitzen eine unregelmäßige Oberfläche, auf der deutlich Kristalle mit einem Durchmesser von einigen Millimetern bis Zentimetern zu erkennen sind. Die Wirkungsgrade in der Praxis betragen etwa 12 bis 14 %.
Für die Dünnschichttechnologie wird überwiegend amorphes Silizium, mit Silizium aus der Gasphase und Aufbringung auf einen Träger in Form einer dünnen Schicht, verwendet. Meist wird als Trägermedium Glas verwendet. Die Kristallstruktur ist nicht zu erkennen. Amorphes Silizium besteht aus ungeordneten Silizium-Atomen. Der praktische Wirkungsgrad liegt bei etwa 5 – 8 % /19/.

Energieausbeute

Solarzellen nutzen direkte und diffuse Sonnenstrahlung. Der Anteil der diffusen Sonnenstrahlung beträgt in Deutschland über das Jahr betrachtet ca. 48 – 57 % /20/. Im Durchschnitt beträgt die auf eine horizontale Fläche auftreffende Sonnenenergie ca. 1.145 kWh/(m^2 · a). Bei optimal zur Sonne ausgerichteten Flächen beträgt die Ausbeute ca. 1.180 kWh/m^2. Die Abweichung je nach Klimazone variiert um ca. ± 10 %.
Einen erheblichen Einfluss hat die Beschattung von Solarmodulen. Diese kann auf dem Gebäude selbst durch Aufbauten, durch Nachbargebäude, durch die städtebauliche Situation (Bäume, andere Gebäude) und anderes erheblich ausfallen. Es ist zu beachten, dass auch partielle Abschattungen an der Solar-

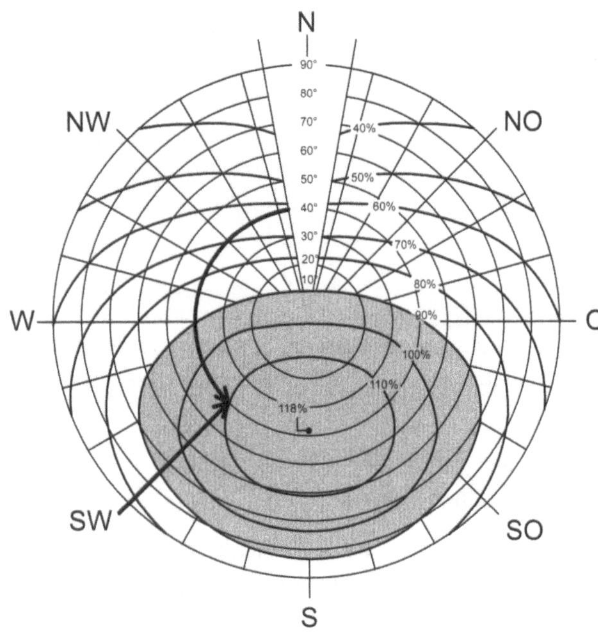

Bild 4.1: *Einfluss der Anordnung und Ausrichtung von Photovoltaikelementen /22/*

zelle sich auf den Energieertrag so auswirken, als wäre der gesamte Strang abgeschattet /21/. Temporäre Abschattungen sind weniger gravierend.

Im Hinblick auf mögliche Verluste in einer netzgekoppelten Photovoltaikanlage ist der Wechselrichter (Netzeinspeisegerät) eine der wesentlichen Schwachstellen. Wechselrichter erreichen eine Effizienz von 93 – 97 %.

Insbesondere im Teillastbereich kommt es bei der Umformung von Gleichspannung in Wechselspannung zu Umwandlungsverlusten.

Der Jahresertrag beträgt im Bundesdurchschnitt auf eine horizontale Fläche 1.000 kWh/m^2. Die regionalen Abweichungen betragen max. 12 %.

Anhand des Diagramms in Abbildung 4.1 /22/ zur Ermittlung der Eignung von Flächen für Solarzellen lässt sich ablesen, inwieweit Neigung der Photovoltaikfläche oder Himmelsrichtung den Ertrag beeinflussen.

In dem dargestellten Beispiel beträgt die Neigung eines Daches 40°, die Ausrichtung Süd-West und der Neigungswinkel 30°. Danach beträgt der abgelesene Faktor ca. 1,1, so dass eine solare Einstrahlung von ca. 1.100 kWh/m^2 zugrunde gelegt werden kann.

Die Lebensdauer von Photovoltaikmodulen liegt bei über 20 Jahren. Hersteller bieten eine Leistungsgarantie, die im Bereich von 10 bis 25 Jahren liegt. Die meisten Hersteller garantieren mittlerweile mind. 20 Jahre Leistung.

Prinzipieller Aufbau

Für die unterschiedlichen Anwendungen werden Solarzellen zu größeren Einheiten verschaltet. Eine Serienschaltung bedeutet eine höhere Spannung als Folge, eine Parallelschaltung einen höheren Strom. Meist werden die verschalteten Solarzellen in transparente Äthylen-Vinyl-Acetat eingebettet /19/, mit einem Rahmen aus Aluminium oder Edelstahl versehen und frontseitig transparent mit Glas abgedeckt.

Der prinzipielle Aufbau von Photovoltaikanlagen ist in dem Prinzipbild Bild 4.2 dargestellt. Eine netzgekoppelte Photovoltaikanlage besteht demnach aus Solargenerator (PV-Modul), Solargeneratorkasten (bei Parallelschaltung von mehreren Generatorsträngen), Wechselstromhauptschalter, Einspeisezähler und den Netzhauptschaltern. Zusätzlich werden selbstverständlich Netzsicherungen bzw. FI-Schalter für Wechselrichter vorgesehen.

Modultypen

Die auf dem Markt angebotenen Modultypen (monokristallin, multikristallin oder amorph) unterscheiden sich nicht nur in ihren physikalischen Eigenschaften (Leistung, Wirkungsgrad), sondern auch hinsichtlich ihrer ästhetischen Erscheinung. Monokristallinezellen wirken schwarz bis dunkelgrau /23/ mit gleichmäßigen Oberflächenstrukturen. Multikristallines Silizium erscheint eher grau bis blau changierend.

Neben dem Einbau von Standardmodulen besteht auch die Möglichkeit semitransparente Module vorzusehen. Dabei wird der Abstand zwischen den einzelnen Zellen so vergrößert, dass eine Lichtdurchlässigkeit durch die transparenten Stellen gegeben ist. Solche Module werden meist speziell nach Kundenwünschen gefertigt.

Eine Übersicht über einige auf dem Markt angebotenen Module zeigt die Tabelle 4.1.

Gebäudeintegration

Photovoltaikmodule können zusätzlich an die Außenhaut (Fassade, Dach) montiert werden (Bild 4.3). Die meisten Gebäude bieten mit ihrer Außenfläche ausreichend große Platzreserven für Photovoltaikelemente an. Für eine frühzeitige Integration in den Entwurf bietet es sich an, PV-Elemente mit einer Mehrfachnutzung für die Fassade einzusetzen.

Photovoltaikelemente können als Bestandteil der Gebäudehüllen weitere Funktionen übernehmen:

- Sonnenschutz
- Witterungsschutz
- Wärmedämmung
- Schallschutz
- Sichtschutz / Lichtlenkung
- Gestaltungselement.

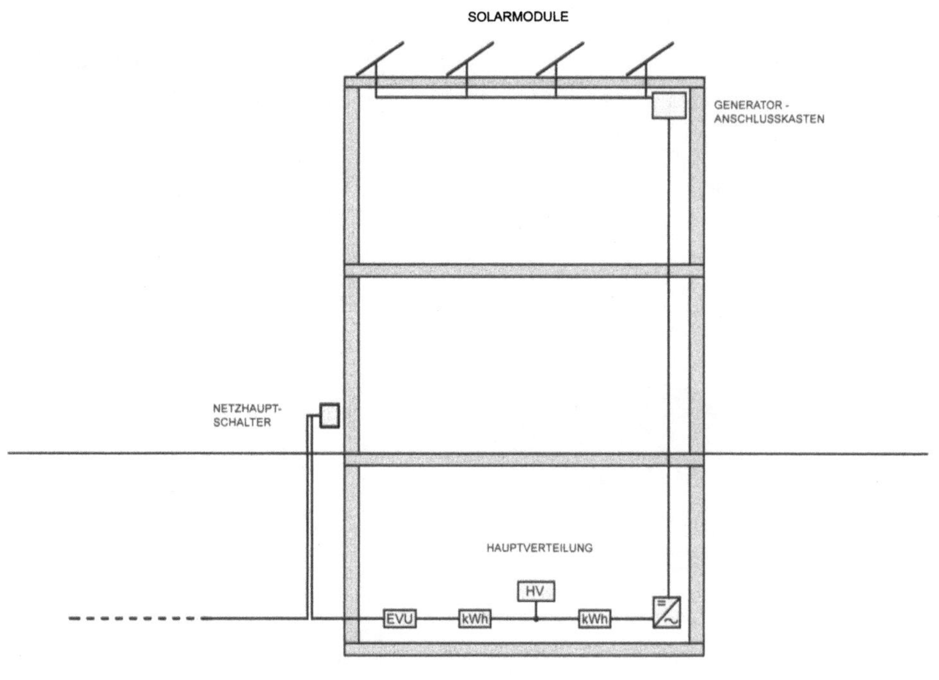

Bild 4.2: *Prinzipdarstellung einer netzgekoppelten Photovoltaikanlage*

Tabelle 4.1: *Übersicht einiger unterschiedlicher Modultypen (genauere Information siehe /22/24/25/).*

Hersteller	*Typ*	**Bezeichnung**	**Abmessung L x B**	**Leistung Wp**
Shell-Solar	multikristallin	S 115	1.220 x 850	113 W
Shell-Solar	multikristallin	S 100	1.220 x 850	98 W
Shell-Solar	multikristallin	S 105	1.220 x 850	103 W
Shell-Solar	multikristallin	S 75	1.220 x 527	75 W
BP-Solar	monokristallin	BP 5170	1.593 x 790	170 W
BP-Solar	mulitkristallin	BP 3160	1.587 x 764	160 W
BP-Solar	monokristallin	BP 2140	1.595 x 755	140 W
BP-Solar	monokristallin	BP 585 F	1.188 x 508	80 W
BP-Solar	multikristallin	BP MSX 120	1.188 x 991	120 W
BP-Solar	Dünnschicht	BP 980	1.557 x 639	80 W
BP-Solar	polykristallin	BP 275	537 x 1.209	75 W
BP-Solar	Dünnschicht	MST 43 MW	666 x 1.129	43 W
Viessmann	polykristallin	Vitovolt 300	2.385 x 1.138	320 W
Siemens Solar		SP 140	1.619 x 814	140 W
Würth Solergy	monokristallin	WE 104	1.285 x 645	103 W

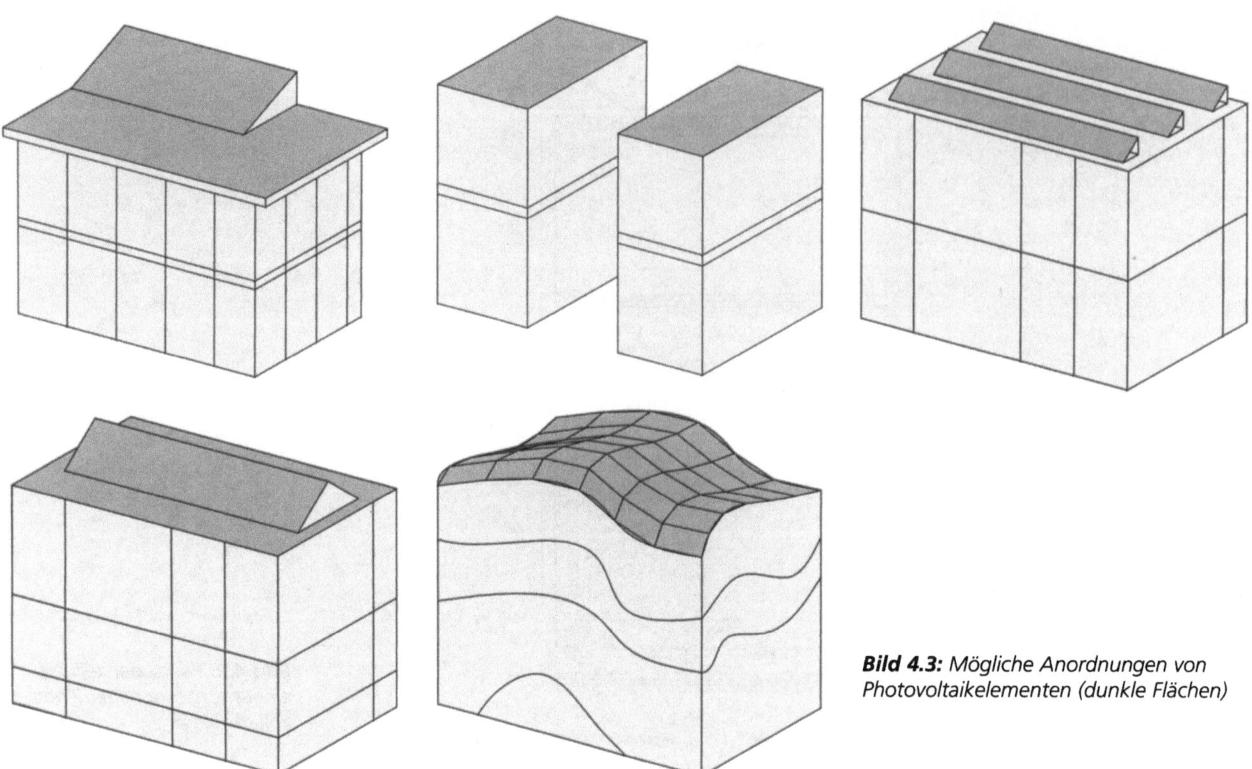

Bild 4.3: *Mögliche Anordnungen von Photovoltaikelementen (dunkle Flächen)*

Sonnenschutz

In unterschiedlichen Formen können Photovoltaikelemente als Sonnenschutzelement benutzt werden. Häufig ist in der Funktion als verschattendes Element eine optimale Orientierung zum Sonnenstand gegeben.
Einige Beispiele für die möglich Anordnung sind in den nachfolgenden Abbildungen angegeben (Bild 4.3 und 4.4).

Witterungsschutz

Photovoltaikmodule sind für die Anwendung im Freien ausgelegt. Gewährleistungsfristen bis zu 25 Jahre ermöglichen auch einen Einsatz als Bauteil in der Fassade. Da sie den Anforderungen wie Temperaturwechsel, UV-Beständigkeit, Sturm- und Hagelfestigkeit entsprechen, lassen sie sich als Bauteil im Außenbereich einsetzen /26/. Wegen der erhöhten Strahlungstemperatur auf der Innenseite und auch zur Abfuhr sonst leistungsvermindernder Temperaturerhöhung ist eine hinterlüftete Fassadenkonstruktion geeignet. Ohne Hinterlüftung sind Leistungsminderungen bis zu 10 % möglich. Erforderlicher Abstand an der Fassade zur Vermeidung von Verlusten sind ca. 15 cm (Bild 4.5 /26/).

Wärmedämmung / Schallschutz

Bei in die Fassade integrierten Photovoltaikmodulen können übliche Wärmedurchgangskoeffizienten (U-Werte) erreicht werden. Damit kann ein Modul neben der Stromgewinnung auch gleichzeitig die Funktion der thermischen Trennung in der Gebäudehülle übernehmen. Bei mehrschichtigem Modulaufbau kann darüber hinaus eine schallschützende Wirkung, wie mit üblichen Schallschutzgläsern, erzielt werden.

4.1.2 Thermische Solarkollektoren

Die Nutzung von Sonnenenergie aus direkter und indirekter Strahlung durch Umwandlung in Wärme wird als Solarthermie bezeichnet. Die auf der Erdoberfläche zur Verfügung stehende Strahlung wird Globalstrahlung genannt. Ausgehend von der Sonnenoberflächentemperatur von 5.700°C erreicht die Erdatmosphäre ca. 1.353 W/m^2, von denen nach Durchtritt durch die Erdatmosphäre an klaren, wolkenlosen, sonnigen Tagen bis zu 800...1000 W/m^2 über Solarthermie genutzt werden können. Die Strahlungsdichte kann bis auf eine Leistung von 20 W/m^2 an bedeckten Wintertagen absinken. Der diffusen Strahlungsanteil beträgt im Jahresmittel ca. 50 % (vergleiche Bild 4.6).

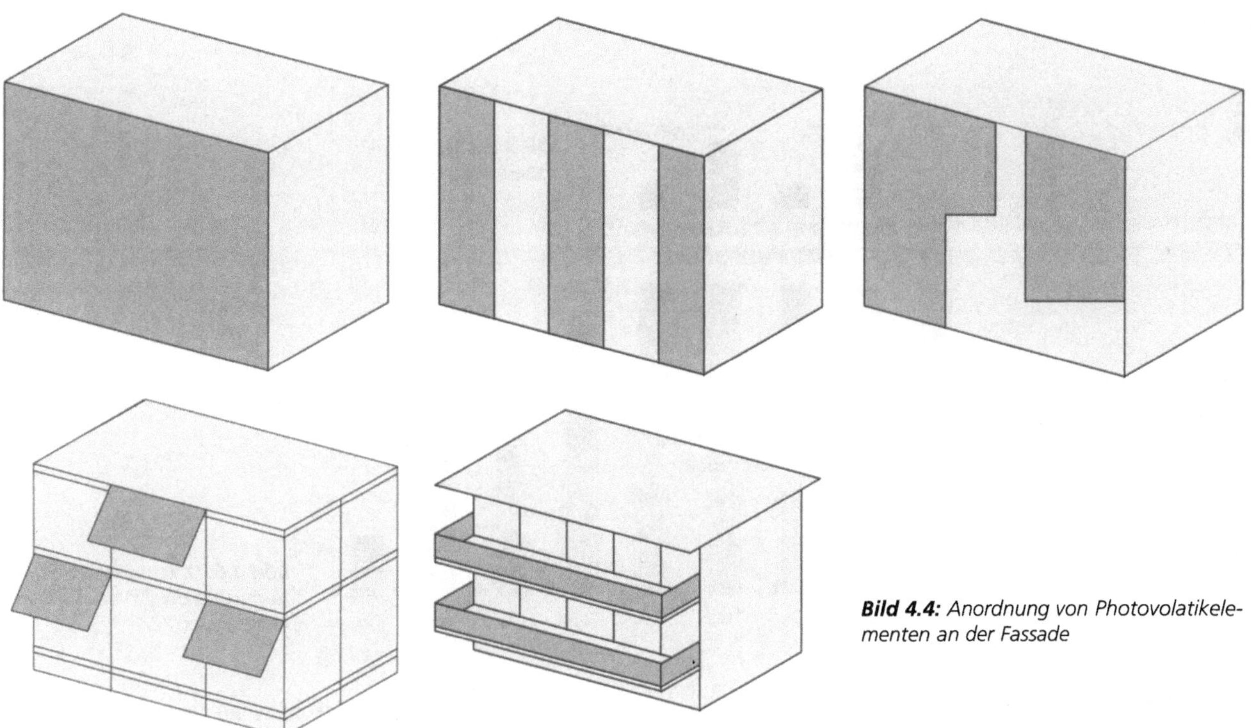

Bild 4.4: *Anordnung von Photovolatikelementen an der Fassade*

Über einen Absorber oder Kollektor kann die auf eine Fläche auftreffende Strahlungsmenge in Wärme umgewandelt werden und über ein strömendes Medium (Wasser, Wasser-Glycol-Mischung, Luft) an ein wärmeführendes System abgegeben werden.

Die durchschnittliche Sonnenscheindauer in Deutschland beträgt 1.300 bis 1.900 Stunden im Jahr. Dreiviertel der Sonnenscheindauer tritt im Sommerhalbjahr auf. Für die Nutzung in einer solarthermischen Anlage sind die unterschiedlichen Tages- und Wetterabläufe und jahreszeitlichen Einflüsse entscheidend.

In Tabelle 4.2 ist eine Übersicht charakteristischer Daten über die Sonneneinstrahlung für Deutschland angegeben.

In Bild 4.6 sind Mittelwerte der täglichen Einstrahlung auf eine 30° nach Süden geneigte Fläche, Standort Essen, aufgeführt. Der Anteil von direkter und diffuser Strahlung ist dort differenziert.

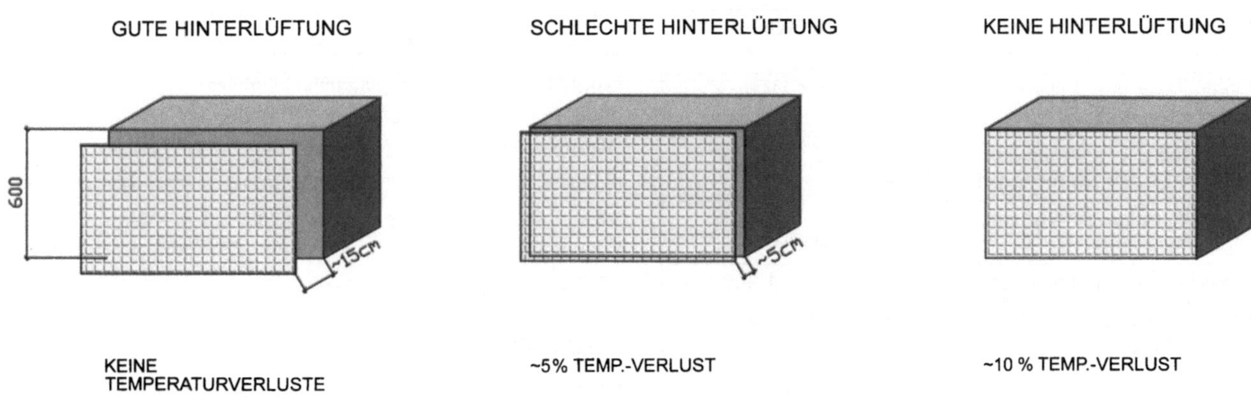

Bild 4.5: *Photovoltaikelemente vor Fassaden; Leistungsminderung durch Temperaturerhöhung*

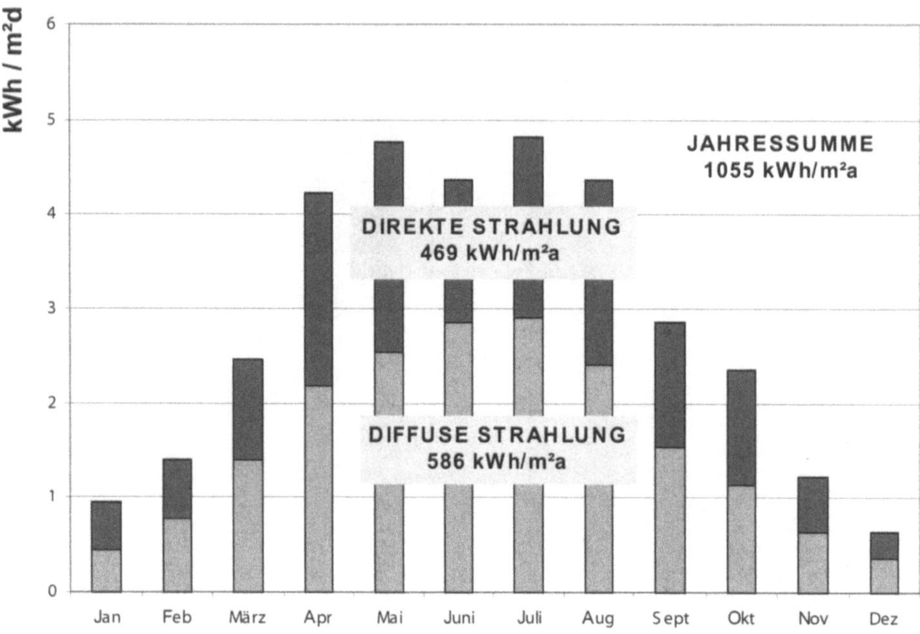

Bild 4.6: *Durchschnittliche Verteilung der Einstrahlung in Deutschland /27/*

Als solare Deckungsrate bezeichnet man den für den Verwendungszweck vorgesehenen Anteil von solarthermischer Wärmeerzeugung im Verhältnis zur gesamten Wärmeerzeugung bzw. Wärmebedarf.

Tabelle 4.2: *Sonneneinstrahlungsdaten für Deutschland /27/*

Maximale Strahlungsleistung auf senkrecht bestrahlter Fläche	ca. 1 kW/m²
Strahlungsleistung bei sehr dichter Bewölkung	ca. 0,02 kW/m²
Leistungsbereich der diffusen Strahlung bei bewölktem Himmel mit vollständig verdeckter Sonne	0,02 – 0,25 kW/m²
Jährliche Einstrahlung auf horizontale bzw. 45° nach Süden geneigte Fläche	900 – 1.200 kWh/m² a
Maximalwert der täglichen Einstrahlung (sehr klares Sommerwetter)	ca. 8 kWh/m² d
Minimalwert der täglichen Einstrahlung (sehr trübes Wetter)	ca. 0,1 kWh/m² d
Mittelwert der täglichen Einstrahlung an den 100 besten Sonnentagen des Jahres	ca. 5,5 kWh/m² d
Einstrahlung an den 100 ungünstigsten Tagen des Jahres	kleiner als 1 kWh/m² d
Jährliche Sonnenscheindauer	1.300 – 1.900 h/a
Sonnenscheindauer April bis September (Sommerhalbjahr)	1.000 – 1.400 h
Sonnenscheindauer Oktober bis März (Winterhalbjahr)	300 – 500 h

Durch den zum Verbrauch inkohärenten Verlauf der Leistung von solarthermischen Anlagen hat der Aufstellungswinkel und die Himmelsausrichtung einen entscheidenden Einfluss.

Die Nutzung der solaren Einstrahlung erfolgt in Absorbern oder Kollektoren. Die Bauarten werden in Flach-, Vakuum-, Speicher- und Luftkollektoren unterschieden.

Die Systeme können indirekt oder direkt betrieben werden. Bei einem indirekten System wird ein Zwischenträger-Kreislauf aus Wasser oder Wasser-Ethylen-Glycol eingesetzt, um Wärme von dem Absorber oder Kollektor zur Wärmeverteilung zu führen. Bei direkten Systemen kann ein Absorber oder Kollektor zum Beispiel Luft ohne weiteren Zwischenkreislauf erwärmen.

Absorber

Bei einem Absorber wird eine häufig schwarze Fläche aus Kunststoff oder Metall erwärmt und durch eingelassene oder aufgebrachte Rohre Wärme an das, in den Rohren geführte, Wärmeträgermedium abgegeben. Einfachere Absorber werden in der Regel ohne transparente Frontabdeckung und meist ohne Wärmedämmung auf der Rückseite hergestellt. Dadurch sind sie einfacher und kostengünstig herzustellen. In der Regel werden solche Absorbersysteme für Warmwasserbereitung, z. B. für Schwimmbäder, benutzt und können Arbeitstemperaturen von 40 – 45°C erreichen.

Flachkollektoren

Ein Flachkollektor besteht aus einer transparenten Glasabdeckung, die kurzwellige UV-Strahlung in langwellige Wärme um-

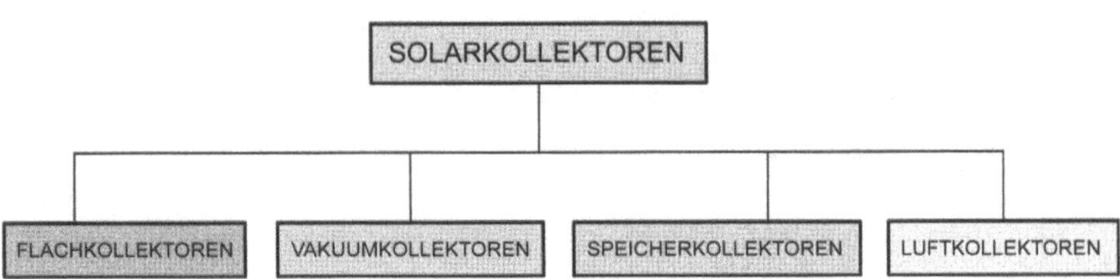

Bild 4.7: *Bauarten von thermischen Solarkollektoren*

wandelt und eine dahinterliegende schwarze Absorberplatte für die Wärmeumwandlung nutzt. Auf der Absorbermatte werden Wärmeträgerrohre geführt, in denen eine Wärmeträgerflüssigkeit erwärmt wird und die Wärme zum Wärmeverteilsystem führt.
Flachkollektoren sind aufgrund ihrer kostengünstigen Konstruktion mittlerweile weit verbreitet.

Vakuumkollektoren

Bei den Vakuumkollektoren wird Luft zwischen Absorber und Glasabdeckung eines Kollektors evakuiert und dadurch der Wärmeaustausch durch Konvektion und Wärmeleitung wesentlich herabgesetzt. Vakuumkollektoren werden sowohl in Röhrenform als auch in Wannen- bzw. Flachkollektorbauform angeboten.

Vakuumröhrenkollektoren

Vakuumröhrenkollektoren arbeiten entweder nach dem System der direkten Durchströmung der Röhren oder nach dem Heat-Pipe-Prinzip. Bei dem Heat-Pipe-Prinzip zirkuliert in den Röhren eine Flüssigkeit, die durch den Wärmeeintrag aus Solarstrahlung verdampft, nach oben steigt und in einem Wärmetauscher endet und die während des Kondensationsvorgangs entstehende Wärme an ein Heizmedium abgibt. Das Kondensat strömt ohne Pumpenenergie wieder in unteren Bereich der Röhre zurück und kann hier wieder Wärme aufnehmen und durch Verdampfung nach oben steigen. Für ein solches Heat-Pipe-System wird in der Regel eine Neigung von mind. 10° des Kollektors notwendig, damit durch Schwerkraft die Flüssigkeit (Kondensat) wieder in den unteren Teil der Röhre zurückströmt.
Vakuumkollektoren und Röhrenkollektoren bestehen aus mehreren, nebeneinander angeordneten Röhren (Bild 4.9).
Eine Neuentwicklung ist das CPC-Verfahren (Compound-Parabolic-Concentrator), bei dem zwei umschließende Röhren (Ringkanal) an den unteren Enden verschmolzen werden, der Zwischenraum vakuumisoliert ist und dadurch auf die mit der Zeit anfälligen Dichtungen verzichtet werden kann.
Röhrenkollektoren verfügen zum Teil auch über verstellbare Absorberplatinen, die je nach Anordnung der Kollektoren auf dem Dach oder an der Fassade in ihrem Winkel zu einer optimalen Ausrichtung verstellt werden können.
Der jährliche Kollektorertrag liegt zwischen 400 und ca. 480 $kWh/m^2/a$ bei Flachkollektoren, bei Vakuumröhrenkollektoren zwischen 480 bis 580 $kWh/m^2/a$.

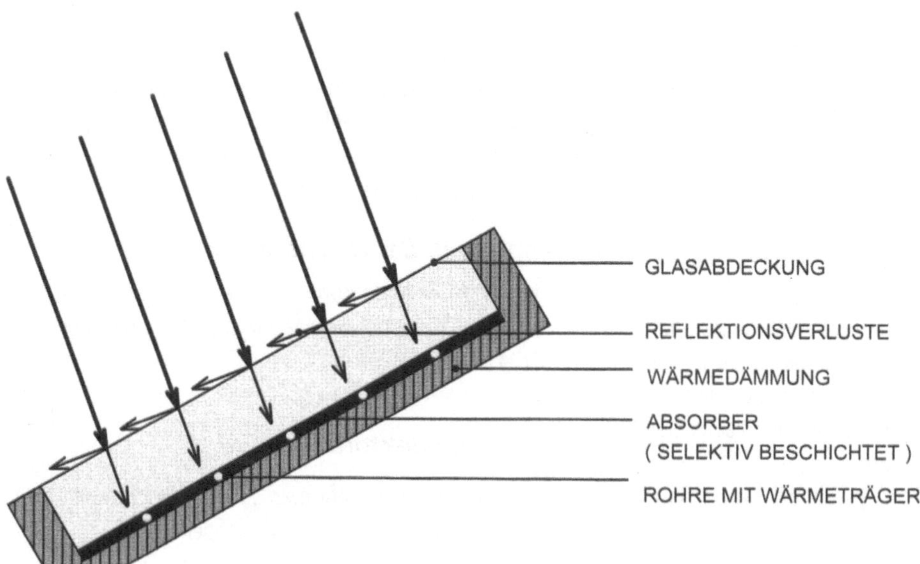

Bild 4.8: *Prinzipbild Flachkollektoren*

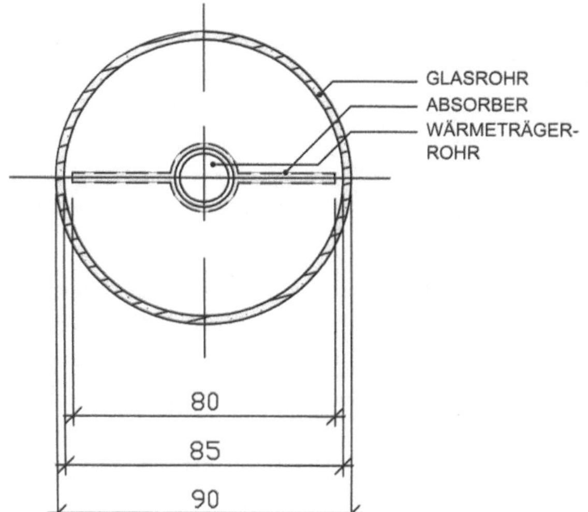

Bild 4.9: *Prinzipieller Aufbau eines Röhrenkollektors /28/; die Absorberplatine ist bei einigen Bauformen mit dem Wärmeträgerrohr nach der optimalen Ausrichtung verstellbar*

Die Leistungssteigerung z. B. durch das CPC-Verfahren macht sich inbesondere bei gegenüber der Südausrichtung veränderten Himmelsrichtungen für die Aufstellung der Kollektoren bemerkbar. So ist die Leistungsminderung bei einem Flachkollektor bei reiner Westausrichtung ca. 75 %, bei Vakuumkollektoren jedoch ca. 87 % – 88 %. Bei Ausrichtung nach Osten ist die Leistungsminderung des Flachkollektors ca. 80 %, die des Röhrenkollektors ca. 91 %, bezogen auf 100 % Leistung bei reiner Südausrichtung.

Durch zusätzliche Spiegel kann die Leistung von Vakuumkollektoren durch Reflektionserhöhung gesteigert werden. Insbesondere bei diffuser Einstrahlung haben Vakuumröhrenkollektoren eine deutlich günstigere Leistungskurve als Flachkollektoren.

Neuentwicklungen sind Glasbeschichtungen, die den optischen Wirkungsgrad von Kollektoren verbessern. Insbesondere die Verringerung der Reflektionsverluste bei Kollektoren führt zu einer Leistungssteigerung.

Vakuumflachkollektoren

Der Vakuumflachkollektor entspricht dem Aufbau eines herkömmlichen Flachkollektors, wobei zwischen Glasabdeckung und Absorber Luft evakuiert wird und ein Teilvakuum (bzw. Grobvakuum) hergestellt wird. Es gibt Konstruktionen, bei denen automatisch oder periodisch das Vakuum kontrolliert und ggf. wiederhergestellt wird. Das Angebot an Vakuumflachkollektoren ist allerdings am Markt gering /29/.

Die Auswahl des jeweiligen Kollektortyps hängt von der Wirtschaftlichkeit einer Anlage ab, dem Einbauort und damit der Ausrichtung des Systems und natürlich mit der gewünschten solaren Deckungsrate.

Einbindung in heiztechnische Anlagen

Warmwasser aus Solarthermie kann auf unterschiedliche Weise in Wärmeverteilanlagen eingesetzt werden:

Trinkwarmwasserbereitung

Durch den zum Verbrauch inkohärenten Verlauf der zur Verfügung stehenden Sonneneinstrahlung wird in der Regel Trinkwarmwasser erzeugt und in einem Warmwasserspeicher bevorratet.

Typische Anlagen sind Flachkollektoranlagen mit 6 – 8 m^2 und einem 350 Liter-Speicher für Einfamilienhäuser, bei größerem Warmwasserbedarf je nach Menge bis hin zu mehreren 100 m^3 Speicher und entsprechend größerer Kollektoranzahl.

Vakuumkollektoren benötigen weniger Fläche aufgrund ihrer höheren Ausbeute.

Ein typisches Blockschaltbild einer Warmwasserbereitungsanlage mit Solarthermie zeigt Bild 4.10. Zur Nachheizung wird der Warmwasserspeicher an die in der Regel zusätzlich vorhandene Wärmeerzeugungsanlage angeschlossen.

Einbindung in das Heiznetz

Solarthermische Anlagen können auch in heiztechnische Anlagen integriert und mit der Heizwärmeversorgung gekoppelt werden (Bild 4.11).

4.1.3 Luftkollektoren

Unter Luftkollektoren versteht man solarthermische Kollektoren, die als Wärmeträgermedium Luft verwenden.

Luftkollektoren sind von ihrem Aufbau her vergleichbar mit Flachkollektoren, wobei durch den Zwischenraum Außenluft zu

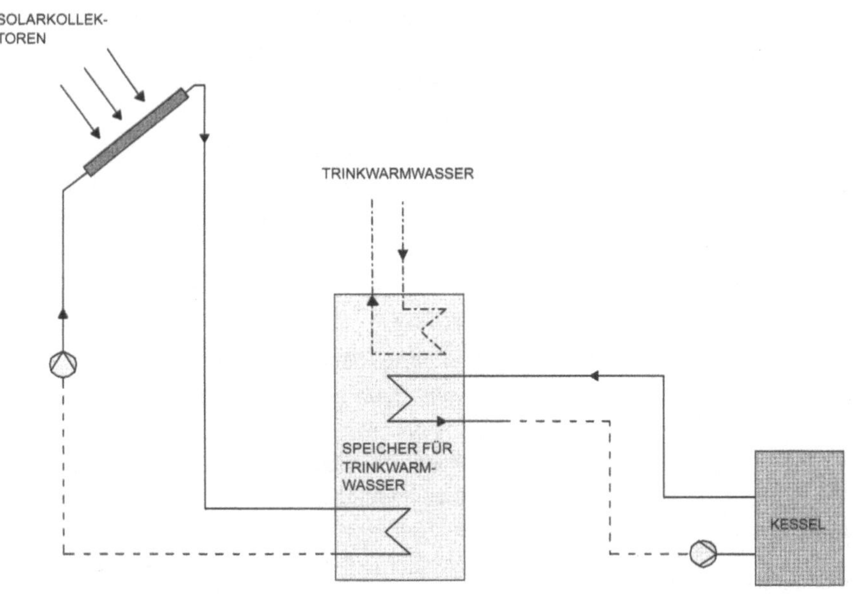

***Bild 4.10:** Solarthermische Anlage mit Warmwasserspeicher; bei nicht ausreichender Speicherwärme kann der Heizkessel das Trinkwasser erwärmen*

einer raumlufttechnischen Anlage angesaugt wird und beim Durchtritt durch den Kollektor vorgewärmt wird. Wie auch bei einem wassergeführten Solarsystem besteht die luftgeführte thermische Solaranlage aus Kollektor, Verteilungssystem, Energiespeicher und einer Regelung. Die erzeugte Wärme (erwärmte Luft) kann direkt erwärmt, ggf. gefiltert, den Räumen zur Verfügung gestellt werden oder über indirekte Systeme mit Wärmeübertragung durch Temperierungssysteme geführt werden.
Überschüssige Energie kann in Wasser-Puffer-Speichern oder für die Brauchwassererwärmung gespeichert bzw. verwendet werden.

Luftkollektoren wurden in den vergangenen Jahren überwiegend für industrielle Zwecke (Trocknungsprozesse) und in der Landwirtschaft eingesetzt. Zur Zeit werden Produkte aus Kanada, Norwegen, Dänemark und Deutschland angeboten. Das Angebot reicht von Fassadensystemen über Hochleistungskollektoren bis hin zu Fertigsystemen, die speziell für Ferienhäuser entwickelt wurden. Übersichten befinden sich in /30/.
Die einfachste Anwendung ist die Vorerwärmung von Außenluft für eine Raumlufttechnische Anlage über einen Luft-Flachkollektor (Bild 4.12): Im Sommerfall kann eine einfache Bypassschal-

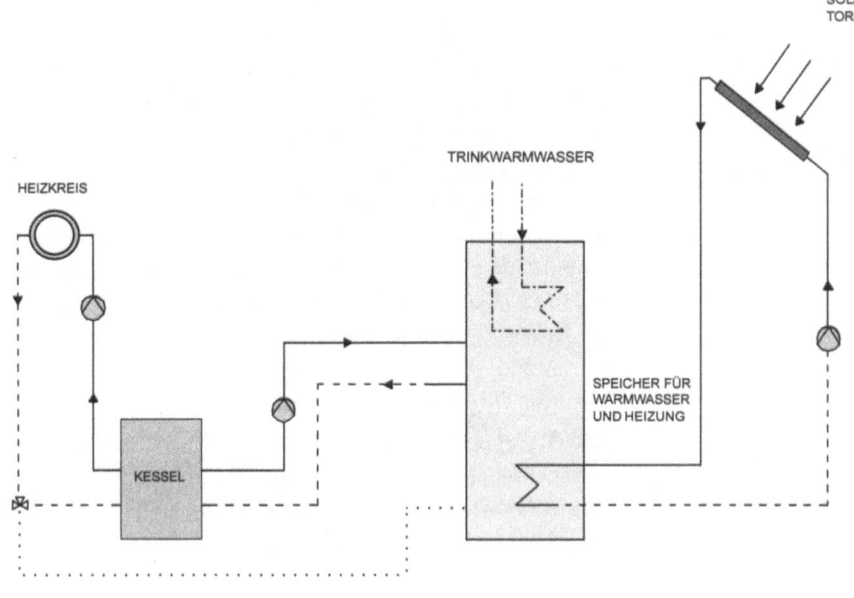

***Bild 4.11:** Thermische Solaranlage mit Einbindung der Solarkollektoren in das Heiznetz; das in der Solarkollektoranlage erwärmte Wasser erwärmt den kombinierten Speicher; der Solarkreis wird mit Wasser-Monoethylenglycol betrieben; erzeugt die Kollektoranlage ausreichend Wärme und wird kein Trinkwarmwasser abgenommen, wird Rücklaufwasser des Heizkessels vorgewärmt entnommen.*

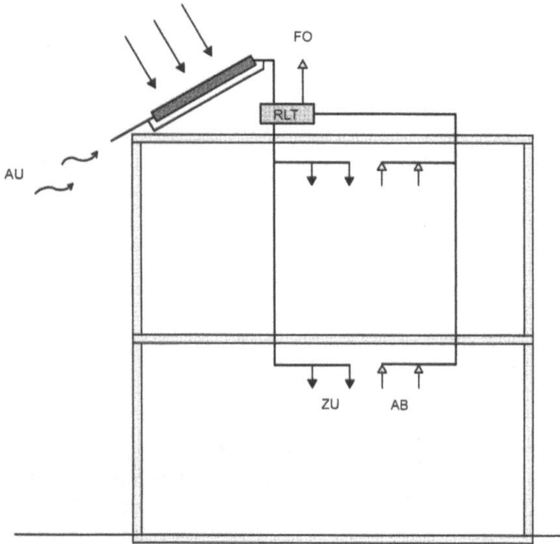

Bild 4.12: *Luft-Solarkollektor zur Vorerwärmung der Außenluft; AU: Außenluft; FO: Fortluft; ZU: Zuluft; AB: Abluft; RLT: Raumlufttechnisches Zentralgerät mit Wärmerückgewinnung*

tung den Luftstrom unter Umgehung des Luftkollektors zum Zentralgerät führen.

Die Vorteile von luftgeführten thermischen Solaranlagen:

- Besonders bei Gebäuden mit raumlufttechnischen Anlagen kann mit einfacher Technik eine Vorerwärmung der Außenluft stattfinden.
- Eine ideale Kombination ist die Schaltung von Luftkollektoren mit Erdkanälen für die winterliche Vorwärmung.

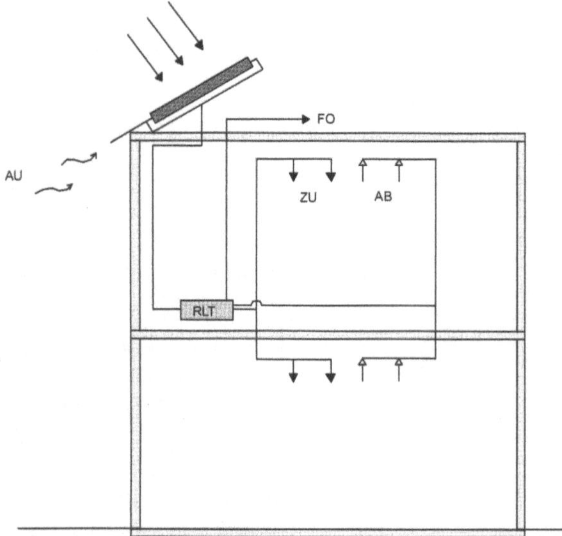

Bild 4.13: *Luftkollektoranlage zur Vorerwärmung der Außenluft in Verbindung mit einer raumlufttechnischen Anlage*

- Die solaren Deckungsraten können durch Kombination mit Brauchwassererwärmung deutlich erhöht werden, wodurch eine Nutzung für Heizung, Luftvorerwärmung und Brauchwasser stattfinden kann.
- Luftkollektoren sind einfach herzustellen. Es können sowohl einfach offene als auch geschlossene Systeme ohne besondere Frostschutzmittel oder aufwendige Dichtsysteme gebaut werden.

Systemvarianten

Aus den in den letzten Jahren eingesetzten Systemen können folgende Varianten grob unterteilt werden (in Anlehnung an /30/):

Direkte Erwärmung von Außenluft für die Raumbe- und -entlüftung: Die angesaugte Außenluft wird über einen Luft-Solar-Kollektor erwärmt, über eine raumlufttechnische Anlage gefiltert und ggf. nacherwärmt und dann über ein Luftverteilnetz zu den einzelnen Räumen transportiert. Die Abluft wird zum Zentralgerät zurückgeführt und über eine Wärmerückgewinnung Wärme für die Nacherwärmung der Außenluft genutzt (Bild 4.13).

Für den Kühlfall kann der Kollektor in einem Bypass umgangen werden. Bei diesem System liegt es nahe, Heizung und Lüftung über ein System zu erbringen. Eine Kombination mit Temperierungssystem ist ebenso möglich.

In Bild 4.14 ist ein indirektes System dargestellt. Über einen Luftkollektor wird in einem geschlossenen Luftsystem Luft erwärmt und durch Bauteile geführt (Decken, Wände). Die Speichermasse der Bauteile wird erwärmt und die abgekühlte Luft zurück zum Luftkollektor transportiert. Im Sommer kann die vom Kollektor erwärmte Luft für die Warmwasserbereitung in einem Luft-Wasser-Wärmetauscher verwendet werden. Dieses System eignet sich besonders für Gebäude mit natürlicher Lüftung und Beheizung über eine Gebäudetemperierung.

Anstelle von separat aufgestellten Luftsolarkollektoren können ebenso fassadenintegrierte Kollektoren mit in die Planung eingebunden werden. Dazu werden spezielle Fassadenkollektoren angeboten, die mit Glasabdeckung oder auch mit opaker Abdeckung Luft im unteren Bereich ansaugen, über Sammler im oberen Bereich zu einer raumlufttechnischen Anlage transportieren und über ein Luftverteilsystem Zuluft, Abluft und Wärmerückgewinnung verteilen (Bild 4.15).

Für Gebäude mit geringem Warmwasserbedarf kann eine Nutzung bzw. Zwischenspeicherung der aus Solarenergie erzeugten warmen Luft über gebäudeintegrierte Speicher stattfinden. Dazu können Kiesspeicher vorgesehen werden, aus denen über ein Sekundärsystem nach Bedarf Wärme über ein luftführendes System abgenommen wird (Bild 4.16).

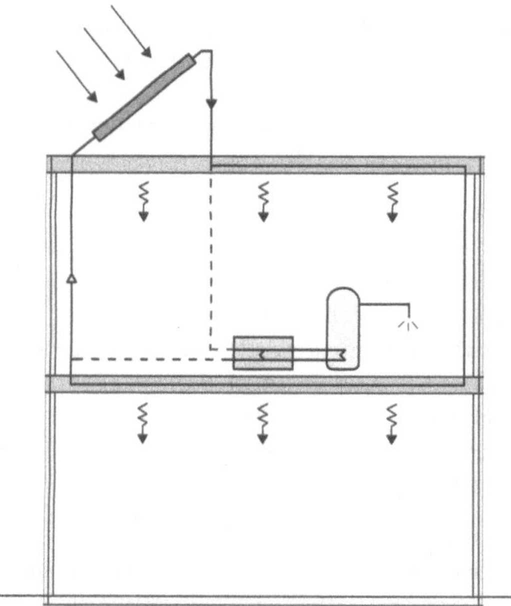

Bild: 4.14: Luftkollektor für solare Nutzung im geschlossenen System; Wärmeabgabe über Bauteilaktivierung und Speicherung bei Überschusswärme im Pufferspeicher

Das zusätzlich umbaute Volumen und die Anforderungen an Luftführungssysteme auch in Verbindung mit brandschutztechnischen Maßnahmen erschweren die Integration eines solchen Systems in die Gebäudeplanung. Wassergeführte Systeme mit thermischen Speichern außerhalb des Gebäudes sind wesentlich besser in die Planung zu integrieren.

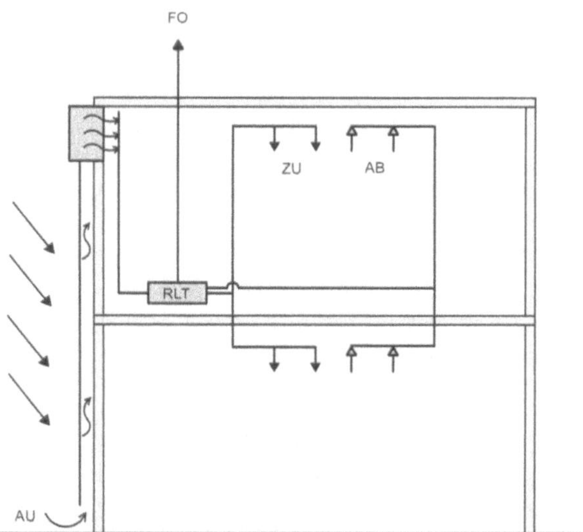

Bild 4.15: Fassadenintegrierte Solar-Luftkollektoren zur Vorerwärmung der Außenluft vor Eintritt in die RLT-Anlage

Zur Zeit existieren noch keine Prüfnormen mit Teststandard für solare Luftkollektoren. Untersuchungen wurden von /32/ durchgeführt, mit dem Ziel, von unterschiedlichen Bauprinzipien die Abhängigkeit des Wirkungsgrades von Massenstrom, Eintrittstemperatur, Leckluftrate, Druckabfall sowie Einfluss der Außenkonvektion, Stillstandsverhalten und Absorberwirksamkeit zu ermitteln.

Die Messungen zeigen, dass der Wirkungsgrad abhängig vom Massenstrom von 0,18 (einfache Bauweise) bis zu 0,7 (aufwendige Konstruktion) schwankt. Zu beachten ist, dass der Wirkungsgrad mit steigendem Massenstrom aufgrund der verbesserten Wärmeübertragung steigt. Allerdings bedeutet dies eine Erhöhung des Druckverlustes mit der Folge höheren Energieverbrauchs für die Luftführungssysteme. Informationen über Planungswerkzeuge und die oben beschriebenen Messergebnisse sind zu finden unter /33/.

4.2 Wärmepumpenanlagen und oberflächennahe Geothermie

In jüngerer Zeit gewinnen Wärmepumpenanlagen (WPA) zum Zwecke der Energieeinsparung wieder zunehmend an Bedeutung.

Im Wärmepumpenbetrieb wird Umweltwärme im thermodynamischen Arbeitsprozess durch Zufuhr mechanischer Energie aus-

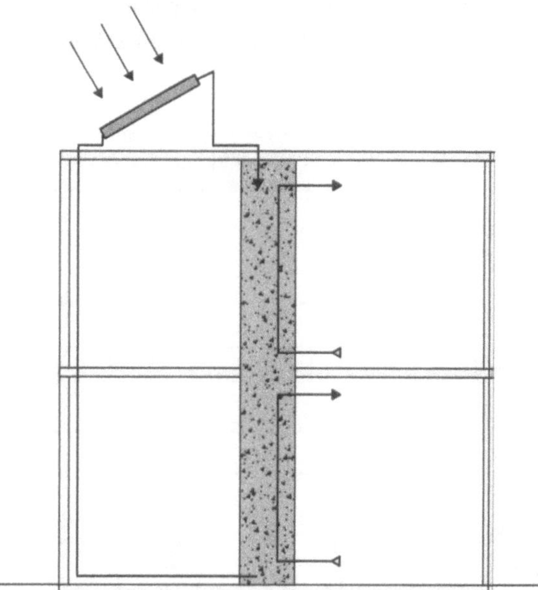

Bild 4.16: Solar-Luftkollektor mit gebäudeintegriertem Wärmespeicher

genutzt und damit ein mehrfacher Nutzen des für den Prozess notwendigen Energieaufwandes erreicht. Sogenannte erdgekoppelte Wärmepumpenanlagen, die oberflächennahe Geothermie für Heiz- und Kühlzwecke verwenden, haben aufgrund des Betriebsverhaltens einer Wärmepumpenanlage vor allem im Zusammenhang mit ganzheitlichen Energieversorgungskonzepten für Gebäude eine besondere Bedeutung. Die Möglichkeit, bei Einsatz von Gebäudetemperierungssystemen gleichzeitig mit einer Wärmepumpenanlage zu kühlen bzw. unter Umgehung der Wärmepumpenanlage eine Direktkühlung unter Ausnutzung des Potentiales des Erdreichs zu bewirken, wird dieser Technik voraussichtlich eine große Verbreitung eröffnen.

Nachfolgend werden einige Grundlagen der Wärmepumpentechnik beschrieben und anschließend das wichtigste Wärmepotential, die oberflächennahe Geothermie, erläutert.

4.2.1 Wärmepumpen

Klassifizierung und Darstellung der verschiedenen Wärmepumpen-Prozesse

Definition von Wärmepumpensystemen

Die Wärmepumpe (WP) ist Teil eines Systems zur Bereitstellung von Heizenergie. Eine vollständige Heizungsanlage setzt sich aus mehreren Einzelanlagen zusammen. Bild 4.17 definiert die Abgrenzung der einzelnen Teilanlagen einer WP-Heizungsanlage.

Die Benennung von WP oder Wärmepumpenanlage (WPA) erfolgt in der Weise, dass an der ersten Stelle der Wärmeträger der kalten Seite bzw. Wärmequelle und an zweiter Stelle stets der Wärmeträger der warmen Seite genannt wird (z. B. Luft-Wasser-WP).

Anlagen mit WP und konventionellen Wärmeerzeugern werden nach dem Energieeinsatz klassifiziert:

monovalent
- gleiche Energieverwendung für alle Wärmeerzeuger, z. B. Gas-WP und Gas-Heizkessel

bivalent
- zweischieniger Energieeinsatz für einzelne Wärmeerzeuger, z. B. Gas-WP und Öl-Heizkessel

multivalent
- mehrschieniger Energieeinsatz für einzelne Wärmeerzeuger, z. B. EWP und Gas-/Öl-Heizkessel.

Die Begriffe mono-, bi- und multivalent kennzeichneten früher die Anzahl der Wärmeerzeugungsarten, definieren aber heute die hier verwendete Energieart. Die nachfolgende Kennzeichnung der Betriebsweise definiert dann eindeutig das Anlagensystem:

Parallelbetrieb
- WP und konventionelle Wärmeerzeuger arbeiten im Teillastbereich oder auch im Maximalfall je nach Leistungsbemessung und Randbedingungen gleichzeitig. Diese Betriebsweise schließt nicht aus, dass einzelne Wärmeerzeuger je nach Bedarfsanforderung alleine arbeiten.

Alternativbetrieb
- WP und konventionelle Wärmeerzeuger sind in Abhängigkeit von der Wärmequellentemperatur wechselseitig im Betrieb.

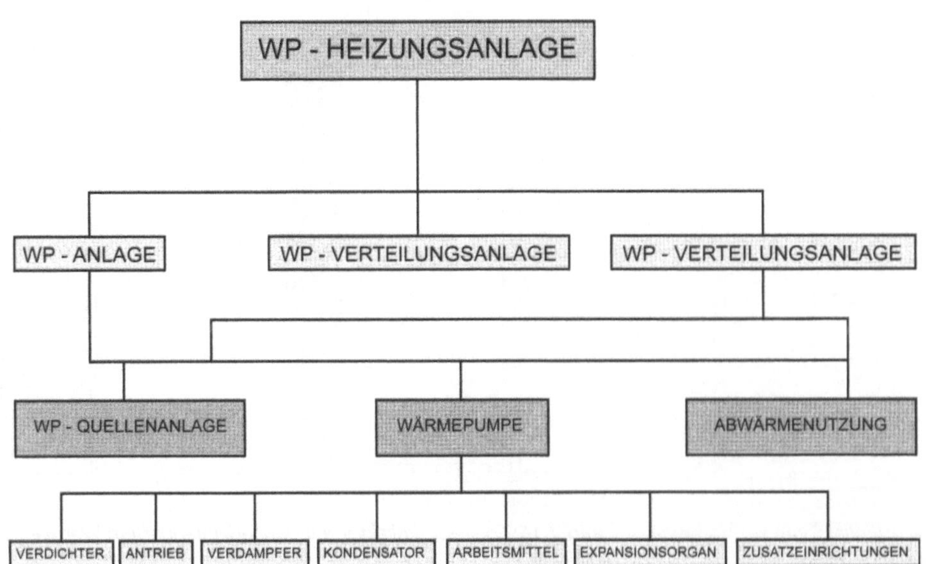

Bild 4.17: *Definition der Systemgrenzen von Wärmepumpen-Heizungsanlagen*

Thermodynamische Arbeitsprozesse für WP

Ein linksläufiger Kreisprozess (Arbeitsprozess), bei dem Wärme von einem tieferen Temperaturniveau (Wärmequelle) durch Arbeitszufuhr auf ein höheres Temperaturniveau (Wärmesenke) gebracht wird, bezeichnet man als WP. Die WP vereinigt die als Nutzarbeit zugeführte Exergie mit der aus der Umgebung aufgenommenen Anergie.

Die möglichen Arbeitsprozesse werden unterschieden nach thermodynamischen, thermoelektrischen und thermomagnetischen Prozessen (Bild 4.18).

Größte Bedeutung ist den thermodynamischen Prozessen beizumessen. Sie können u. a. durch die Vergleichsprozesse Carnot, Lorenz, Ericson, Stirling oder Joule verwirklicht werden.

Kaltgasprozesse

Bei Kaltgasprozessen zirkuliert ein während des gesamten Prozesses gasförmig bleibender Stoff. Als Vergleichsprozesse kommen in Frage:

- Joule Prozess (isentrop / isobar)
- Stirling Prozess (isotherm / isochor)
- Ericson Prozess (isotherm / isobar)
- Dreieck- (Nesselmann-) Prozess (isobar / isotherm / isentrop).

Bisher verwirklicht wurden die Phillips-Stirling-WP und die Kaltluft-WP. Das Wirbelrohr nach Ranque-Hilsch und das Pulsationsrohr haben noch kein Bedeutung erlangt. Auch die nach dem Kaltluft-Prinzip arbeitende WP stellt zu den Kaltdampfmaschinen aufgrund der schlechten mechanischen Wirkungsgrade keine Alternative dar.

Kaltdampfprozesse

Der bei Kaltdampfprozessen im System zirkulierende Stoff tritt gasförmig und flüssig auf. Nach diesem Prinzip arbeiten:

- Kompressions-WP
- Sorptions-WP
- Strahl-WP.

Kompressions-WP werden durch mechanische Energie angetrieben. Mit ihnen ist eine Annäherung an den Carnot- (isentrop / isotherm) oder Lorenzprozess (isentrop / polytrop) möglich. Für Einstoff-WP (Kältemittel aus einheitlichem Stoff) stellt der Carnotprozess, für Mehrstoff-WP (Kältemittelmischung aus Komponenten mit unterschiedlichen Dampfdrücken) der Lorenzprozess den Vergleichsprozess dar.

Die mechanische Verdichtung der Kompressions-WP wird bei den Sorptions-WP durch einen physikalisch-chemischen Arbeitsprozess ersetzt. Absorptions-WP werden Sorptions-WP mit thermischem Verdichter genannt (Lösungskreislauf), als Resorptions-WP werden Anlagen mit Entgaser und Resorber (als Verdampfer und Verflüssiger) bezeichnet.

Die Strahl-WP, auch thermische, Dampfstrahl- oder Heißflüssigkeits-WP genannt, besitzt als Verdichtungsaggregat eine sog. Heißflüssigkeits-Strahlpumpe (Dampfstrahl-Verdichter).

WP-Bauarten – energetischer Vergleich

Die wichtigsten WP-Bauarten unterscheiden sich nach der Art des Antriebes:

- Kompressions-WP mit Elektromotor
- Kompressions-WP mit Gas- oder Öl-Verbrennungsmotor
- Absorptions-WP mit Gas- oder Ölfeuerung.

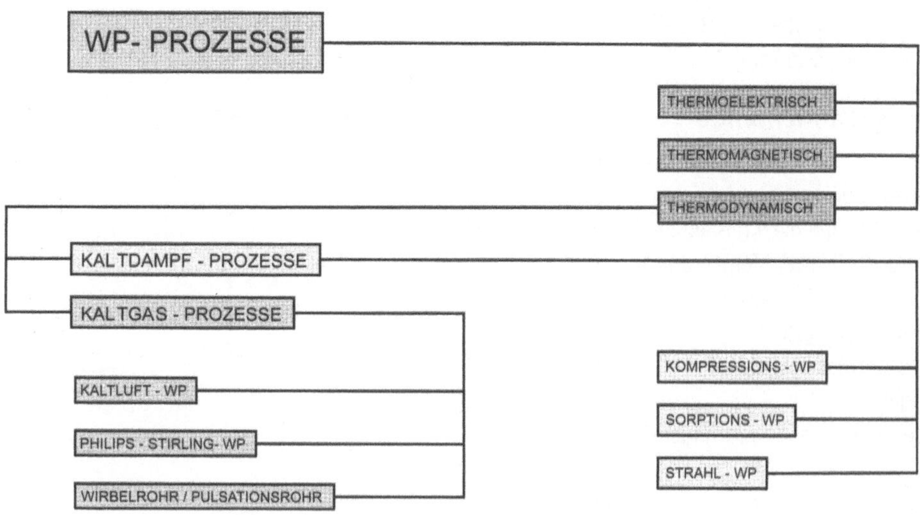

Bild 4.18: *Arbeitsprozesse von Wärmepumpen*

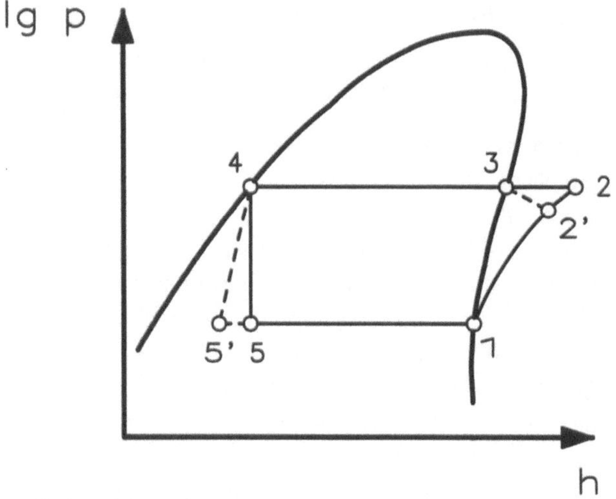

1–2'–3–4–5'–1 : Carnot-Prozess
1–2–3–4–5–1 : Ideal-Prozess

Bild 4.19: *Carnot- und Idealprozess einer Kompressions-WP im lg p,h-Diagramm*

Vergleicht man nun die verschiedenen WP-Systeme energetisch miteinander, zeigt sich, dass bei gleichem Heizbedarf starke Abweichungen im Primärenergieverbrauch auftreten.
Zur Erzeugung gleicher Heizenergie ist bei der VWP der Primärenergieeinsatz geringer als bei allen anderen Systemen. Obwohl ein Verbrennungsmotor mit einem etwa gleich großen Wirkungsgrad wie das Kraftwerk arbeitet, schneidet die VWP (GWP), auch im Vergleich zur Absorptions-WP (AWP), besser ab. Es gehen nicht, wie bei der Stromerzeugung, zwei Drittel der Energie verloren, sondern stehen in Form von Motorblock- und Abgaswärme direkt als Heizwärme zur Verfügung. Durch die Abwärmenutzung können zusätzlich höhere Vorlauftemperaturen als bei der EWP erzielt werden, was bei Gebäudetypen mit Bedarf für höheres Temperaturniveau von Bedeutung sein kann.

Kreisprozess der Kompressions-Wärmepumpe (KWP)

In der Kältetechnik wird der WP-Prozess üblicherweise in einem Mollier-h, lg p-Diagramm dargestellt. Die für die Kreislaufberechnung erforderlichen Zustandsgrößen Druck, Temperatur, spezifisches Volumen, Enthalpie und Entropie sind dort in einem für jedes Kältemittel speziellen Diagramm dargestellt.
In Bild 4.19 ist der Ideal- und Carnotprozess einer KWP in einem solchen lg p, h-Diagramm angegeben.
Das in dem Kreisprozess umlaufende Kältemittel erfährt folgende Zustandsänderungen (Bild 4.19).

1 – 2 : isentrope Verdichtung
2 – 4 : isobare Wärmeabgabe
3 – 4 : isobare und isotherme Wärmeabgabe durch Verflüssigung
4 – 5 : isenthalpe Drosselung
5 – 1 : isobare und isotherme Wärmeaufnahme durch Verdampfung.

Der hier dargestellte Idealprozess weicht vom Carnotprozess in zwei Bereichen ab. Um den Carnotprozess zwischen den Punkten 1-2'-3-4-5' (Bild 4.19) zu verwirklichen, wäre für die isentrope Entspannung von 4 nach 5' eine Entspannungsmaschine erforderlich, die die aus dem Kreislauf entzogene Arbeit dem Verdichter wieder verlustlos zuführen müsste. Da der Aufwand nicht durch die geringe gewinnbare Arbeit zu rechtfertigen ist, begnügt man sich mit einer isenthalpen Drosselung (4-5), die mit einem einfachen Drosselventil realisierbar ist. Ebenso schlecht zu erreichen wäre die isotherme Verdichtung von Punkt 2' nach 3. Stattdessen wird bis Punkt 2 isentrop verdichtet und von Punkt 2 nach 3 Wärme isobar abgegeben.
Bild 4.20 zeigt das Schema eines einfachen WP-Kreislaufes (KWP). Die wichtigsten Grundbauteile sind

- Verdampfer
- Verdichter
- Verflüssiger
- Expansionsorgan.

Das Prinzip der Absorptions-Wärmepumpe ist in Bild 4.21 dargestellt. Das gasförmige Kältemittel, das im Verdampfer Umweltenergie aufgenommen hat, wird zunächst von einem Lösungsmittel absorbiert (Punkt 6 in Bild 4.21). Danach wird diese kältemittelreiche Flüssigkeit unter geringem Energieaufwand mittels einer Lösungspumpe von der Niederdruckseite zur Hochdruckseite transportiert (Punkt II zu Punkt III in Bild 4.21). Damit

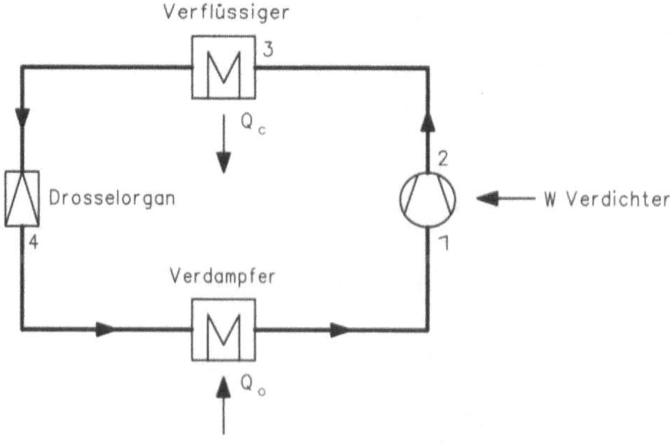

Bild 4.20.: *Schema einer Kompressionswärmepumpe*

das Kältemittel seine Wärme an das Heizwasser abgeben kann, muss es jedoch wieder gasförmig vorliegen. Das Gemisch wird in einem Austreiber erwärmt, wobei das Kältemittel als leicht flüchtige Komponente verdampft (Punkt III zu Punkt IV Bild 4.21). Anschließend strömt das Kältemittel in den Verflüssiger, in dem ebenso wie bei der Kompressionswärmepumpe das Heizwasser erwärmt wird. Das jetzt flüssige Kältemittel strömt über ein Druckreduzierventil zum Verdampfer und kann erneut Umweltenergie aufnehmen /33/.

Die Grundbauteile des Kompressionskreislaufs werden durch die

- Saugleitung,
- Druck- oder Heißgasleitung,
- Flüssigkeitsleitung und
- Einspritzleitung

zu einem geschlossenen System verbunden, in dem ein geeignetes Kältemittel zirkuliert.

Das dampfförmige Arbeitsmedium wird vom Verdichter angesaugt und komprimiert. Diese Arbeitszufuhr führt zu einer Temperaturerhöhung. Der Verdichtungspunkt liegt im Gebiet des überhitzten Dampfes. Über die Druck- oder Heißgasleitung gelangt das Arbeitsmedium in den Verflüssiger, wobei auf die isobare Abkühlung bis zur Sättigungstemperatur die isobare und isotherme Wärmeabgabe im Kondensator folgt, bis die Siedelinie erreicht und damit nur noch flüssiges Arbeitsmedium vorhanden ist.

Das Kältemittel wird über die Flüssigkeitsleitung zum Expansionsorgan transportiert und dort auf Verdampfungsdruck abgelenkt. Die Temperatur sinkt. Im Verdampfer nimmt das Kältemittel erneut Wärme auf. Die Flüssigkeitsteile gehen in Dampf über. Der Kreislauf ist somit geschlossen. Da während der Drosselung schon ein Teil des Kältemittels verdampft, wird in den Verdampfer ein Flüssigkeits-Dampfgemisch eingespritzt.

Der Realprozess weicht in einigen Punkten vom beschriebenen Idealprozess ab (Bild 4.22).

Die Abweichungen kommen aus folgenden Gründen zustande:

1. Die Verdichtung des Kältemittels geschieht nicht entlang einer Isentrope. Im Ansaugzustand ist das Sauggas zunächst kälter als das Verdichtungsgehäuse und nimmt Wärme auf. Gegen Ende der Verdichtung ist das Kältemittel wärmer als das Verdichtungsgehäuse und gibt Wärme ab. Die Verdichtung läuft mit veränderlichem Polytropenexponenten. Der Endpunkt der Verdichtung liegt daher weiter im Gebiet des überhitzten Dampfes. Damit ist die Verdichtungsendtemperatur höher als theoretisch ermittelt.
2. Vom Verdichter muss ein zusätzlicher Druckverlust durch
   - Rohrrauhigkeit
   - Strömungsgeschwindigkeit und

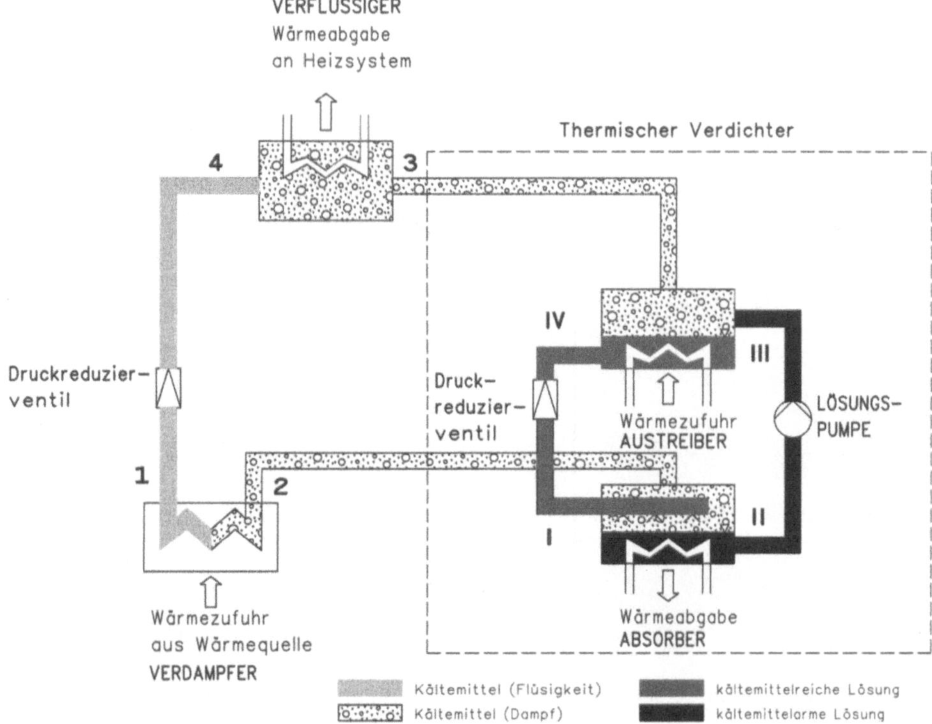

Bild 4.21: *Aufbau einer Absorptionswämepumpe*

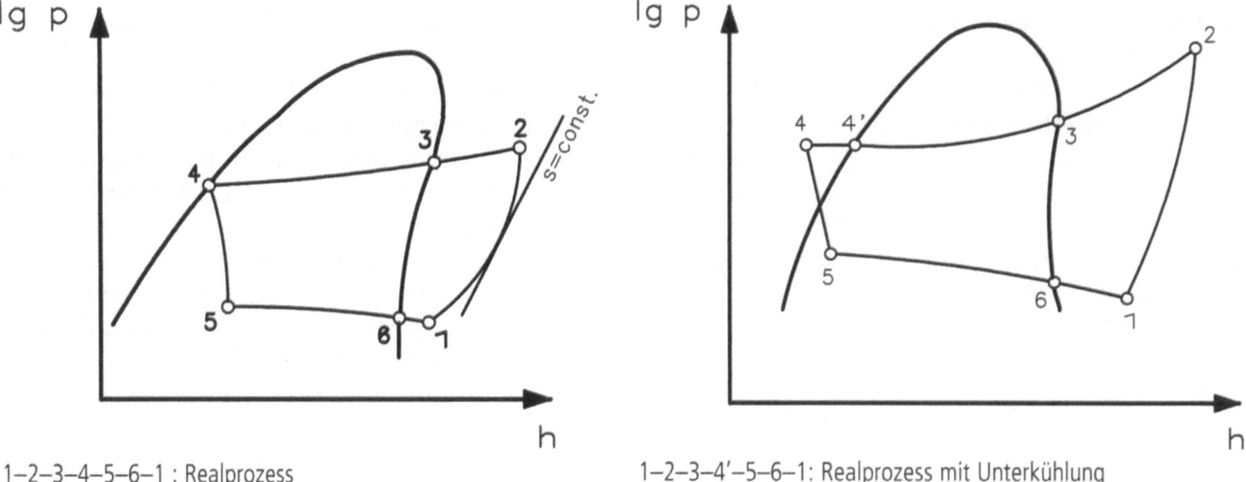

Bild 4.22: *Realprozess einer Kompressions-WP im lg p,h-Diagramm*

Bild 4.23: *Realprozess einer Kompressions-WP mit Unterkühlung*

- dynamische Zähigkeit und Dichte des Arbeitsmediums überwunden werden.

3. Der Verdichter saugt kein gesättigtes, sondern ein überhitztes Kältemittel an. Diese Saugdampfüberhitzung vermeidet Ventilschäden durch Flüssigkeitsanteile im Sauggas. Das Expansionsventil wird deshalb auf „konstante Überhitzung" ausgelegt.
4. Eine Verbesserung der Wärmeaufnahme im Verdampfer lässt sich durch eine Verringerung des Dampfanteils im Kältemittel vor Eintritt in den Verdampfer erzielen. Dies erreicht man mit einer Unterkühlung des Arbeitsmediums über den Punkt der Sättigungslinie hinaus (Bild 4.23). Die durch die Unterkühlung verlorene Enthalpie kann durch den s.g. inneren Wärmeaustausch z.T. zurückgewonnen werden, indem das Kältemittel vor Eintritt in den Verdichter vorgewärmt wird. Eine solche Anlagenschaltung des WP-Prozesses mit innerem Wärmeaustausch zeigt Bild 4.24.

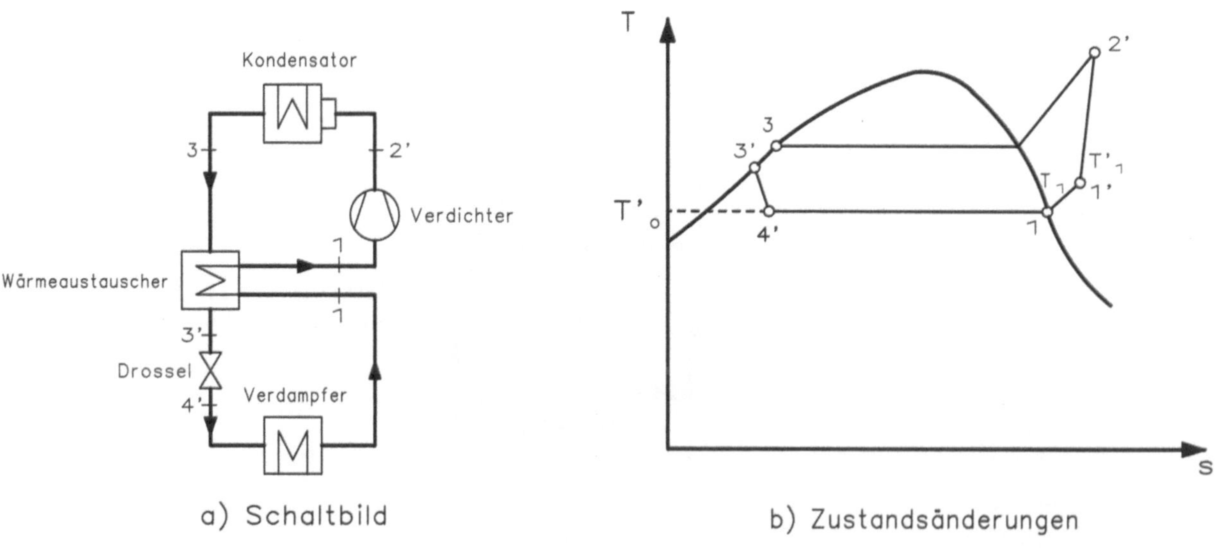

Bild 4.24: *Innerer Wärmeaustausch zwischen Kondensat und Kältemitteldampf a: Schaltbild, b: Zustandsänderungen im Entropie-Temperatur-Diagramm*

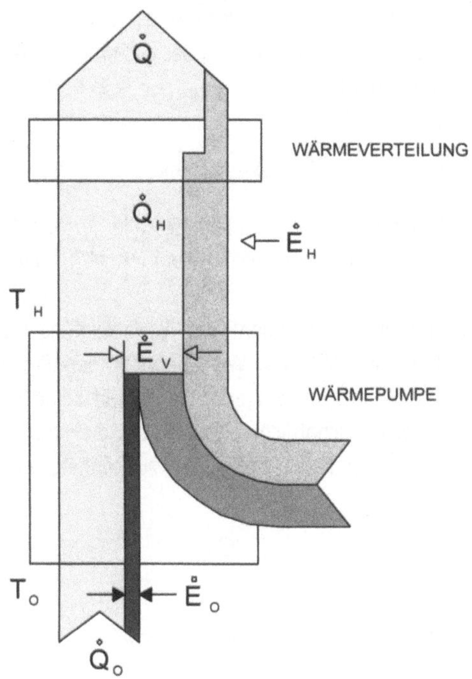

Bild 4.25: *Energie-Exergie-Flussbild einer KWP*

Kennzahlen der KWP

Eine wichtige Kennzahl zur Beurteilung des WP-Prozesses ist die Leistungszahl. Sie gibt das Verhältnis von Nutzen zu Aufwand bzw. von Heizleistung zu Antriebsenergie an. Bezeichnet man die Heizleistung mit Q_H und die Antriebslaufleistung mit P_V, ergibt sich die Leistungszahl ϵ aus dem Verhältnis

$$\epsilon = \frac{Q_H}{P_V} \tag{4.1}$$

Nach dem 1. Hauptsatz der Thermodynamik gilt für die Antriebsleistung

$$P_V = Q_H - Q_O \tag{4.2}$$

wenn ein Q_O der der Umgebung entzogenen Wärme entspricht (Bild 4.25). Nach dem 2. Hauptsatz gilt:

$$P_V = E_H - E_O + E_V \tag{4.3}$$

Hierin bedeutet E_V den durch Irreversiblitäten bei der Energieumwandlung in der WP entstehenden Exergieverluststrom. Der von der WP zu liefernde Exergiestrom beträgt:

$$E_H = (1 - \frac{T_U}{T_H})Q_H \tag{4.4}$$

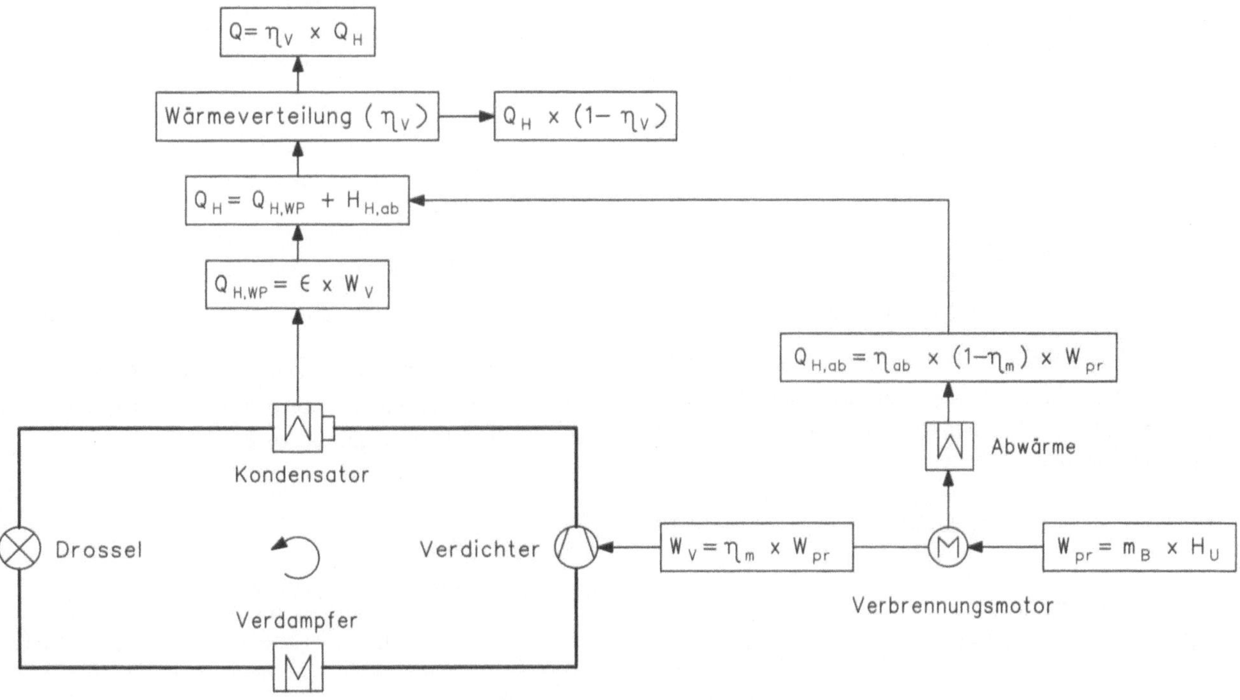

Bild 4.26: *Energiefluss der Verbrennungsmotor-Wärmepumpe (schematisch)*

Darin ist T_U die Temperatur der Wärmequelle und T_H die Heizmitteltemperatur. Der Rest des Heizwärmestroms besteht auf Anergie. Aus der Wärmequelle wird ein Exergiestrom von

$$E_O = (1 - \frac{T_U}{T_O}) \times Q_O = (1 - \frac{T_U}{T_O}) \times Q_H - P_V \quad (4.5)$$

bei der Verdampfungstemperatur T_O aufgenommen. Die Antriebsleistung erhält man aus (4.1) bis (4.5):

$$P_V(T_u) = \frac{1 - T_O/T_H}{1 - T_O/T_u \times E_V/P_V}) Q_H (T_u) \quad (4.6)$$

Die momentane Leistungszahl (4.1) wird mit (4.6):

$$\epsilon (Tu) = \frac{Q_H}{P_V} = - \frac{T_H}{T_H - Tu} \times (1 - \frac{T_O}{T_u} \frac{E_V}{P_V}) \quad (4.7)$$

Hierin bezeichnet man als Verlustgrad das Verhältnis

$$\nu = \frac{E_V}{P_V} = \nu(T_u) \quad 0 \leq \nu \leq 1 \quad (4.8)$$

Im reversiblen Fall ($\nu = 0, T_H = T_C, T_u = T_O$) ergibt sich die höchste Leistungszahl

$$\epsilon_C = \frac{T_C}{T_C - T_O}, \quad (4.9)$$

die aus dem reversiblen Carnotprozess folgt und deshalb als Carnot'sche Leistungszahl bezeichnet wird.

Zwischen der momentanen Leistungszahl $\epsilon (Tu)$ und der Carnot'schen Leistungszahl ϵ_C besteht der Zusammenhang:

$$\epsilon (T_u) = \zeta \times \epsilon_c \quad (4.10)$$

Hierin wird der Faktor

$$\zeta = \frac{E_H}{P_V} \quad 0 \leq \zeta \leq 1 \quad (4.11)$$

als momentaner exergetischer Wirkungsgrad bezeichnet.

Die momentanen Kennzahlen Leistungszahl ϵ und exergetischer Wirkungsgrad ζ schwanken in Abhängigkeit von der Wärmequellentemperatur T_U. Für Betrachtungen über einen längeren Zeitraum gilt die Arbeitszahl

$$\overline{\epsilon_N} = \frac{Q_H}{W_V} \quad (4.12)$$

mit Q_H = Jahresnutzwärme
mit W_V = Jahresantriebsarbeit

die auch als mittlere Leistungszahl bezeichnet wird. Die Arbeitszahl $\overline{\epsilon_N}$ ist als Nettoleistungszahl anzusehen, in der lediglich die Leistungsaufnahme des Verdichters mit Antriebsmotor berücksichtigt wird. Für die Bewertung der gesamten WPA gilt die Bruttoleistungszahl /32/

$$\overline{\epsilon_B} = \frac{Q_H}{W_V + W_{ZUS}} \quad (4.13)$$

in der die Summe des Energieaufwandes aller zusätzlichen Nebenantriebe (Pumpen, Ventilatoren usw.) mit W_{ZUS} berücksichtigt wird.
Die Leistungszahl ϵ als Quotient aus Wärmeleistung und Leistungsaufnahme der WP bzw. WPA beurteilt den Prozess der Kompressions-WP nur ungenügend. Sie enthält keine Angaben über den energiewirtschaftlichen Nutzen. Um die verschiedenen WP-Systeme untereinander vergleichen zu können, wurde die Heizzahl

$$\zeta = \frac{Q_H}{m_B \times H_u} \quad (4.14)$$

definiert, wobei der Nenner die während der Heizzeit verbrauchte Primärenergie

$$W_{pr} = m_B \times H_u \quad (4.15)$$

mit m_B als Masse des verbrauchten Brennstoffes und H_u als seinem Heizwert angibt. Diese Darstellung schließt die bei VWP mitgenutzte Abwärme ein. Die Heizzahl wird auch häufig als Primärenergienutzungszahl bezeichnet.
Der Wärmebedarf eines Gebäudes ist nicht gleichmäßig über die Heizzeit verteilt. Daher ist es zweckmäßig, eine momentane Heizzahl mit Energieströmen zu definieren:

$$\overline{\zeta} = \frac{Q_H}{m_B \times H_u} \quad (4.16)$$

Von der dem Verbrennungsmotor zugeführten Primärenergie *Wpr* wird dem Verdichter der Anteil

$$W_V = \eta_m \times W_{pr} \quad (4.17)$$

an Energie zugeführt. Die Verbrennungsmotor-Verluste sind in dem Motorwirkungsgrad η_m zusammengefasst, der für kleinere und mittlere Motoraggregate bis etwa 150 kW mit

$$\eta_m = 0.32$$

veranschlagt werden kann /33/.

Aus dem WP-Prozess steht eine Wärmemenge von

$$Q_{H.WP} = \epsilon_N \times W_V \quad (4.18)$$

zur Verfügung.

Von der Abwärme des Verbrennungsmotors kann der Anteil

$$Q_{H.ab} = \eta_{ab} \times (1 - \eta_m) \times W_{pr} \quad (4.19)$$

mit η_{ab} = Abwärmenutzungsgrad

als Heizenergie genutzt werden, so dass für die gesamte Heizwärme gilt:

$$Q_H = Q_{H.WP} + Q_{H.ab} \quad (4.20)$$

Berücksichtigt man noch die bei der Wärmeverteilung entstehenden Verluste mit dem Faktor η_V, ergibt sich mit den Gl. (4.15) und (4.17) bis (4.20) die Heizzahl für die VWP aus:

$$\zeta_{VWP} = \eta_V \times [\epsilon_N \times \eta_m + \eta_{ab} \times (1 - \eta_m)] \quad (4.21)$$

Als typischer Wert kann für η_V = 0,95 angenommen werden. Gl. (4.21) lässt sich auch für die Ermittlung der momentanen Heizzahl ζ verwenden, wenn man statt der Netto-Arbeitszahl ϵ_N die momentane effektive Leistungszahl ϵ einsetzt. In Bild 4.26 ist der Energiefluss der VWP schematisch dargestellt.

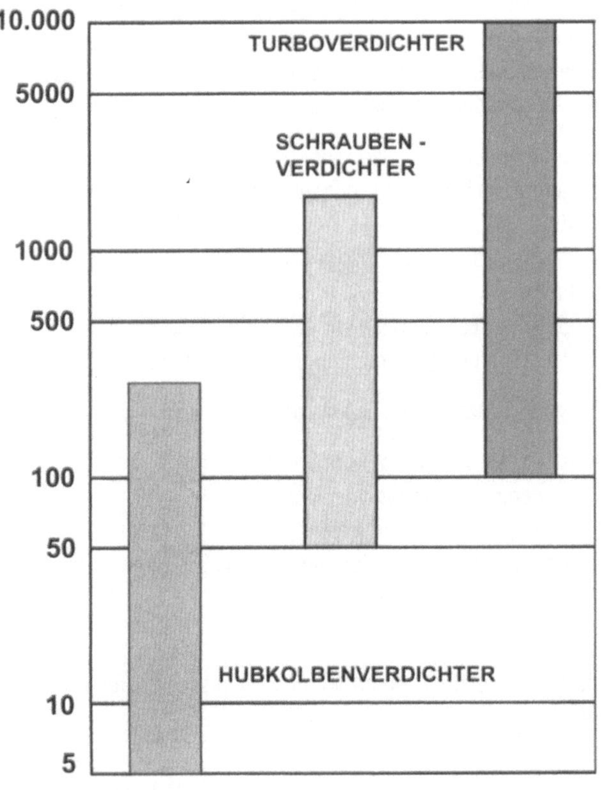

Bild 4.27: *Leistungsübersicht für Verdichterbauarten von KWP*

Einzelaggregate der Kompressions-Wärmepumpenanlage und Auswahlkriterien

Die Einzelaggregate der KWPA müssen aufeinander abgestimmt sein. Ihre Leistungen richten sich nach dem Angebot der Wärmequelle und dem Bedarf der Wärmesenke.

Verdichter

Verdichterbauarten

Für die Anwendung in WPA stehen verschiedene Verdichter-Bauarten zur Verfügung. In der Gebäudeheizung werden für WPA mit kleineren Leistungen vorwiegend Hubkolbenverdichter verwendet. Bei ihnen unterscheidet man zwischen offener, halbhermetischer und hermetischer Bauweise. Für größere Antriebsleistungen (> 50 kW) kommen Schrauben- oder Turboverdichter in Frage.
Die Eignung der Verdichterbauformen für KWPA richtet sich nach der geforderten Antriebsleistung. In Bild 4.27 sind die Leistungsbereiche der drei wichtigsten Verdichtertypen angegeben.

Berechnungsgrößen

Die auf das spezifische Volumen v_O des angesaugten Dampfes beim Verdampfungsdruck p_O bezogene Kondensator-Wärmeleistung Q_C, die volumetrische Heizleistung

$$q_o = \frac{Q_C}{V_o}, \quad (4.22)$$

bestimmt die Größe des Verdichters. Bei großer volumetrischer Heizleistung wird ein kleinerer Verdichter erforderlich oder umgekehrt.
Während die volumetrische Heizleistung q_o eine Aussage über die Investitionskosten erlaubt, lassen sich mit der Leistungszahl ϵ (4.1) die Betriebskosten abschätzen. Beide Größen sind in einem Mollier-lg p,h-Diagramm dargestellt (Bild 4.28).
Die wichtigsten Verdichtereinflussgrößen und das angestrebte Optimum sind in Tabelle 4.3 aufgeführt.

Tabelle 4.3: *Verdichtereinflussgrößen*

Bezeichnung	Angestrebtes Optimum	Ausage über
volumetrische Heizleistung	max.	Investitionskosten
Maximaldruck	min.	Druckfestigkeit der Anlage
Druckverhältnis	min.	Verdichtungsarbeit
Verdichtungstemperatur	min.	Lebensdauer
Leistungszahl	max.	Betriebskosten

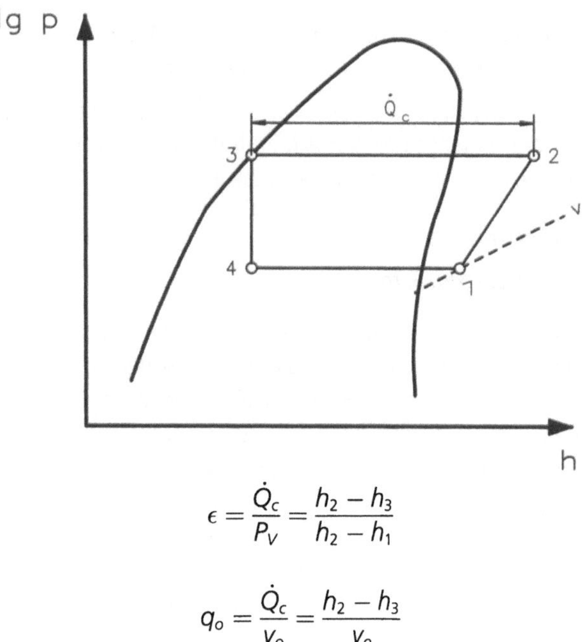

$$\epsilon = \frac{\dot{Q}_c}{P_V} = \frac{h_2 - h_3}{h_2 - h_1}$$

$$q_o = \frac{\dot{Q}_c}{V_o} = \frac{h_2 - h_3}{V_o}$$

Bild 4.28: *Volumetrische Heizleistung und Leistungszahl im lg p,h-Diagramm*

Verdampfer und Verflüssiger

Verflüssiger und Verdampfer werden überwiegend in standardisierten Bauarten hergestellt. Vom konstruktiven Aufbau unterscheidet man:

- Röhrenkessel,
- Doppelrohrwendel (Koaxial),
- ebene Platten und
- Rohrschlangen.

Bei Röhrenkessel oder koaxialer Bauform strömt das verdampfende oder kondensierende Arbeitsmittel in den Rohren (Einspritzverfahren) oder um die Rohre (überflutet).
Koaxialwärmetauscher eignen sich für kleinere Einspritzrohrbündel- oder Plattenwärmetauscher für mittlere und überflutete Rohrbündelwärmetauscher für hohe Leistungen. Bei Wasser als Wärmequelle werden vorwiegend überflutete Rohrbündelwärmetauscher verwendet.
Die Größe von Verflüssiger und Verdampfer beeinflussen wesentlich die Investitionskosten und Leistung der PWA. Für den Wärmeaustausch der Kondensation ist eine Differenz von

$$\Delta T_H = t_C - t_H \tag{4.33}$$

mit t_C = Kondensationstemperatur
t_H = Heizmitteltemperatur

erforderlich. Diese auch als Grädigkeit bezeichnete Größe wird für die Verdampferseite aus der Differenz

$$\Delta T_u = t_u - t_o \tag{4.34}$$

mit t_u = Wärmequellentemperatur
t_o = Verdampfungstemperatur
gebildet.

Unter Einbeziehung der Grädigkeit wird die Leistungszahl (4.10)

$$\epsilon = \zeta \times \frac{T_H + \Delta T_H}{T_H + \Delta T_H - T_u + \Delta T_u} \tag{4.35}$$

Der Einfluss der Grädigkeit auf den realen Prozessverlauf ist in Bild 4.29 dargestellt.
Die Antriebsleistung und damit die Investitionskosten steigen mit wachsender Grädigkeit. Gleichzeitig fällt die Leistungszahl bzw. der exergetische Wirkungsgrad stark ab. In diesem Fall benötigen Verdampfer und Verflüssiger geringe Austauschflächen, wodurch die Investitionskosten sinken. Die Optimierung der Grädigkeit und der Apparatengröße ergibt die günstigste Auslegung.

Expansionsorgan

Das Expansionsorgan stellt – ebenso wie der Verdichter – die Verbindungsstelle zwischen Hoch- und Niederdruckseite eines Arbeitsmittelkreislaufes dar. Es soll sich den Betriebsbedingungen so gut anpassen können, dass

- dem Verdampfer die zur bestmöglichen Wärmeübertragungs-Flächenutzung notwendige Kältemittelmenge zugeführt wird,
- der Verdichter kein flüssiges (unverdampftes) Kältemittel erhält und
- günstige Leistungszahlen und Betriebsbedingungen durch die Steuerung (Unterkühlung) erreicht werden.

Die sechs bekanntesten Expansionsventile sind:

- handgesteuertes Expansionsventil
- Niederdruck – Schwimmerventil
- Hochdruck – Schwimmerventil
- automatisches Expansionsventil (für konstanten Druck)
- thermostatisches Expansionsventil
- Kapillarrohr.

Die beiden letztgenannten werden hauptsächlich für WPA verwendet.

Kapillarrohre, die einfachste Form einer Drosselstelle zwischen Verflüssiger und Verdampfer, entspannen beim Durchströmen

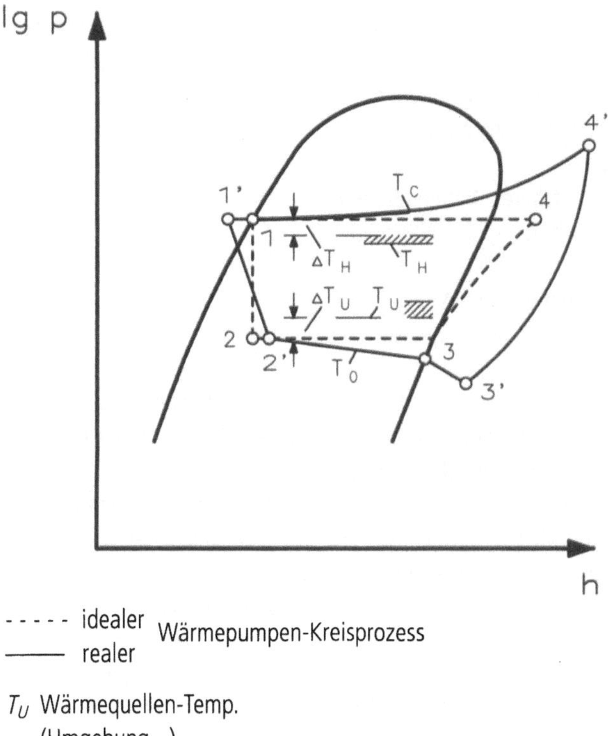

- - - - - idealer
——— realer
Wärmepumpen-Kreisprozess

T_U Wärmequellen-Temp. (Umgebung –)

T_H Wärmesenken-Temp. (Heiz –)

ΔT_U Grädigkeit – Verdampfer
ΔT_H Grädigkeit – Verflüssiger

Bild 4.29: *Einfluss der Grädigkeit auf den realen WP-Kreisprozess*

einer ca. 1,5 mm engen Röhre (Kapillare) bei hoher Geschwindigkeit des Arbeitsmittels. Dem Vorteil einfacher, billiger Herstellung steht der Nachteil der unkontrollierten Regelung gegenüber. Nur für einen Betriebszustand ausgelegt, ändert sich die Regelwirkung mit dem durchgesetzten Kältemittelstrom. Kapillarrohre werden deshalb für WP mit stationärem Betrieb ohne häufiges Abschalten (Teillastbetrieb) und geringen Leistungen verwendet.

Weitaus häufiger, vor allem für Anlagen größerer Leistung, wird das thermostatische Expansionsventil (TEV) eingesetzt.

Der Aufbau des TEV ermöglicht die Anspassung an die herrschenden Bedingungen von Druck und Temperatur im Verdampfer. Die Steuerung der Temperaturdifferenz zwischen Verdampfereingang und -ausgang (Überhitzung) führt dem Verdampfer gerade so viel Kältemittel zu, wie er verdampfen kann. Die Größe der Überhitzungseinstellung beeinflusst Verdampfer-, Verdichter- und WP-Leistung. Für jeden WP-Typ gibt es ein Optimum der Saugdampfüberhitzung, bei dem die Leistungszahl ϵ am größten bei geringster Antriebsarbeit wird. Jedoch ändert sich dieses Optimum im Teillastbetrieb.

Kältemittel

Das unterschiedliche physikalische Verhalten der Arbeitsmittel beeinflusst die Druckverhältnisse und Leistungszahlen in Abhängigkeit der Wärmequellen- bzw. Wärmesenkentemperatur und entscheidet daher hauptsächlich die Auswahl.

Die lange Jahre eingesetzten Fluor-Kohlenwasserstoffe (R11, R12, R113 u. a.) vereinigen hinsichtlich ihrer Anwendung alle positiven Eigenschaften als Arbeitsmittel (ungiftig, unbrennbar, thermodynamische Eigenschaften). Durch die Ozonschicht-Gefährdung sind die Anwendungen nach der FCKW-Halon-Verbotsverordnung (01. 01. 2000) verboten bzw. eingeschränkt. Ersatzstoffe müssen gleichen Anforderungen genügen, ohne den Treibhauseffekt zu verstärken. Fluorierte und teilfluorierte Kohlenwasserstoffe (H-FKW, FKW) wie z. B. R 143a oder R 152a haben keine ozonschädigende Wirkung, sind aber treibhauswirksam. Erforscht wird der Einsatz von halogenfreien Verbindungen wie Propan (leicht entflammbar) oder CO_2 und Ammoniak (letzteres toxisch, brennbar). Häufig eingesetzt wird z. Z. als Arbeitsmittel R 407c.

Für die Wahl des Arbeitsmittels ist in erster Linie die Siedetemperatur entscheidend. KWP werden oberhalb der Normalsiedetemperatur und unterhalb der kritischen Temperatur des Mediums betrieben. Die wichtigsten thermisch-physikalischen Kriterien zur Optimierung der Anlagen bei der Kältemittelauswahl sind

- kleine Temperaturdifferenz zwischen t_0 und t_c
- Saugdruck am Verdichtereintritt $P_0 > 1$ bar (kein Unterdruck)
- Druckverhältnis π möglichst klein halten
- große volumetrische Heizleistung bzw. kleines spezifisches Volumen; mit steigender volumetrischer Heizarbeit verringert sich die aufzuwendende Hubarbeit
- Wärmeübergangskoeffizient Arbeitsmittel-Austauscherfläche steigt mit zunehmender Verdampfungs- bzw. Kondensationsdrücken.

Außer den genannten Punkten erfolgt die Auswahl auch nach wasserrechtlichen, toxikologischen und ökonomischen Gesichtspunkten.

Die Einsatzgrenzen und gesetzlichen Vorschriften werden in der Unfallverhütungsvorschrift (UVV) geregelt.

Wärmequellen

Die Wärmequelle (WQ) bestimmt maßgeblich die Betriebsmöglichkeiten, die Leistungszahl und die Lebensdauer der WP. Für WP kommen, je nach Verfügbarkeit, Wasser, Luft, Erdreich und

Sonnenenergie als WQ in Frage (Bild 4.30). Außer diesen natürlichen WQ ist auch Abwärme als WQ verwendbar.
Neben Temperatur, zeitlicher und örtlicher Verfügbarkeit, Energieverbrauch für Förderung und chemischer Belastung treten Wartungsaufwand durch Verschmutzungsbedingungen und rechtliche Aspekte als Auswahlkriterien auf.

Luft als Wärmequelle

Bezüglich der Verfügbarkeit ist Luft die idealste natürliche WQ. Die Wärmemenge steht in fast jeder gewünschten Menge zur Verfügung, allerdings bei stark schwankendem Temperaturverlauf.
Zur Auslegung der Luftkühler ist daher die Kenntnis des örtlichen Jahresgangs-Temperatur- und -enthalpieverlaufes (Jahresdauerlinie) notwendig. Der Außentemperaturgang verläuft allerdings stark inkohärent zum Wärmebedarf des Verbrauchers. Die Kennlinien von Wärmebedarf und möglicher WP-Heizleistung verlaufen antizyklisch, ihr Schnittpunkt (Gleichgewichtspunkt) beeinflusst die Größe der Anlage. Ebenso wirken sich geringe Dichte und spezifische Wärme der Luft aus (großes Fördervolumen).

Oberflächenwasser als Wärmequelle

Das Wärmepotential der Seen und Flüsse wird durch den Abfluss (Schüttung) und die nutzbare Temperaturdifferenz bestimmt. Um zu vermeiden, dass in Zeiten mit geringem Abfluss und niedriger Wassertemperatur die Wärmetauscher vereisen und beschädigt werden, sind solche Anlagen als parallelbetriebene Systeme auszulegen.
Fließgewässer, die sich als WQ eignen, weisen Nutzungsgrenzen auf:

- nutzbares Wärmepotential
- Schüttung und Wasserstand
- Nutzungseinschränkungen durch Rechte Dritter (Schiffahrt, Fischerei, u. a.)
- gelöste und ungelöste Wasserinhaltsstoffe.

Die Temperaturen sind vom mittleren Lufttemperaturgang (Monatsmittel) abhängig und meist zeitverschoben um eine 1,5 ... 2,5 K abweichende Amplitude. Der Wärmeaustausch von Fließgewässern und Atmosphäre beeinflusst den Temperaturgang hauptsächlich. Die Jahres- und Tagesschwankungen werden mit zunehmender Entfernung von der Quelle größer /34/.
In den Wintermonaten setzen die natürlichen Wassertemperaturen von +2° C und darunter technische Grenzen, da mit den üblichen Abkühlungswerten von 2 ... 6 K eine Vereisung der Wärmetauscher erfolgen kann. Dieses Problem lässt sich nur mit einer geringen Abkühlung und hohem Wasserdurchsatz umgehen.
Biologische Aspekte spielen bei der Abkühlung kaum eine Rolle. Eine Minderung der Selbstreinigung durch die Rückgabe von abgekühltem Wasser konnte noch nicht nachgewiesen werden /34/.

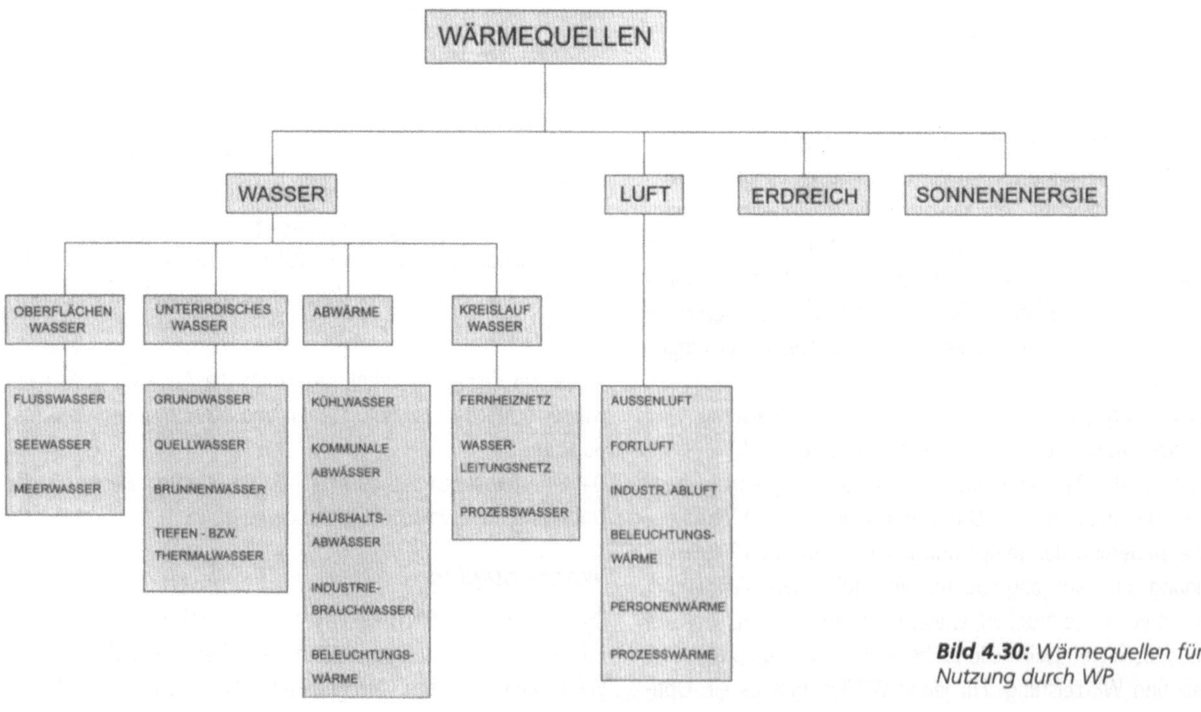

Bild 4.30: *Wärmequellen für die Nutzung durch WP*

Die Nutzung einer direkten Kühlung mit Flusswasser ist in vielen Fällen ideal. So zeigte die Temperatur des Wassers der Sieg /35/ eine maximale Temperatur von 17 Grad Celsius im Monat Juli auf (Bild 4.31). Somit steht für ein Gebäude während der gesamten Kühllast-Periode ein ausreichendes Kälte-Potential zur Verfügung, vorausgesetzt, es kann ein ausreichender Flusswasserstrom entnommen werden. Der Temperatur-Gang anderer Flüsse zeigt allerdings im Maximum Temperaturen bis 25 Grad Celsius im Monat Juli (Spree in Berlin) und ca. 20 Grad (Inn bei Innsbruck) /6/. Aus diesen Darstellungen geht hervor, dass voraussichtlich in Gebieten, in denen Flüsse thermisch stark belastet sind (Ballungsgebiete, Industrieansiedlungen), eine direkte Kühlung nicht möglich ist. Eine Entscheidung über die Nutzung von Oberflächenwasser lässt sich nur bei Vorhandensein von ausreichenden Temperaturmessungen treffen.

Die Wassertemperaturen in Seen sind unmittelbar unter der Wasseroberfläche und in Tiefen bis ca. 10 Meter von der Außentemperatur geprägt. Bei Tiefen unter 10 Meter sind durchweg Temperaturen auch im Hochsommer von unter 19 Grad Celsius anzutreffen und somit als Potential für die Kühlung von Gebäuden verwendbar. Sowohl bei der Nutzung von Flusswasser als auch bei Seewasser oder Grundwasser sind die Kosten für Entnahme und Einleitungen u. U. erheblich und beeinflussen die Wirtschaftlichkeit wesentlich.

Das Bauwerk zur Entnahme und Einleitung von Flusswasser muss insbesondere die unterschiedlichen Flusswasserstände berücksichtigen (siehe Bild 4.32 /35/). Wegen der Kosten für die Entnahme-Bauwerke sind solche Anlagen nur bei mittleren bzw. größeren Heiz- und Kühlleistungen wirtschaftlich.

Oberflächenwasser kann durch verschiedene Möglichkeiten genutzt werden:

- direkte Montage des WP-Verdampfers in ein Flußbett oder in ein wasserdurchströmtes Verdampferbecken in der Uferböschung (Split-Ausführung)
- indirekte Nutzung der Wasserwärme durch einen Solekreislauf zwischen Gewässer und WPA (dadurch zusätzliche Verteilungsverluste)
- Rohwasserentnahme im Uferbereich und dessen Transport zum Verdampfer der WP
- Förderung von Uferfiltrat und dessen Transport zum Verdampfer der WP.

Mit der letzteren Variante kann im Kühlfall das Temperaturpotential des Flusswassers zur Direktkühlung z. B. über Decken-Temperierungssysteme genutzt werden (siehe Bild 4.33).

Bei Einsatz von Oberflächenwasser sind hohe Kosten für umfangreiche zusätzliche Bauwerke (Ein-/Auslauf) zu beachten.

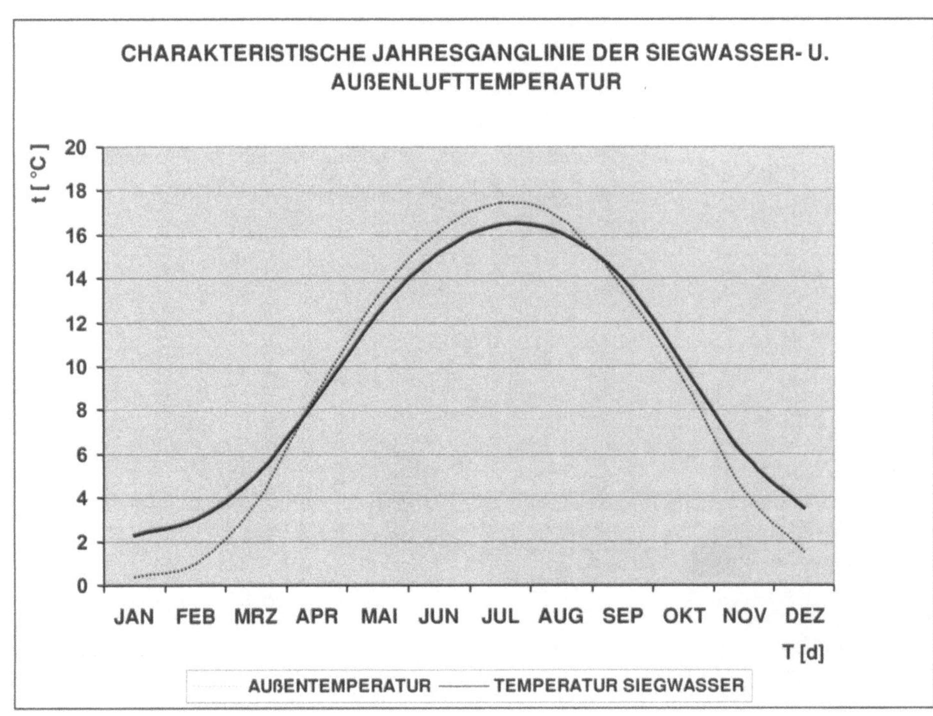

Bild 4.31: *Charakteristische Jahresganglinie der Siegwasser- und Außenlufttemperatur*

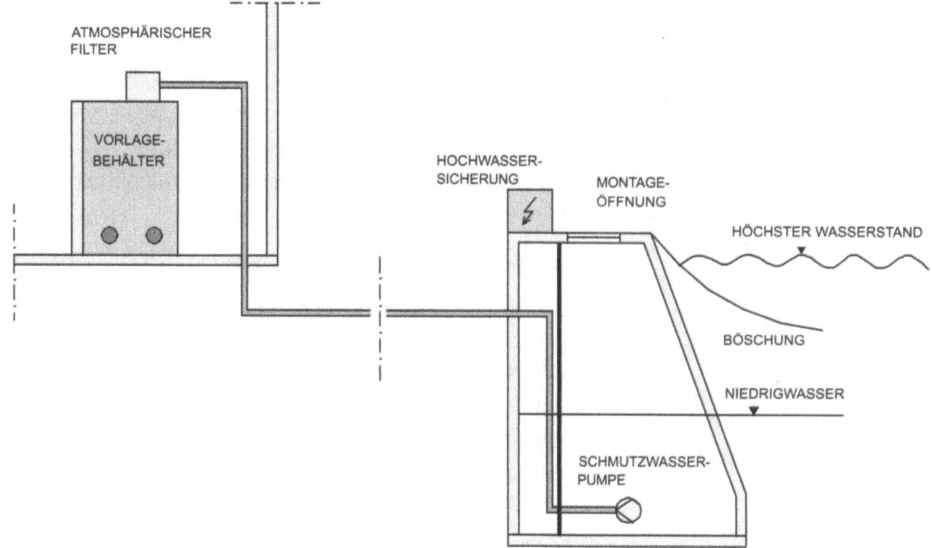

Bild 4.32: *Pumpstation für die Wasserentnahme einer Wärmequellenanlage für Flusswasser*

Solarenergie als Wärmequelle

Solarenergie steht als WQ überall zur Verfügung, hat jedoch einen absoluten inkohärenten Verlauf zum Bedarf. Sie kann nur in Kombination mit Speichern genutzt werden.

Eine volle Nutzung setzt voraus:

- Solaranlage mit Aufnahmeleistung von 0,35 ... 0,8 kW/m^2
- Speicherkapazität als Tagesspeicher (ca. 2 kWh/m^2) oder als Langzeitspeicher (6 ... 8 kWh/m^2)
- Kollektoren, die die diffuse Himmelsstrahlung von 0,1 ... 0,15 kW/m^2 auffangen können.

4.2.2 Wärmequelle oberflächennahe Geothermie

Unter oberflächennaher Geothermie versteht man die Nutzung geothermischer Energie bis ca. 400 m Tiefe als Untergrenze /36/. Der geothermische Wärmefluss (Temperaturzunahme ca. 3 K je 100 m Tiefe) wird im oberflächennahen Bereich (ca. 10 – 20 m Tiefe) durch Witterung und Umgebungsbedingungen überlagert. Das gleichmäßige Temperaturniveau bietet sich für den Heizfall insbesondere im Zusammenhang mit dem Betrieb einer Wärmepumpenanlage an. Zur allgemeinen Analyse des möglichen Nutzungspotentials des Erdreichs eignet sich am besten die Darstellung des Temperaturverlaufes in der oberflächennahen Erdschicht für unterschiedliche Jahreszeiten.

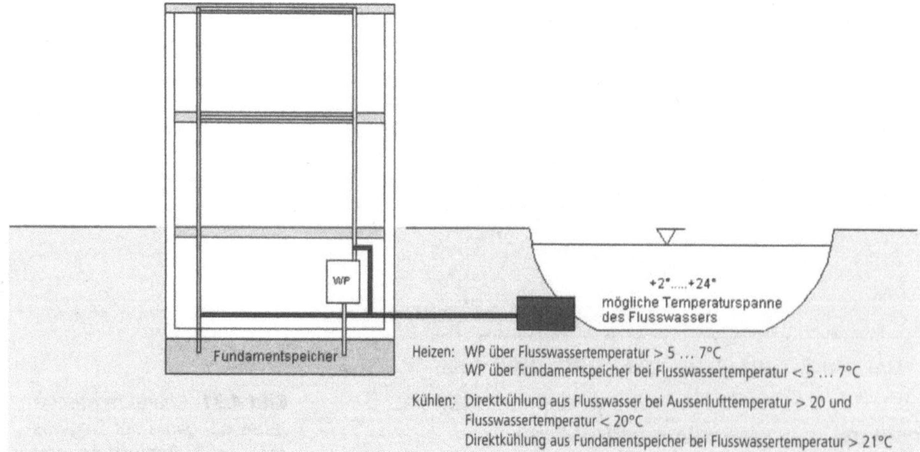

Bild 4.33: *Bauteilaktivierung in Verbindung mit Flusswasser als Wärmequelle- und -senke kombiniert mit einem Fundamentspeicher*

Die Darstellung zeigt, dass ab einer Tiefe von 10 – 15 m der Einfluss der Sonneneinstrahlung und des terrestrischen Wärmeflusses aufhört. Abhängig von der Höhenlage kann in Deutschland mit Temperaturen zwischen 7 – 11° C in einer Tiefe zwischen 10 – 20 m gerechnet werden /36/.

Wichtig ist auch die Feststellung, dass im nahen Bereich zur Oberfläche der jahreszeitliche Einfluss phasenverschoben um ca. zwei bis drei Monate spürbar ist.

Bei Erdreichtemperaturen von 9 – 10° C ab einer Tiefe von 10 – 15 m kann das für den Heizbetrieb erforderliche Temperaturniveau nur über eine Wärmepumpenanlage erzielt werden.

Für den Kühlfall besteht zum einen die Möglichkeit einer Direktkühlung, wobei über Wärmeaufnahme mit Kühldecken, Bauteilaktivierung o.ä. Systemen die Wärme in das Erdreich abgeben wird. Ebenso kann über reversibel arbeitende Wärmepumpen Wärme in das Erdreich eingebracht werden.

Für die in Kap. 3.5 beschriebene saisonale Zwischenspeicherung von Wärme bzw. Kälte ist die spezifische Wärmekapazität des Bodens die maßgebliche Größe. Für einen kontinuierlichen Wärmeentzug bzw. für eine kontinuierliche Wärmeeinbringung ist die Wärmeleitfähigkeit des Untergrundes die entscheidende Größe (Tabelle 3.3: Thermische Eigenschaften von Lockergestein).

Hinweise zur Nutzung des Untergrundes findet man in der VDI-Richtlinie VDI 4640 /12/ mit Hinweisen zu Grundlagen, Genehmigung, Umweltaspekten sowie Auslegung.

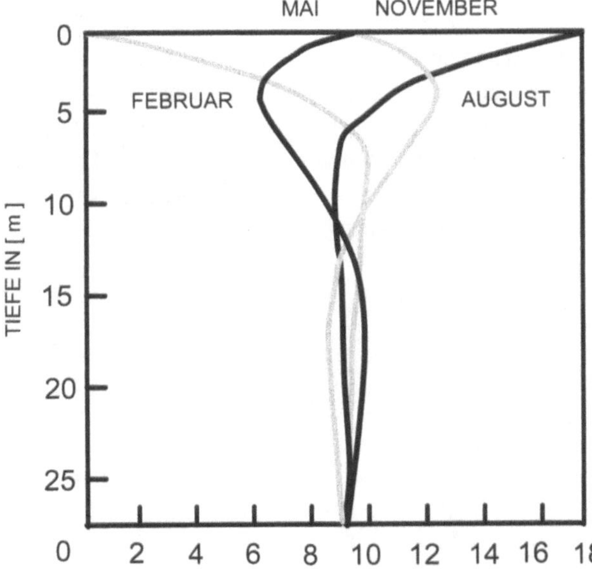

Bild 4.34: *Temperaturverlauf zur Tiefe, dargestellt für verschiedene Jahreszeiten /37/*

Die verschiedenen Verfahren zur thermischen Nutzung des Untergrundes werden zunächst unterschieden nach der Nutzung als Speicher oder als Wärme- bzw. Kältequelle.

Die thermische Nutzung für den Wärmeentzug bzw. für die Wärmesenke werden weiterhin differenziert nach den Anwendungsfällen

- Anlagen zum Heizen sowie
- Anlagen zum Heizen und Kühlen.

Durch letzteres wird die Regeneration des Erdreichs durch den wechselnden Betrieb gefördert und die Entzugsleistungen insgesamt verbessert.

Als technische Einrichtung zur Nutzung als Wärmequelle wird weiterhin unterschieden zwischen

- Grundwassernutzung mit Brunnenanlage
- Nutzung mit Kollektoren
- Nutzung mit Sonden.

Grundwasserbrunnen

Grundwasser ist als konstantes Wärmemedium anzusehen. Die Temperatur schwankt nur geringfügig zwischen +6°C... 12°C im Winter und in der Übergangszeit. Der Wärmeentzug aus dem Grundwasser kann nach zwei Methoden erfolgen:

- direkte Auskühlung des Grundwasserleiters
- Entnahme und Wiedereinleitung des Grundwassers.

Bei der ersten Methode werden tauchsiederähnlich geformte Wärmetauscher über Bohrlöcher in den Grundwasserleiter gebracht und über einen Sohlekreislauf mit der Wärmepumpe verbunden. Häufig wird die zweitgenannte Methode angewendet, für die eine Entnahme und Wiedereinleitung des Grundwassers mit Förder- und Schluckbrunnen stattfindet. Nach VDI 4640, Blatt 2 /12/ kann für eine Dauerentnahme bei Betrieb an der Wärmepumpe ca. 0,25 m^2/h Bedarf für jedes kW-Verdampferleistung angesetzt werden. Insbesondere ist die Ergiebigkeit nach den örtlichen geologischen Gegebenheiten zu prüfen und ggf. über Versuche nachzuweisen. Grundsätzlich sind solche Anlagen genehmigungspflichtig. Früher verwendete Anlagensysteme mit ausschließlich Förderbrunnen und Einleitung des abgekühlten Wassers in das öffentliche Kanalnetz sind nicht mehr erlaubt.

Entsprechend den örtlichen hydrogeologischen Verhältnissen und dem Brunnenausbau sind die Ergiebigkeiten von Bohrbrunnen sehr unterschiedlich. Außer dieser Bedingung muss die Absenkung des Wasserspiegels und die chemische und bakteriologische Beschaffenheit des Wassers beachtet werden. Eine Wasseranalyse ist deshalb unbedingt erforderlich. Die wasser-

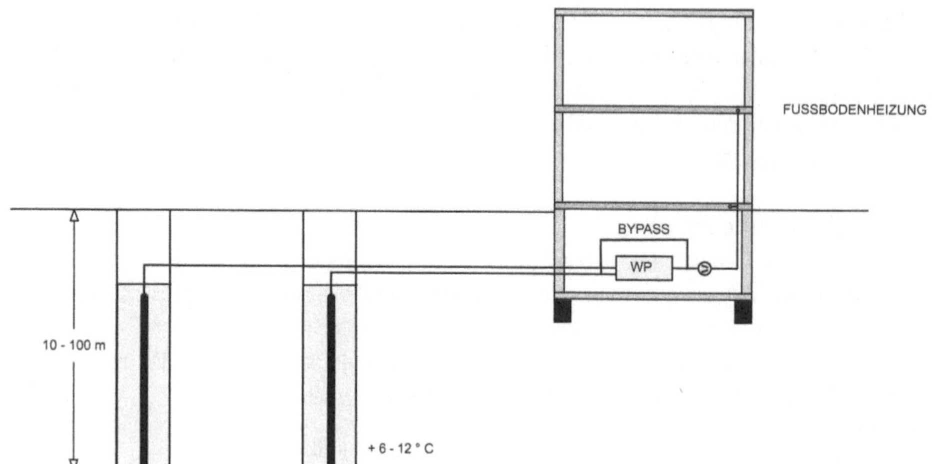

Bild 4.35: Grundwassernutzung als Wärmequelle für Wärmepumpenanlagen; schematische Darstellung

rechtlichen Benutzungsbestimmungen sind zu beachten, da die Benutzung von Gewässern der behördlichen Zulassung bedarf. Die Abkühlung des Untergrundes durch Grundwassernutzung ist zwar vernachlässigbar, jedoch sollte der massive Einsatz von Entnahme- und Schluckbrunnen weitgehend vermieden werden, da mit jedem Eingriff in das Grundwasser die schützende Deckschicht des Erdbodens durchbrochen wird und insbesondere die Gefahr einer Grundwasserverunreinigung über die Schluckbrunnen nicht restlos ausgeschlossen werden kann. Brunnenbauarbeiten dürfen nur zugelassene Firmen vornehmen.

Erdkollektoren

Als Erdkollektoren werden im Erdreich in einer Tiefe von 1,20 – 1,50 m parallel verlegte Rohre bezeichnet. Der Verlegeabstand beträgt zwischen 0,5 m (wassergesättigter Sand / Kies) und 0,8 m (trockener, nicht bindiger Boden) und wird bis zu 40 W/m^2 (wassergesättigter Sand / Kies) angegeben. Die in /12/ angegebenen Entzugsleistungen für Erdwärmekollektoren liegen zwischen 10 W/m^2 bei 1.800 Stunden Betriebszeit pro Jahr und trockenem, nicht bindigem Boden und gehen bis zu 40 W/m^2 bei 1.800 Betriebsstunden pro Jahr und wassergesättigter Sand- / Kiesmischung. Es wird empfohlen, die Temperatur des Wärmeträgermittels (in der Regel eine Monoethylenglycol-Wasser-Mischung) von ±12 K gegenüber der ungestörten Erdreichtemperatur nicht zu überschreiten. Erdwärmekollektoren sollen nicht überbaut werden und die Oberfläche sollte nicht versiegelt werden. Die aus Metall oder Kunststoff bestehenden Rohre werden in einer Tiefe von 1,20 – 1,50 m in das Erdreich eingebracht. Der Rohrabstand liegt zwischen 0,5 – 1,0 m. Hinweise zur Ausführung der Erdarbeiten für Kollektoren findet man in /12/. Darin wird darauf hingewiesen, dass Kollektoren möglichst in Einzelgräben verlegt werden sollen, um die Struktur gewachsener Böden nicht zu stören. Möglich ist auch eine ganzflächige Abtragung zum Einbau der Kollektoren. Zum Einbau der Rohre sind geeignete Materialien wie Feinsande zu verwenden.

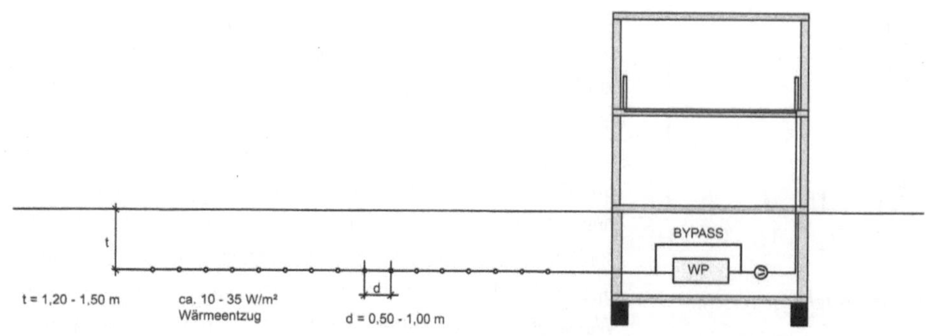

Bild 4.36: Erdkollektoren als Wärmequelle für Wärmepumpenanlagen, schematisch

Erdwärmesonden

Vertikale Erdwärmesonden (vertikal verlegte Erdreichwärmetauscher) werden in bis zu 100 m tiefe Bohrungen (bei manchen Verfahren auch bis zu 400 m Tiefe) eingebracht. Wegen des geringeren Flächenbedarfs und günstigeren spezifischen Wärmeleistungen wird diese Technik häufig gegenüber den waagerechten Erdreichwärmetauschern bevorzugt. Die Erdwärmesonden werden in einem geschlossenen Kreislauf bis zur Wärmpumpenanlage entweder als indirektes System mit einem Zwischenkreislauf oder mit einem Direktsystem mit Kältemittel in Verbindung mit dem Verdampfer der Wärmepumpe gebaut. Letztere Ausführung wird selten gewählt. Bei dem indirekten System wird z. B. ein Sohlekreislauf (Mischung Monoethylenglycol/Wasser /40/) mit der Wärmepumpe über einen Zwischenwärmetauscher verbunden. Die Sonden haben unterschiedliche Bauformen: U-Rohrsonde, Doppel-U-Rohrsonde, Koaxialsonde. Die häufigste Anwendung ist zur Zeit die Doppel-U-Rohrsonde. Das Bohrloch wird mit einer Bentonit-Zement-Suspension verpresst, um einen guten Wärmeübergang zwischen Erdreich und Sonde zu gewährleisten /41/.

Die erreichbaren Entzugsleistungen richten sich nach der Betriebsweise der Anlage (nur Heizung oder Heizen und Kühlen), nach der Betriebszeit und selbstverständlich nach der Qualität des Untergrundes. Bei schlechtem Untergrund können 20 W/m erzielt werden, bei Kies / Sand, wasserführend bis zu 65 W/m und bei Kneis 60 – 70 W/m /12/. Die erwähnten U-Rohr-Sonden haben einen Rohrdurchmesser von 25 – 32 mm, die Außenabstände einer U-Rohr-Sonde 50 – 70 mm. Die Sonden sind in Abständen von mind. 6 m zueinander einzubauen. Die Sondenrohre sollen in parallel geschalteten Kreisen zum Verteiler geführt werden, siehe auch /39/.

Energiepfähle

Die Ausführung der Gebäudegründung bietet mitunter eine kostengünstige Lösung, wobei bauteilintegrierte Rohrsysteme als erdreichberührende Bauteile als Absorber Anwendung finden (anstelle von Erdreichwärmetauschern).

Eine Methode ist die Aktivierung von Pfahlgründungen. Alle Pfahlbaumethoden (Ortbetonpfähle, Fertigpfähle aus Stahlbeton oder Stahl) /42/ können eingesetzt werden. Eine wirtschaftliche Nutzung beginnt bei Pfahllängen von etwa 6 m /38/. Bereits als Fertigteil ausgeführte Energiepfähle sind besonders wirtschaftlich.

Zur Bestimmung der Entzugsleistung von Pfählen müssen Auslegungsprogramme verwendet werden, die die unterschiedlichen Wärmeübertragungsverhältnisse zwischen Rohrbetonpfahl und Erdreich im Zusammenhang mit den Bodenverhältnissen aufzeigen. Grundwasserführende Schichten verbessern den Wärmeentzug bzw. die Wärmeeinbringung, bei Wärmespeicherung ist eine hohe spezifische Wärmekapazität und ein geringer Grundwasserstrom günstiger.

Sonderbauformen

Neben den o.g. Verfahren können erdreichberührende Betonbauteile z. B. Schlitzwände oder besondere Formen von Kollektoren wie Grabenkollektoren oder Spiralkollektoren verwendet werden. Hinweise dazu sind in /39/ aufgeführt.

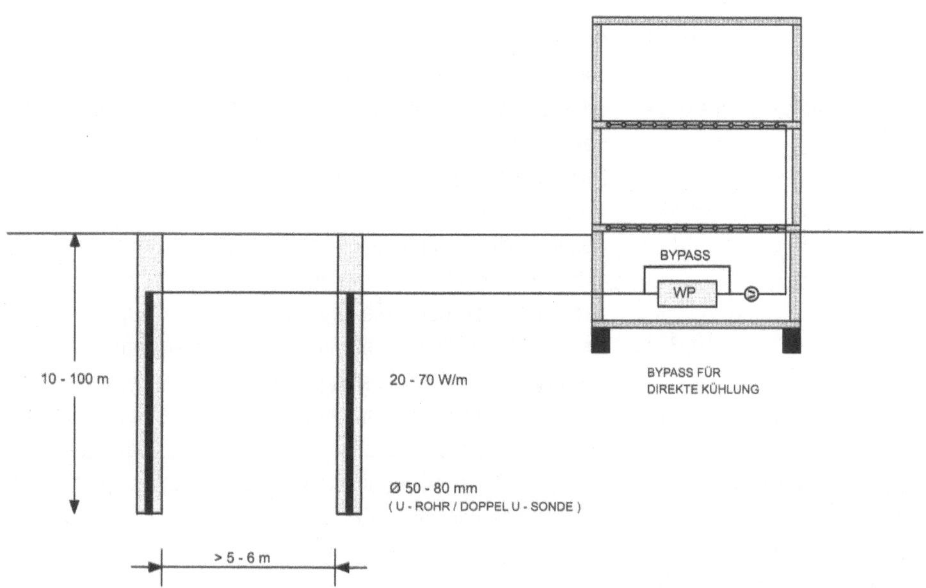

Bild 4.37: *Erdsonden als Wärmequelle für Wärmepumpenanlagen*

4.3 Wärmerückgewinnung in raumlufttechnischen Anlagen

Wird aus dem Fortluftvolumenstrom einer raumlufttechnischen Anlage ein Teil der enthaltenen Enthalpie zurückgewonnen, spricht man von Wärmerückgewinnung (WR). In den meisten Fällen wird diese Enthalpie der aufzubereitenden Außenluft zugeführt. Dabei werden wärmeaustauschende Apparate eingesetzt, die von ihrer Konstruktion und von ihrem Austauschgrad höchst unterschiedlich sind. Im Zusammenhang mit integrierten gesamtheitlichen Gebäudetechnikkonzepten ist es Ziel, diesen Wärmeaustausch so effektiv wie möglich zu gestalten und möglichst hohe Wärmeaustauschgrade zu erzielen.

Neben der erheblichen Menge an eingesparter Energie reduziert die Wärmerückgewinnung in der Wärmebilanz eines Gebäudes die Größe der Wärmeerzeugung. Bezeichnet man die Wärmeströme eines Wärmerückgewinnungssystems mit folgenden Indizes:

1.1: Zustand vor Eintritt in die WR (z. B. Fortluft)
1.2: Zustand nach Austritt aus der WR
2.1: Zustand vor Eintritt in die WR (z. B. Außenluft)
2.2: Zustand nach Austritt aus der WR

so kann man im Idealfall die Wärme

$$\Phi_{R,max} = \Phi_{1.1} - \Phi_{2.1} \tag{4.36}$$

zurückgewinnen.

Aus dem Verhältnis der zurückgewonnenen Wärme zu dem ohne Wärmerückgewinnung abgeführten Wärmestrom ergibt sich der sog. Enthalpieaustauschgrad:

$$\eta_h = \frac{\Phi_R}{\Phi_{R,max}} \tag{4.37}$$

Bei gleichen Massenströmen bezeichnet man als Temperaturaustauschgrad:

$$\eta_T = \frac{T_{2.2} - T_{2.1}}{T_{1.1} - T_{2.1}} \tag{4.38}$$

Analog gilt der Feuchteaustauschgrad:

$$\eta_x = \frac{x_{2.2} - x_{2.1}}{x_{1.1} - x_{2.1}} \tag{4.39}$$

Nach /43/ werden Wärmerückgewinner in vier Kategorien eingeteilt:

Rekuperatoren gehören zu der Kategorie I. Dabei werden die Fluidströme durch eine Wand getrennt, ohne dass ein Stoffaustausch stattfindet. Dies bedeutet, dass die latente Wärme bei dieser Konstruktionsart ungenutzt bleibt. Beispiele sind Glasplattenwärmetauscher, in denen wechselweise in den verschiedenen Schichten Außenluft und Fortluft einströmt, glattere Wärmetauscher oder Rohrwärmeübertrager mit Außen- und Innenlamellen. Die sehr einfache Bauform des Glasplattenwärmetauschers wird häufig eingesetzt.

Das Material Glas hat den Vorteil, dass es resistent gegen chemische Verunreinigung ist und Korrossionssicherheit bei Kondensatausscheidung gegeben ist. Nachteilig ist der schlechte Wärmeübergang zwischen Luft und ebenen Platten, der durch eine Berippung der Flächen zwar verbessert werden könnte, aber dann zu große Abmessungen mit sich bringen würde.

Regeneratoren mit umlaufenden, flüssigen oder gasförmigen Wärmeträgern gehören zur Kategorie II. Meist werden dabei 2 Rekuperatoren mit Anordnung jeweils in dem Außenluftvolumenstrom und dem Fortluftvolumenstrom über ein Sekundärkreislauf mit flüssigen, umlaufenden Wärmeträger verbunden. Im Sekundärkreislauf sind Wärmepumpe, Dreiwegeventil und Ausdehnungsgefäß in den geschlossenen Systemen eingebaut. Diese auch als Kreislaufverbundanlagen bezeichnete Wärmerückgewinnung bietet den Vorteil, dass bei räumlicher Trennung von Abluftgerät und Zuluftgerät auch über mehrere Geschosse in einem Gebäude Wärme zurückgewonnen werden kann. Nachteilig ist die erforderliche Transportenergie für das Wärmeträgermedium und die in der Regel wesentlich geringeren Austauschgrade gegenüber z. B. rotierenden Wärmetauschern. In der Raumlufttechnik fand in den letzten Jahren dieses System am häufigsten Verwendung.

In die gleiche Kategorie werden Wärmerohre eingeordnet. Das Wärmerohr (Heat-Pipe) ist gekennzeichnet durch einen selbsttätig umlaufenden Wärmeträger. Es arbeitet nach den physikalischen Gesetzen der Verdampfung und der Kondensation. Ein beidseitig geschlossenes Rohr ist auf der Innenseite mit einer Schicht von kapillarer Struktur versehen. In diesem evakuierten Rohr befindet sich flüssiges Kältemittel, was durch die warme Fortluft verdampft und in die obere Rohrhälfte aufsteigt. Hier kondensiert es durch den Einfluss der kalten Außenluft und der Abgabe der Verdampfungsenthalpie. Das Kondensat gelangt entweder durch Schwerkraft an der Rohrwand wieder in die untere Hälfte oder durch die Kapillarwirkung eines s.g. Dochts. Die letztere Möglichkeit erlaubt auch eine waagerechte Anordnung des Wärmerohrs. Die Leistungsregelung solcher Systeme erfolgt über die Kippneigung. Vorteile dieses Systems sind insbesondere die hohen Austauschgrade und der geringe Platzbedarf. Bei dem o.g. Kreislaufverbundsystem werden üblicherweise Austauschgrade von 50 – 60 % erzielt, mit Wärmerohren bis zu 80 %.

Die Regeneratoren mit drehendem, festem Wärmeträger werden in die Kategorie III eingeordnet. Regeneratoren dieser Bauart sind durch eine umlaufende, feste Speichermasse gekennzeichnet, die zur Zwischenspeicherung der Wärme verwendet und abwechselnd mit dem warmen Fortluftstrom und dem kalten Außenluftstrom in Kontakt gebracht wird (siehe Bild 4.38).

Dieses Prinzip wird schon seit vielen Jahren erfolgreich eingesetzt. Es können bis über 80 % Austauschgrad erzielt werden.

Der Aufbau der rotierenden Wärmetauscher ist bei den meisten Herstellern weitgehend gleich. Die in einem Rotor untergebrachte Speichermasse wird durch einen Getriebemotor in Umdrehung gebracht. Fortluft und Außenluft strömen in entgegen gesetzter Richtung, so dass sich bei jeder Umdrehung des Rotors die Luftströmungsrichtung umkehrt. Die Speichermassen können nicht-metallisch in Wabenform mit hygroskopischer Beschichtung oder natürlich-hygroskopischen Eigenschaften bestehen. Metallische Speichermassen bestehen aus Waben oder gefalteten Drahtgeflechten.

Die Wärme wird entweder durch Konvektion und die Feuchte je nach Speichermasse entweder durch Sorbtion oder durch Auskondensation auf der Austauscherfläche auf die Speichermasse übertragen (siehe auch Kap. 4.7: solare Kühlung).

Metallische Speichermassen übertragen nur Feuchte bei Taupunktunterschreitung. Sorbtionswärmetauscher werden mit hygroskopischen Beschichtungen versehen, die die Feuchte nicht in Tröpfchenform übertragen, sondern absorbieren. Wegen des kombinierten Wärme- und Feuchteaustausch ist die insgesamt ausgetauschte Wärme gegenüber rekuperativen und anderen regenerativen Systemen hoch.

Ein besonderes Problem bei der Konstruktion dieser Rotationswärmetauscher ist das Abdichten gegen Luftübertritte zwischen Außenluft und Fortluft im Wärmetauscher. Der Grad einer Abdichtung hängt von den erforderlichen Bedürfnissen (Bakterien-, Geruchsübertragung) ab.

Luftübertritte im Rotor werden durch eine Schleusenzone weitgehend vermieden. Durch Labyrinth- oder Schleifdichtungen wird der Rotor gegen das Gehäuse abgedichtet. Verluste entstehen durch Mitrotation, Spülzonen und Spalte. Durch Rotorausführungen mit Doppelspülkammer werden Verluste der Mitrotation vermieden.

Eisbildungsgefahr besteht insbesondere bei metallischer Austauschmasse. Durch Vorwärmung der Außenluft z. B. über Erdwärmetauscher kann dieser Effekt verhindert werden. Hygroskopisch behandelte Oberflächen setzen den Eispunkt so weit herunter, dass auf eine Vorwärmung verzichtet werden kann. Hygienische Untersuchungen haben gezeigt, dass die ständige Änderung der Durchströmungsrichtung einen Selbstreinigungseffekt mit sich bringt. Deshalb ist ein Filtereinbau nur bei grob staubförmigen, klebrigen und fettigen Luftverunreinigungen nötig, wie sie z. B. bei raumlufttechnischen Anlagen für Küchen auftreten.

Spezielle Anlagen z. B. für Krankenhäuser oder Großküchen werden so konzipiert, dass die Speicheraustauschmassen mit Beschichtungen versehen werden, die antibakterielle Eigenschaften aufweisen. Ein Anlagenschema für eine raumlufttechnische Anlage mit Wärmerückgewinnung und rotierendem Wärmetauscher ist in Bild 4.39 angegeben, ein Schema mit Kreuzstromwärmetauscher in Bild 4.40.

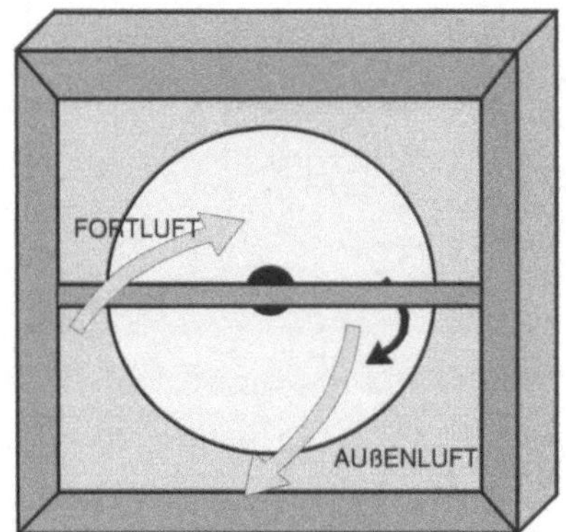

Bild 4.38: *Regenerative Wärmerückgewinnung mit rotierendem Wärmerad*

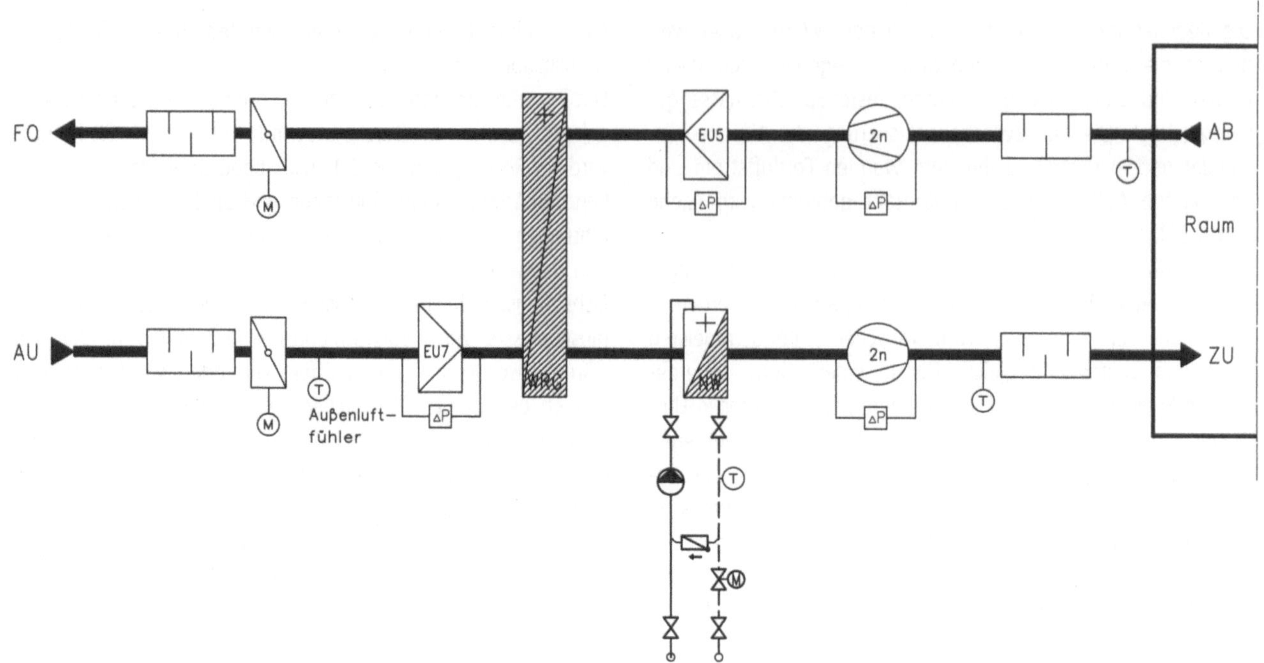

Bild 4.39: *Anlagenschema einer Raumlufttechnischen Anlage mit Wärmerückgewinnung (regenerativ) als rotierendem Wärmetauscher*

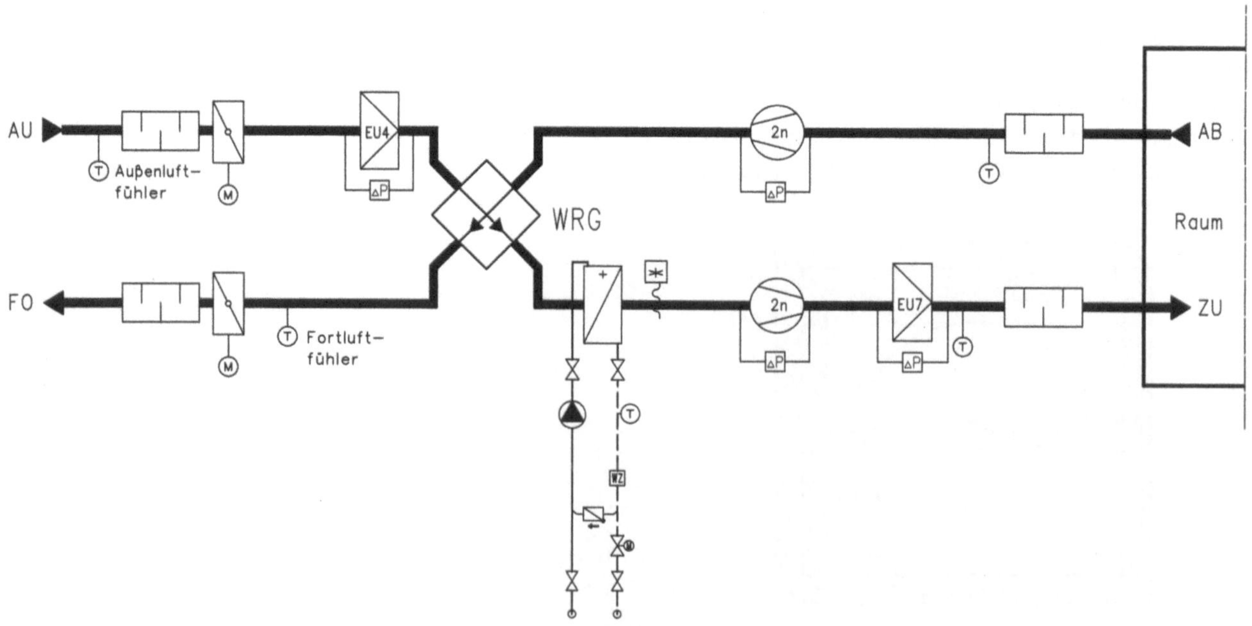

Bild 4.40: *Anlagenschema einer Raumlufttechnischen Anlage mit Wärmerückgewinnung (rekuperativ) und Kreuzstromwärmetauscher Symbole und Abkürzungen nach DIN 1946 T.1 /51/)*

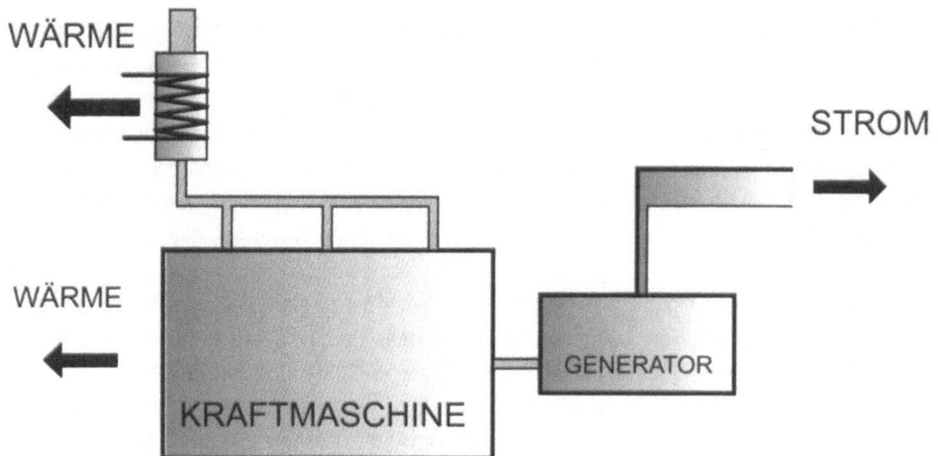

Bild 4.41: *Vereinfachte Prinzipdarstellung der Kraft-Wärme-Kopplung*

4.4 Kraft-Wärme-Kopplung

Die übliche Energieversorgung für Gebäude erfolgt zum einen durch Bezug von Strom durch Anschluss an das öffentliche Netz und durch Bezug oder Eigenerzeugung von Wärme für Heizwasser und Trinkwarmwasser. Der Strom für das öffentliche Netz wird in der Regel in Kondensationskraftwerken hergestellt, die mit Wirkungsgraden von ca. 34 % aus Primärenergie Strom erzeugen. Obwohl heute in Kraftwerken Wirkungsgrade bis zu 40 % erreicht werden können, ist die restliche Energie in Form von Abwärme verloren und wird an die Umgebung abgegeben. In seltenen Fällen kann Wärme im Umkreis eines Kraftwerkes in Form von Fernwärme genutzt werden.

Die Grundidee der Kraft-Wärme-Kopplung ist, für ein oder mehrere Gebäude elektrische Energie zu erzeugen und die dabei zwangsweise anfallende Abwärme direkt für Heizzwecke zu nutzen. Auf Grund dieser direkten Kopplung von der Nutzung der Brennstoffenergie für elektrische Kraft und Nutzung von Wärme spricht man von Kraft-Wärme-Kopplung.

Im Kraftwerk können unterschiedliche Primärenergiearten bis hin zu Kohle eingesetzt werden. Für Gebäude kommt Heizöl, Biodiesel, Erdgas oder Biogas in Frage. Anstelle des im Kraftwerk üblichen Wasser-/Dampfkreislaufes werden für die Gebäudeversorgung Verbrennungsmotoren oder Gasturbinen eingesetzt. Beide treiben direkt Generatoren an, aus denen elektrische Energie erzeugt wird. Die bei diesem Prozess anfallende Abwärme wird über Wärmetauscher in ein Wärmeverteilnetz für Heizzwecke eingeführt. Gasturbinen und Verbrennungsmotoren stehen in unterschiedlichsten Größen und Qualitäten für die Kraft-Wärme-Kopplung in Gebäuden zur Verfügung. Gasturbinen werden bei größeren Leistungen ab 500 kW bis über 5 MW eingesetzt. Sie haben ein weniger gutes Teillastverhalten und werden daher für größere Anlagen konzipiert. Otto-Motoren werden bereits ab 5 kW elektrischer Leistung bis über mehrere MW angeboten. Gleiches gilt für Diesel-Motoren. Unter einem Blockheizkraftwerk versteht man ein kleines Heizkraftwerk, in dem durch Kraft-Wärme-Kopplung Strom und nutzbare Wärme gleichzeitig erzeugt werden /45/.

Bei der konventionellen Versorgung mit Strom bezogen über das öffentliche Versorgungsnetz und Wärmeversorgung in einer separaten Wärmeerzeugungsanlage liegt der Primärenergieeinsatz um ca. 44 % höher /46/.

Der Begriff Blockheizkraftwerk (BHKW) wird für die Auskopplung von (in der Regel Motorenanlagen) der Abwärme für die Gebäudeheizung verwendet, wobei das Temperaturniveau der üblichen Wärmeverteilanlage in Gebäuden Temperaturen von unter 90° C vorsieht.

Die größte Schwierigkeit bei der Konzeption eines BHKWs für Gebäude besteht darin, eine geeignete Leistungsgröße festzulegen. Konventionelle Anlagen werden nach den max. Leistungskennwerten festgelegt. Dies sind für die Heizlast die Norm-Heizlast /47/ zzgl. ggf. notwendiger Leistungen für Raumlufttechnik, Trinkwarmwasser und Prozesswärme und für die elektrische Leistung die Leistungsbilanz des Gebäudes unter Annahme geeigneter Gleichzeitigkeitsfaktoren.

Ein Blockheizkraftwerk kann jedoch nach zwei unterschiedlichen Größen grundsätzlich dimensioniert werden:

1. Nach der Heizlast bzw. nach der Wärmebedarfsstruktur
2. Nach der Stromenergiebilanz bzw. dem Stromverbrauchsgang

Die Erzeugung von Strom und Wärme gleichzeitig durch Kraft-Wärme-Kopplung bedingt, dass etwa im Verhältnis 1/3 Strom zu 2/3 Wärme erzeugt werden. Der Bedarf für Gebäude unterscheidet sich nach Tages- und Jahresgang für diese beiden Verbräuche erheblich. Der Planer muss deshalb entscheiden, ob er ein Blockheizkraftwerk wärmegeführt, d. h. nach der Heizlast, oder stromgeführt, d. h. nach dem Strombedarf, dimensioniert.

Wird das Blockheizkraftwerk wärmegeführt dimensioniert, muss ein ggf. erzeugter Überschussstrom in das öffentliche Netz eingespeist werden und bei nichtausreichender Strombereitstellung durch Netzparallelbetrieb aus dem öffentlichen Netz zusätzlich entnommen werden.

Bei stromgeführtem Betrieb wird u. U. zuviel Wärme erzeugt, die in Pufferspeichern begrenzt zwischengespeichert wird, oder zu wenig Wärme, die dann durch zusätzliche Wärmeerzeugungsanlagen geliefert werden muss.

Diese Darstellung zeigt, dass ein reiner Inselbetrieb, also eine völlig netzunabhängige Betriebsweise von BHKWs ungünstig ist. In den meisten Fällen muss daher eine parallele Erzeugung mit konventionellen Wärmeerzeugungsanlagen realisiert werden.

BHKWs werden dann stromgeführt betrieben, wenn sie z. B. zur Abdeckung von Spitzenlasten im öffentlichen Netz eingesetzt werden. Im Prinzip ist aber dann die Wärmezwischenspeicherung nur für kleine Nahwärmekonzepte sinnvoll nutzbar und die Problematik wie bei Kondensationskraftwerken besteht nach wie vor.

Überwiegend werden deshalb BHKWs wärmegeführt konzipiert. Eine sinnvolle Konzeption für ein BHKW kann dann vorgenommen werden, wenn der zeitliche Verlauf des Wärme- und Strombedarfs eines Objektes bekannt ist. Bei Neuplanungen kann über charakteristische Kurven z. B. für Wohnungsbau, Krankenhausbau u. a. eine relativ genaue Vorhersage getroffen werden. Nach dem Wärme- und Strombedarf eines Gebäudes kann dann ein Blockheizkraftwerk für Teillastbetrieb ausgelegt werden.

Da die Heizlast eines Gebäudes in der Regel überwiegend vom Gang der Außentemperatur abhängt, kann der Heizenergieverbrauch in einer Jahresdauerlinie abhängig von den Benutzungsstunden des Jahres aufgetragen werden, Bild 4.42. Die Jahresdauerlinie wird für den jeweiligen Standort nach der Jahreshäufigkeit der Heizstunden bis zu einer bestimmten Wärmeleistung für das Gebäude erstellt. Durch die Aufsummierung sind die qualitativen Unterschiede nach Standort nicht erheblich (vergl. Bild 4.42). Wird ein BHKW nur für Teilleistung ausgelegt, kann dennoch ein erheblicher Anteil der Jahresheizarbeit geleistet werden. Die Investition für ein BHKW kann dann gering gehalten werden bei einem gleichzeitig hohen Anteil an der Jahresheizarbeit.

Bei Wärmeanforderung wird zunächst das Blockheizkraftwerk in Betrieb genommen und erzeugt Strom und Wärme. Der Strom wird im Gebäude abgenommen und bei Überschüssen in das öffentliche Netz eingespeist. Der Überschussstrom wird mit einem separaten Zähler ermittelt. Reicht die Wärmeleistung des Blockheizkraftwerkes nicht aus, wird ein Spitzenkessel hinzugeschaltet. Ein Pufferspeicher sorgt für eine Mindestlaufzeit der Motormodule, um ein ständiges Takten zu vermeiden.

Die Auslegung von BHKWs richtet sich also inbesondere nach der Heizlast. Bei sehr kleinen Leistungen für Einfamilienhäuser sind mittlerweile auch BHKW-Module ab 2 kW elektrischer Leis-

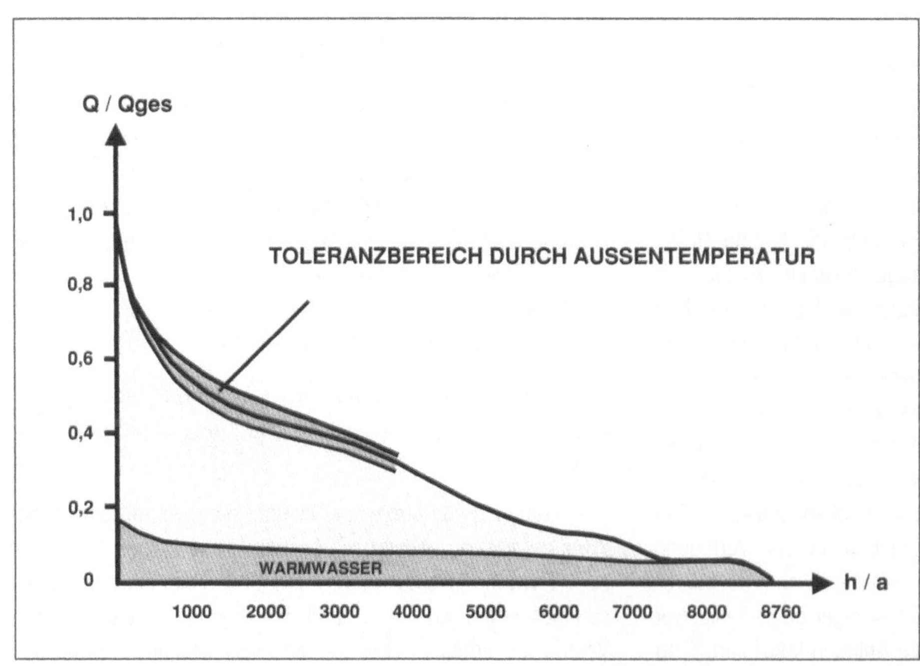

Bild 4.42: *Typische Jahresdauerlinie für Heizarbeit eines Gebäudes*

tung auf dem Markt. Diese s.g. Mikro-BHKWs /48/ werden als 1-Zylinder-Otto-Kleinmotoren oder neuerdings als Sterling-Motor angeboten.
Solche Anlagen können auch als Einzelanlage ohne Spitzenheizkessel in Verbindung mit einem ausreichend großen Pufferspeicher vorgesehen werden.
Klein-BHKWs im Bereich bis zu 30 kW eignen sich auch für kleine Mehrfamilienhäuser bis zu 6 Wohneinheiten oder vergleichbare Nutzungen.
So genannte Kompakt-BHKWs im Leistungsbereich von bis zu 400 kW sind anschlussfertig einschl. Schalldämmaßnahmen und Steuerung für den Anschluss bzw. Kombination für Wärmeversorgungsanlagen vorgesehen.
Von Groß-BHKWs spricht man bei Leistungen ab ca. 400 kW /48/. Motoren für BHKWs sind für einen gleichmäßigen, langsam laufenden Betrieb konstruiert. Dadurch soll erreicht werden, dass die Wartungsintervalle genügend lang sind und ein nicht zu hoher Verschleiß auftritt. Bei der Auslegung ist dennoch zu vermeiden, dass durch zu große Dimensionen ein ständiges Takten der Motoren mit ungünstigen Auswirkungen auf den Verschleiß der Maschine erfolgt. Eine Leistungsanpassung der BHKW bei sinkender Heizlast kann z. B. dadurch erfolgen, dass bei größeren Leistungen mehrere Module zur Anpassung an den Leistungsbedarf vorgesehen werden (siehe Bild 4.43).
Dies kann vor allem bei BHKWs im mittleren und größeren Bereich durchgeführt werden. Die Verteilung auf mehrere Module hat außerdem den Vorteil, dass eine Reserve bei Ausfall oder Wartung an einem Modul zur Verfügung steht.
Der Einsatz von Pufferspeichern bei BHKWs ist in vielen Fällen zur Verlängerung der Laufzeit erforderlich. Pufferspeicher werden in etwa so ausgelegt, dass für eine Volllaststunde eines BHKWs bei einer Temperaturdifferenz von 30 K und ca. 2/3 nutzbarem Speichervolumen das entsprechende Volumen zur Verfügung steht. Pro 10 kW thermischer Leistung können ca. 400 Liter Speicher dafür angesetzt werden.
Die eigentliche Strom- und Wärmeverbrauchsstruktur von Gebäuden ist in erster Linie von der Nutzung des Gebäudes abhängig. Für eine wirtschaftliche Teillastauslegung bezogen auf die max. Heizlast existieren zahlreiche Wirtschaftlichkeitsbetrachtungen. Nach /49/ werden folgende Teillastauslegungen nach Gebäudetyp bzw. Nutzung empfohlen:

Mehrfamilienhäuser: 10 – 20 %
Altersheime, Krankenhäuser, Kliniken, Hallenbäder: 30 – 40 %
Hotels: 20 – 30 %
Schulen mit Sporthallen, Gaststätten: 10 – 15 %
Verwaltungsgebäude: 10 %
Verwaltungsgebäude in Verbindung mit Kälte: bis zu 40 %

Der Flächenbedarf für Heizzentralen liegt z. B. bei einem Klein-BHKW von 5,5 kW elektrischer Leistung bei ca. 4 m², bei 15 kW elektrisch bei ca. 6,5 m², wobei die notwendige Fläche für Heizkessel und Wärmeverteilung ggf. hinzugerechnet werden muss.

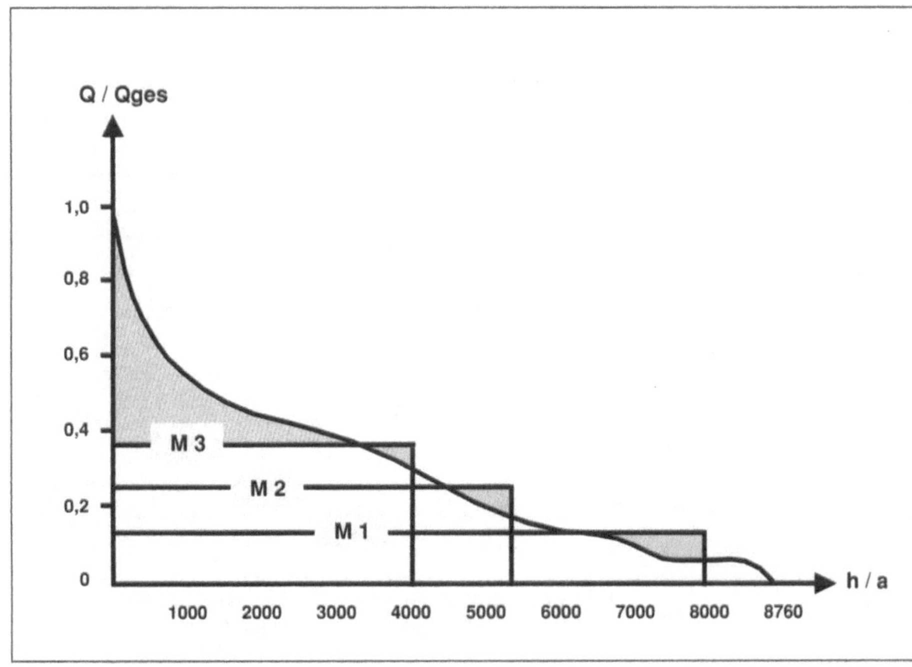

Bild 4.43: *Jahresdauerlinie mit mehreren Modulen. Die Leistungsanpassung der Module M1...M3 erfolgt stufenweise. Die Spitzenleistung Q_{ges} wird durch eine zusätzliche Wärmeerzeugungsanlage sichergestellt. Dennoch erbringen die BHKW-Module den größten Anteil an der Jahresheizarbeit (helle Fläche).*

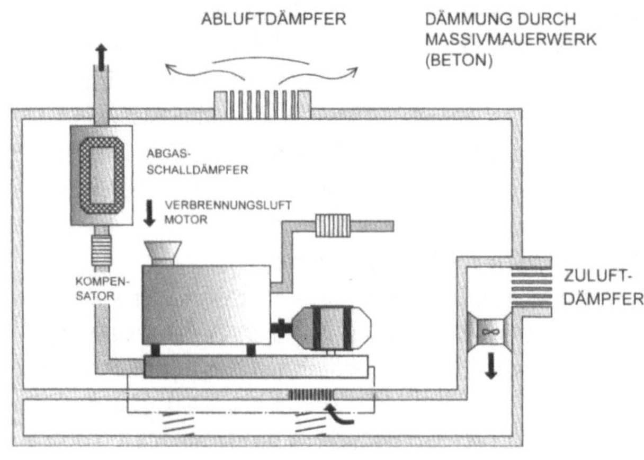

Bild 4.44: *Blockheizkraftwerk, bauliche Maßnahmen*

Bei der Aufstellung in Gebäuden sind zahlreiche Anforderungen zu beachten. Das Abgasrohr muss über Dach geführt werden, das BHKW entweder als Modul gekapselt oder so aufgestellt sein, dass die Schallübertragung in Aufenthaltsbereiche vermieden wird und es muss eine ausreichende Zuluft- und Abluftführung eingeplant werden (Bild 4.44).

4.5 Kraft-Wärme-Kälte-Kopplung

Die Kälte für die Raumkühlung über raumlufttechnische Anlagen mit der thermodynamischen Behandlungsfunktion Kühlen oder wassergeführte Systeme wird in der Regel über elektrischen Strom über Kompressions-Kältemaschinen erzeugt. Ziel einer integralen Planung sollte es grundsätzlich sein, Kühllasten für Gebäude durch passive Maßnahmen soweit wie möglich zu vermeiden. Dennoch sind bei unterschiedlichen Nutzungen Kühlsysteme unvermeidlich. Die Kälteerzeugung aus Strom arbeitet mit einem primärenergetisch äußerst ungünstigen Wirkungsgrad. Eine wesentliche Verbesserung kann durch sogenannte Kälteabsorber durch Zufuhr von Wärme erfolgen. Im Gegensatz zu dem Kompressions-Kältekreislauf erfolgt keine mechanische Verdichtung, sondern es wird ein Absorbtionsvorgang, z. B. mit einer Kältemittel-Lösungsmittel-Kombination z. B. aus Wasser / Lithiumbromid, durchgeführt. Die unterschiedlichen Verfahrensweisen sind in Bild 4.45 /46/ dargestellt. Der Kältemitteldampf wird absorbiert und im flüssigen Zustand auf das erforderliche höhere Druckniveau gebracht. Für den Antrieb der Lösungsmittelpumpe ist nur eine geringe Menge elektrischer Energie notwendig.

Der Antrieb des sogenannten Austreibers erfolgt je nach Bauart durch Gas, Heizöl, Dampf, Heißwasser oder Warmwasser. Die Verwendung von direkter Primärenergie beheizt den Austreiber direkt, eine Wärmezufuhr z. B. aus Abwärme ist indirekt über Wärmetauscher möglich. Auf dem Markt sind ein- oder zweistufige Geräte verfügbar. Einstufige Geräte benötigen eine Mindestheizwassertemperatur von 80° C. Diese Maschinen sind deshalb besonders geeignet für die Nutzung von Abwärmeströmen. Zweistufige Absorbtions-Kältemaschinen werden direkt beheizt oder mit Dampf von 150° C – 180° C betrieben. Erdgasbeheizte Ausführungen können gleichzeitig Heiz- und Kühlfunktion übernehmen, weshalb hier häufig die Investition für Spitzenheizkessel eingespart wird /52/. Der Einsatz der Absoptions-Kältemaschinentechnik für Kälteerzeugung zur Gebäudekühlung bedeutet eine wesentliche Verbesserung der Effizienz des Primärenergieeinsatzes gegenüber Kompressions-Kältemaschinen. In Verbindung mit Kraft-Wärme-Kopplung wird die Bilanz noch einmal verbessert. Die Laufzeit einer Kraft-Wärme-Kopplungs-Anlage wird häufig entscheidend und damit die Wirtschaftlichkeit verbessert, wenn ein ganzjähriger Betrieb erfolgen kann. Mit der Absorptions-Kältetechnik steht eine Möglichkeit

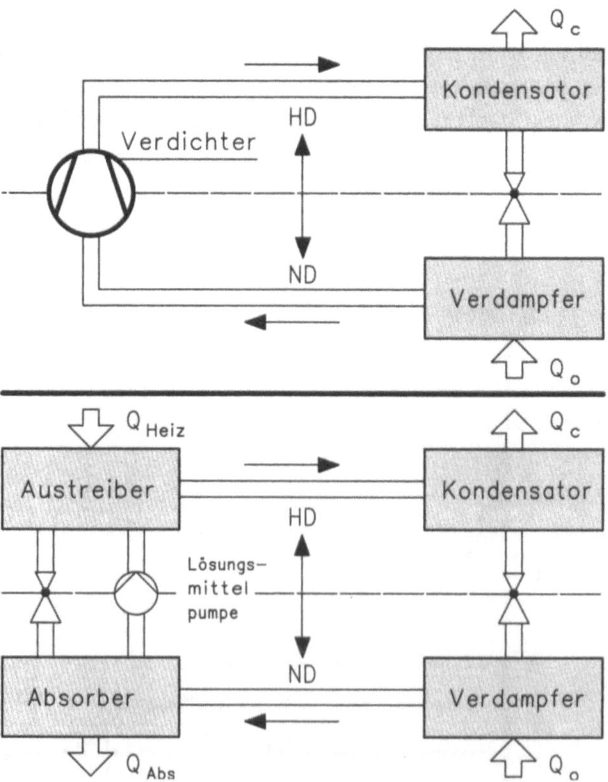

Bild 4.45: *Kompressionskreislauf (oben) im Vergleich zum Absorptionskreislauf (unten) zur Erzeugung von Kaltwasser für Kühlzwecke (HD: Hochdruckseite, ND: Niederdruckseite)*

zur Verfügung, gerade bei im Sommer auftretenden hohen Kühllasten die aus dem BHKW erzeugte Wärme zum Antrieb an eine Absorptionskälte zu nutzen.

Die Primärenergieausnutzung wird um ca. 12 – 13 % verbessert gegenüber konventionellen Kälteerzeugung.

In der Regel tritt bei fallendem Heizbedarf bei Gebäuden ein steigender Kältebedarf auf. Man bezeichnet diese Kopplung von Kraft-Wärme und Kälte auch als Totalenergieverbundanlagen, da mit einer Primärenergiequelle, in der Regel Erdgas, Stromerzeugung, Heizversorgung und Kälteversorgung für ein Gebäude erfolgt. Die Wirtschaftlichkeit kann nur durch eine Wirtschaftlichkeitsanalyse mit Betrachtung aller kapital-, verbrauchs- und betriebsgebundenen Kosten geschehen. Eine CO_2-Bilanz dagegen spricht grundsätzlich für den Einsatz eines solchen Systems, sofern eine Kältebereitstellung nicht durch andere Maßnahmen wie geothermische Energie oder Nutzung der Speichermassen in Gebäuden erfolgen kann.

4.6 Brennstoffzelle

In der Brennstoffzelle wird aus Wasserstoff über einen elektrochemischen Prozess ohne mechanische Teile Strom und Wärme erzeugt. Eine Brennstoffzelle besteht aus Elektroden (Anode und Kathode), einem Elektrolyten, der Elektroden und die zuzuführenden Reaktionspartner trennt /51/. Der elektrochemische Prozess verläuft in umgekehrter Reihenfolge wie die Elektrolyse. Der Brennstoff Wasserstoff wird kontinuierlich der Anode zugeführt. In Anwesenheit eines Katalysators werden Elektroden und Ionen aufgespalten und die Ionen durch den Elektrolyten zur Kathode transportiert. Der notwendige Sauerstoff wird über Luft zugeführt. Über den externen Stromkreis wird zwischen Kathode und Anode Strom abgeführt. Die Brennstoffzellen erzeugen Gleichstrom, der im Wechselrichter in Wechselstrom umgewandelt wird. Die geringe erzeugte Spannung wird durch mehrere Brennstoffzellen in einem Stack (Stapel) durch Reihenschaltung erzeugt. Die Abwärme der Brennstoffzelle wird durch einen Kühlkreislauf für Heizzwecke genutzt. Der erforderliche Wasserstoff wird bei Gebäudeheizung z. B. aus zugeführtem Erdgas (Brennstoff) gebildet. Im Bild 4.46 ist das Prinzip eines Brennstoffzellensystems für kohlenwasserstoffhaltige Brennstoffe abgebildet /52/.

Der Wasserstoff wird aus Erdgas (oder Methan / Methanol) im sogenannten Reformer direkt vor Ort gewonnen. Für den Reformer werden ca. 20 % der eingesetzten Energie als Prozessenergie verbraucht.

Brennstoffzellen sind bzgl. der Energieerzeugung vergleichbar mit einem Blockheizkraftwerk, jedoch ohne mechanische Teile, d. h. Strom und Wärme werden geräuschlos erzeugt. Die Schadstoffemission, Stickoxide und Kohlenmonoxid betragen je nach Brennstoffzellentyp nur einen Bruchteil der bei konventioneller Feuerung.

Man unterscheidet zwischen verschiedenen Brennstoffzellentypen. Sie werden nach Betriebstemperatur und dem eingesetzten Elektrolyten klassifiziert. Durch die unterschiedlichen Betriebstemperaturen unterscheidet man zwischen Niedertemperatur- und Hochtemperatur-Brennstoffzellen. Eine Übersicht der Brennstoffzellen für Gebäudeenergieversorgung ist in Bild 4.47 dargestellt. Die PEMFC-Zelle wird z. B. von einem Hersteller /53/ im Leistungsbereich von 1 – 4,6 kW elektrisch netzparallel und 1,5 – 7

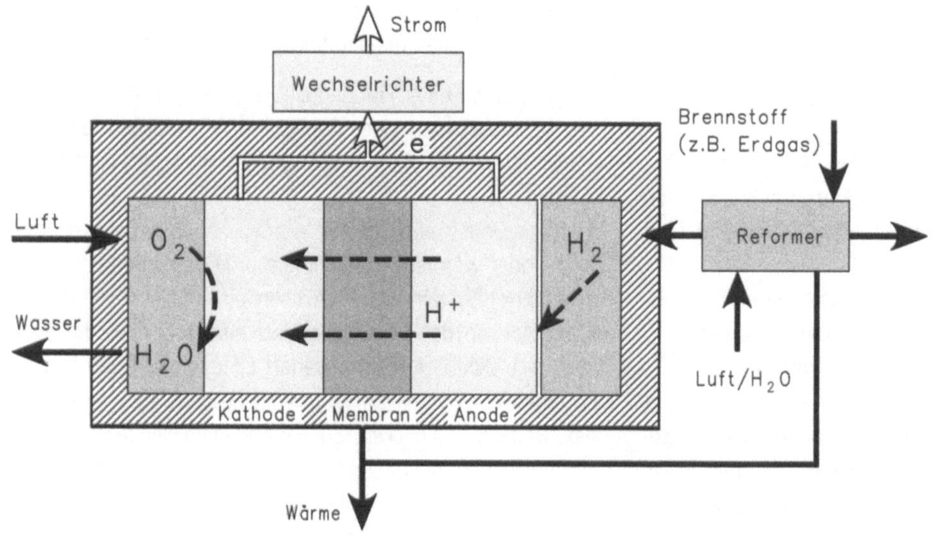

Bild 4.46: *Brennstoffzelle, Prinzip*

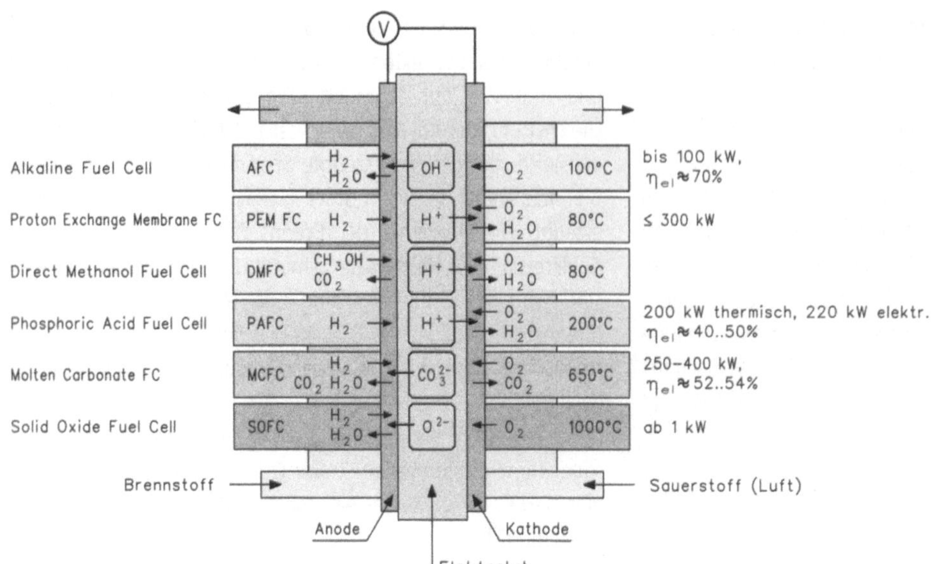

***Bild 4.47:** Verschiedene Typen von Brennstoffzellen /55/*

kW thermisch plus ca. 25 – 50 kW Thermik Abwärme entwickelt. Das Gerät eignet sich für Mehrfamilienhäuser oder Kleingewerbe und soll mit einem elektrischen Netzwirkungsgrad von mehr als 35 % und einem Gesamtwirkungsgrad von mehr als 80 % arbeiten. Als Brennstoff dient Erdgas. Für die Lebensdauer des Systems werden 15 Jahre bzw. 80.000 Betriebsstunden angegeben. Wartungsintervalle sind alle 2 Jahre bzw. jährlich vorgesehen. Die Systemtemperaturen für Heizmittel betragen 70 / 55°C und sind daher bei üblichen Niedertemperatursystemen einsetzbar. Das beschriebene Gerät soll voraussichtlich 2004 in Serienproduktion gehen. Neben der Einzelversorgung für Gebäude sind Nahwärmekonzepte denkbar oder auch die Vernetzung von Brennstoffzellen in den unterschiedlichen Liegenschaften, die zusammen ein „virtuelles Kraftwerk" bilden.
Für einzelne Gebäude sind drei unterschiedliche Konstellationen für die Zukunft denkbar:

1. Umrüstung von bestehenden Gebäuden, Anschluss an das öffentliche Strom- und Gasnetz sowie Einspeisung von Überschussstrom bei wärmegeführter Betriebweise in das öffentliche Stromnetz.
2. Ausschließlich Anschluss an das öffentliche Gasnetz und Eigenerzeugung von Strom und Wärme. Dafür müssen allerdings Pufferbatterien in ausreichendem Umfang zur Verfügung stehen.
3. Null-Energie-Haus mit solarthermischer Versorgung, Photovoltaik-Versorgung sowie Brennstoffzellen, die mit einem Wasserstoffspeicher kombiniert die vollständige Energieversorgung für ein Gebäude ermöglichen.

Einsatz für die Gebäudeenergieversorgung

Das Verknüpfen von Brennstoffzellen in einem Energienetzwerk zu einem virtuellen Kraftwerk ist eine möglichliche Zukunftsvision. Am Beginn dieser Entwicklung steht die Einzellösung für Gebäude im Vordergrund. Als eine Form der Kraft-Wärme-Kopplung gelten für Brennstoffzellen ähnliche Auslegungskriterien wie für Blockheizkraftwerke. Strom und Wärme werden grundsätzlich wie beim BHKW parallel erzeugt und müssen der Verbrauchsstruktur des Gebäudes angepasst sein. Somit ist je nach Brennstoffzellentyp zu Beginn einer Planung zu ermitteln:

1. In welchem Verhältnis erzeugt der gewählte Brennstoffzellentyp Strom und Wärme?
2. Wie hoch ist das Temperaturniveau der Wärme?

Ausgangsdaten einer Planung sind die Heizlast und der elektrische Leistungsbedarf eines Gebäudes. Die jeweiligen Jahresdauerlinien für Wärme, Kälte und Strom bestimmen die Auslegungskriterien.
Weiterhin muss entschieden werden, ob die Brennstoffzelle strom- oder wärmegeführt Energie produziert. Bei einem wärmegeführten System wird möglicherweise Überschussstrom produziert, der in das öffentliche Netz eingespeist werden kann. Wird nach dem Grund-Strombedarf Energie produziert, ist u. U. ein erheblicher Anteil an Wärme, insbesondere im Bereich der max. Heizlast, zu decken. Zur Verringerung der Investitionskosten für eine Brennstoffzelle bietet sich ebenso wie bei BHKWs an, eine Auslegung auf Teillast (in der Regel der Heizlast) vorzunehmen. Damit kann ein hoher Anteil an Jahresheizarbeit und

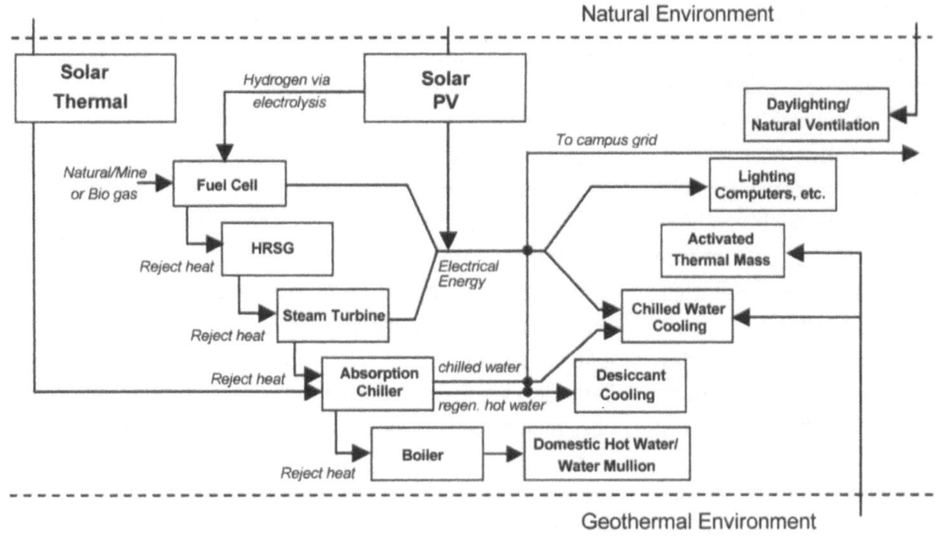

Bild 4.47b: *BAPP Energiekaskade*

Strombedarf gedeckt werden und die zusätzliche Spitzenlast muss ein weiterer Wärmeerzeuger oder ein Anschluss an ein Fern- oder Nahwärmesystem liefern. Die Ausnutzung einer Brennstoffzelle wird dadurch vergrößert, dass die Abwärme der Brennstoffzelle in den Sommermonaten zum Antrieb einer Absorbtionskältemaschine verwendet wird. Dafür müssen entsprechende Temperaturen zur Verfügung stehen, siehe auch Auslegung von Blockheizkraftwerken.

Bei dem Einsatz von Hochtemperaturbrennstoffzellen, wie z. B. die SOFC-Brennstoffzelle mit einem Temperaturniveau von 800 – 1.000°C, können mehrstufige Energiekaskaden das hohe Temperaturniveau zur Nutzung in einer Dampfturbine weiterleiten. Das Konzept für ein Forschungsgebäude an der Carnegie Mellon University in Pittsburgh zeigt eine solche Energiekaskade, Bild 4.47b /88/.

Bei dem sog. building as power plant /89/ ist das Kernstück der Energieerzeugung eine Festoxid-Brennstoffzelle (SOFC solid oxid few cell). Die Festoxid-Brennstoffzelle arbeitet bei Temperaturen zwischen 800 bis 1.000 °C. Es wird eine Brennstoffzelle als Röhrentyp (Siemens Westing-House, USA) mit einer Leistung von 250 kW verwendet. Als Brennstoff werden Wasserstoff, Erdgas oder Biogas genutzt. Der Wasserstoff wird durch Elektrolyse von Wasser gewonnen, der hierzu benötigte elektrische Strom wird teilweise über Photovoltaikelemente, die auf dem Dach des BAPP angeordnet sind, gewonnen. Bei der elektrochemischen Reaktion mit Erdgas sind die CO_2-Emmissionen um 50 % geringer als bei der konventionellen Energieerzeugung. Die Energieeffizienz der SOFC liegt bei ungefähr 80 %. Neben der elektrischen Leistung von 250 kW produziert die Festoxid-Brennstoffzelle 160 kW Abwärme mit einem Temperaturniveau von 760°C. Diese wird an einen Dampfgenerator weitergeleitet, der die Abwärme in elektrische Energie und Dampf umsetzt. Der hier gewonnene Wasserdampf wird im nächsten Schritt in einer Dampfturbine und an eine Absorptionskältemaschine (Abwärmetemperatur 160°C) weitergeleitet. Die Dampfturbine stellt elektrische Energie bereit und die Absorptionskältemaschine produziert kaltes Wasser für einen Kältekreislauf. Die Kälte kann für raumlufttechnische Anlagen oder für Systeme der stillen Kühlung eingesetzt werden. Am Ende der Kette steht ein Warmwasserbereiter, der die restliche Abwärme aus der Kältemaschine für die Erwärmung des Heizwassers nutzt. Die restliche Abwärme mit einem Temperaturniveau von 80°C kann in einer Absorptionswärmepumpe genutzt werden.

Die Darstellung zeigt, dass eine lange Umwandlungskette von hohem Temperaturniveau bis zum Niedertemperaturniveau notwendig ist. Es stellt sich daher grundsätzlich die Frage, ob als Einzellösung eine solche aufwendige Anlagentechnik sinnvoll ist. In vielen Fällen sind „Low-Tec-Lösungen" effizienter mit dem Ziel, mit möglichst geringem Anlagenaufwand in einem gewissen Temperatur- und Behaglichkeitsband ganzjährig ein Gebäude mit minimalem Primärenergieaufwand zu heizen, ggf. zu kühlen und zu lüften. Ohne entsprechend aufwendige Umwandlungsketten arbeiten Brennstoffzellen des Typs PEMFC. Die Abwärmetemperatur liegt zwischen 50 bis 80°C und kann daher direkt für ein Niedertemperaturheizsystem oder in Verbindung mit einer Absorptionskältemaschine im Sommerbetrieb für die Energieversorgung eingesetzt werden. Eine der ersten dieser Anlagen soll in der neuen Landesvertretung NRW in Berlin eingesetzt werden /92/. Derzeit sind unterschiedliche Demonstrationsanlagen oder Entwicklungsvorhaben im Betrieb. Feldver-

suchsanlagen existieren mit MCFC-Brennstoffzellen, PAFC-Brennstoffzellen sowie PEMFC- und SOFC-Brennstoffzellen.
Für den Einsatz von Brennstoffzellen spricht grundsätzlich der erheblich verringerte Schadstoffaustoß im Vergleich mit einer üblichen Verbrennungs-Wärmeerzeugungsanlage oder der Verwendung von Strom aus fossilgefeuerten Kraftwerken. Für Wärme und Strom betrachtet wird der Schadstoffanteil bis zu 50 % reduziert (Vergleich Wärmeerzeugungsanlage für ein Gebäude mit fossilen Brennstoffen, Stromerzeugung über ein fossilgefeuertes Kraftwerk im Vergleich mit einer Brennstoffzelle).
In größeren Stückzahlen für Gebäudeenergieversorgung ist bisher die PAFC-Zelle (Phosphorsäure Brennstoffzelle) produziert worden, die zu den Mitteltemperatur-Brennstoffzellen zählt und eine Betriebstemperatur von 200°C hat. Meist wird eine PAFC-Zelle mit Wasserstoff aus reformiertem Erdgas und Luftsauerstoff betrieben. Dieser Zellentyp hat einen hohen Entwicklungsstand erzielt, obwohl die Wirkungsgrade geringer sind als z. B. bei der SOFC- oder PEMFC-Zelle (PAFC ca. 40 %). Derzeit sind weltweit ca. 230 Anlagen installiert /90/.

4.7 Solare Kühlung

Der gegenüber dem Bedarf *inkohärente* Verlauf von Solarenergie- und Heizwärmebedarf führt zu den oben beschriebenen Konzeptionen mit Kurzeit- oder Langzeitspeichern oder Speicherung durch Umwandlung des Verfahrens z. B. chemischen Speichern. Für die Raumkonditionierung bei äußeren Kühllasten für Gebäude liegt es nahe, die sommerliche Gebäudeklimatisierung mit Anlagenkonzeptionen aus solarer Energie zu betreiben. Dafür stehen unterschiedliche Konzepte zur Verfügung, die sich dadurch unterscheiden, dass entweder eine Kälteerzeugung aus photovoltaischer Stromerzeugung erfolgt (elektrische Systeme) oder thermisch angetriebene Verfahren zur Wärmetransformation oder thermomechanische Prozesse genutzt werden.
Eine Gesamtübersicht möglicher solarer Kühlsysteme ist in Bild 4.48 dargestellt.
Besonders bei Gebäuden mit einem notwendigen Luftaustausch über raumlufttechnische Anlagen und entsprechend hohen zusätzlichen Lasten, die über die Außenluft transportiert werden, sind die thermischen Umwandlungsverfahren sinnvoll.
Die verschiedenen Verfahren für thermische Solarkollektoren sind besonders effizient, wenn die Temperaturen für die Kälteerzeugung möglichst niedrig liegen. Damit können Kollektoren effizient betrieben werden. Eine grobe Einteilung dieser Verfahren nach Art der Prozessführung ist in /58/ solar aufgeführt. Unterschieden wird hier nach dem Verfahren (offen oder geschlossen) und nach Art der verwendeten Sorbtionsmittel (fest oder flüssig).
Zur Beurteilung dieser Verfahren wird das Wärmeverhältnis mit COP (Coefficient of performance) verwendet. Ein typischer Wert ist ein COP-Wert von 0,7 für einstufig thermisch angetriebene Kälteerzeugung, der auch in etwa bei Absorbtionskältemaschi-

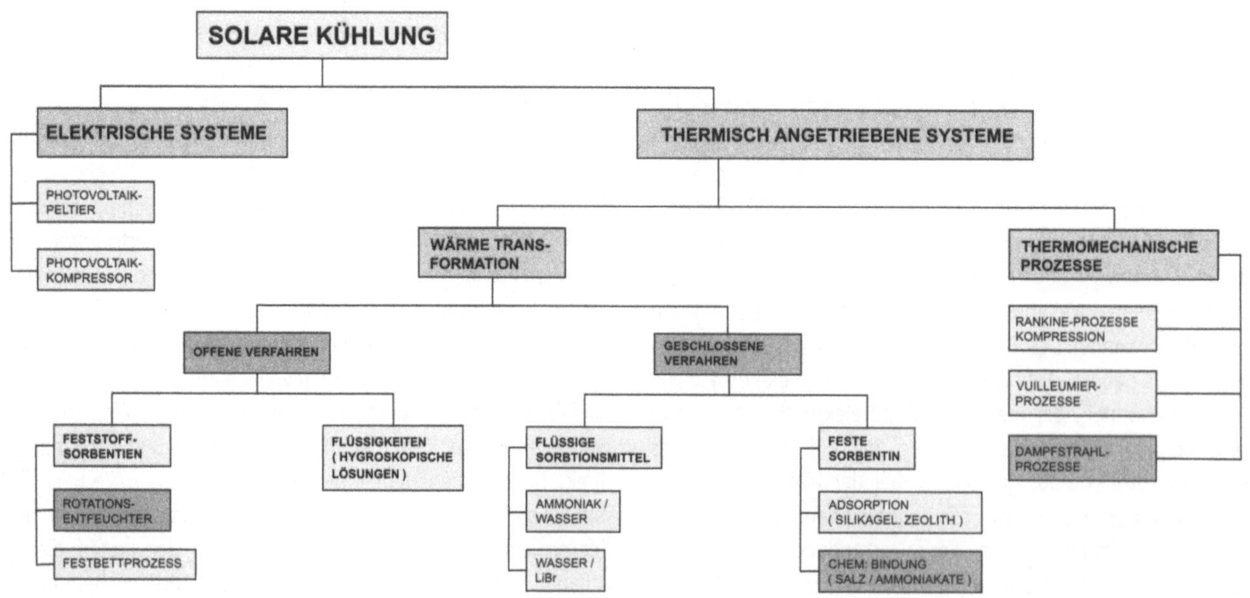

Bild 4.48: *Übersicht über die verschiedenen Verfahren zur solaren Kühlung (dunkelgrau: marktverfügbar; hellgrau: in Entwicklung)*

nen und für SGK-Verfahren mit Sorptionsentfeuchtern typisch ist /56/. Bei zweistufigen Verfahren kann ein Wert von COP ca. 1,1 angesetzt werden.

Der solare Deckungsanteil für die Kühlung bestimmt die Effizienz eines solchen Systems und sollte zwischen 50 und 55 % liegen, um keinen höheren Gesamtprimärenergieaufwand gegenüber Kompressionskältemaschinen mit einer üblichen Leistungsziffer zwischen 3,5 bis 4,5, aufzuweisen.

Als Beispiel ist ein offenes Verfahren mit festen Sorbtionsmitteln nach /57/ dargestellt. In eine solarunterstütze Kälteanlage (System Desiccant Cooling System, DCS) mit rotierendem Trocknungsrad wird Außenluft über eine raumlufttechnische Anlage angesaugt und in einem Entfeuchtungsrad (Sorbtionsrad) getrocknet. In einem weiteren rotierenden Wärmetauscher wird im Gegenstrom zur Abluft mit dem Kältepotential der Abluft gekühlt. Ein weiterer Nacherhitzer kann ggf. im Heizbetrieb verwendet werden. Im nachgeschalteten Verdunstungskühler wird die Zuluft weiter abgekühlt. Die aus dem Raum abgesaugte Abluft wird durch einen Befeuchter bis an den Sättigungspunkt befeuchtet. Im Wärmerad wird Wärme aus der Zuluft aufgenommen und im Lufterhitzer die eigentliche Antriebswärme aus Solarspeicher bzw. Zusatzheizkessel aufgenommen. Im Entfeuchtungsrad wird Wasser aufgenommen und schließlich mit der Fortluft als Wasserdampf an die Umgebung abgeführt.

Der zusätzliche Heizkessel kann je nach Situation entfallen. Für den Kühlbetrieb würde dies bedeuten, dass nur die über Solarenergie zur Verfügung gestellte Energie über den beschriebenen Prozess die Zuluft auf ein bestimmtes Niveau herunterkühlen kann. Für eine redundante Betriebsweise kann ein zusätzliches Kühlregister mit Anschluss an eine Kompressionskältemaschine vorgesehen werden (siehe Bild 4.51). In diesem Beispiel aus /57/ wird ein Luftsolarkollektor zur solaren Kühlung genutzt.

Eine solche kombinierte Anlage kann so betrieben werden, dass nur zu den Zeiten die thermisch angetriebene Kältetechnik verwendet wird, wenn ausreichend Solarwärme zur Verfügung steht. Die primärenergetisch ungünstige Verwendung der Kompressionskältemaschine würde nur bei nicht ausreichender Solarenergie eingesetzt. Solche Anlagensysteme sind insbesondere in Ländern mit hoher Solareinstrahlung sinnvoll. Nachteilig ist die deutlich höhere Investition gegenüber einem herkömmlichen System.

Anstelle des oben beschriebenen offenen Kreislaufs mit in das Klimagerät, wie dargestellt, eingebauten Sorbtionsrädern mit entweder flüssigen Sorbentien (Absorbtion) oder festen Sorbentien können auch geschlossene Kreisläufe zur Erzeugung von Klimakaltwasser sowohl mit dem Absorbtions- als auch mit dem Adsorptions-Prinzip erstellt werden.

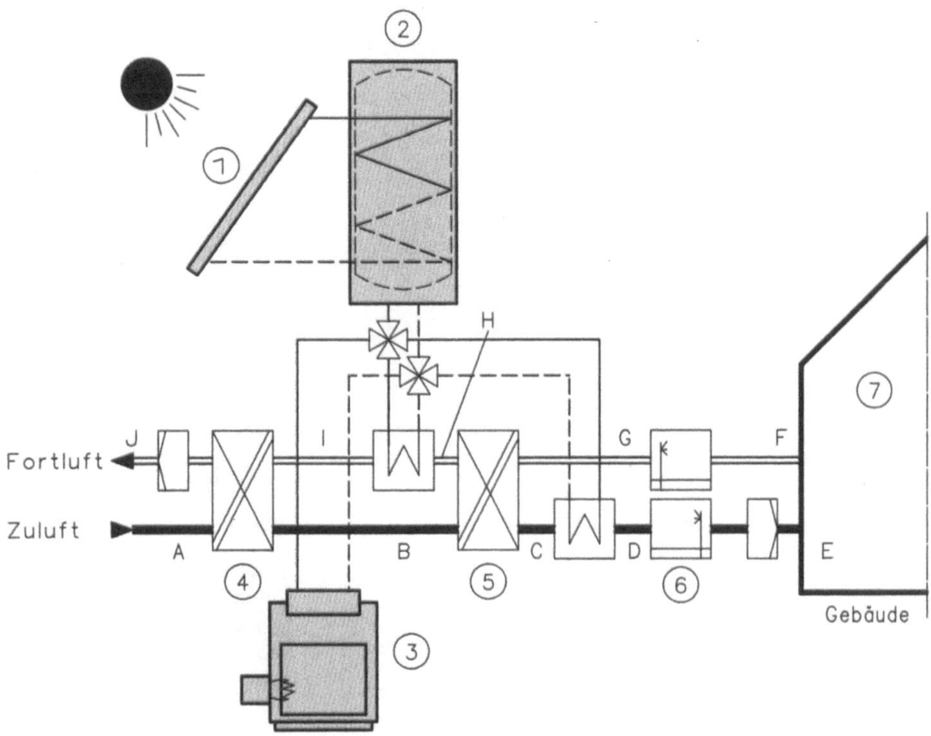

Bild 4.49: *Solar unterstützte Kühlung mit Desiccant Cooling Systems (DCS) mit rotierendem Trocknungsrad /57/; 1: Solarkollektor; 2: Speicher; 3: Heizkessel; 4: Rotationswärmetauscher; 5: Wärmerückgewinnung; 6: Befeuchter; 7: solare interne Lasten*

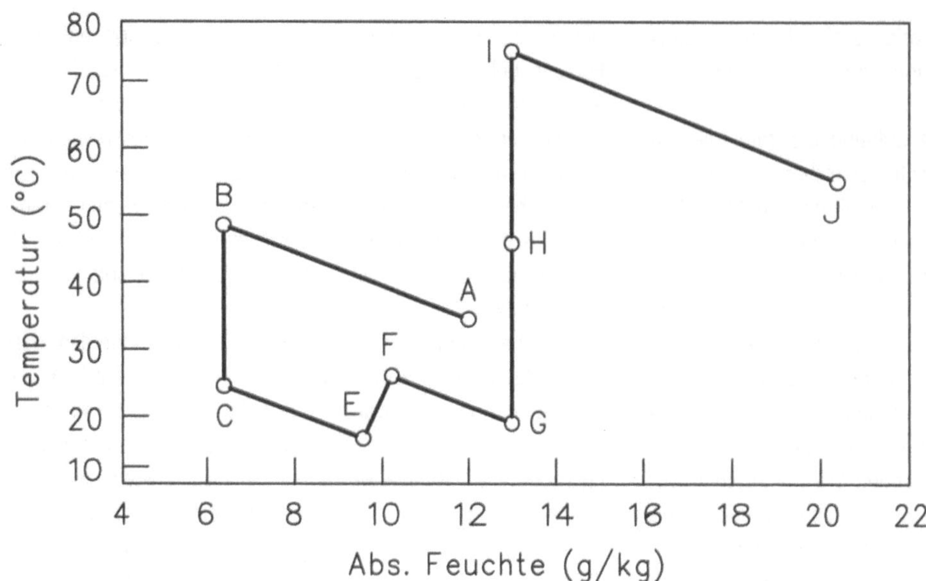

Bild 4.50: *Luftzustände im DCS-Prozess im T-x-Diagramm (feuchte Luft) (Zustandspunkte gem. Bild. 4.49) /60/*

Solare Kühlung mit Photovoltaik-Kompressorsystem

Über Photovoltaikelemente (Solargeneratorfeld) wird durch solare Einstrahlung und Umwandlung elektrische Energie bereitgestellt. Die Energie wird zum Direktantrieb bzw. über eine Batteriestation einem Antriebsmotor zugeführt. Der Motor betreibt den Verdichter einer Kompressionskältemaschine und kann anschließend im üblichen Verfahren Kaltwasser zur Verwendung einer Raumtemperierung oder zum Einsatz in einem raumlufttechnischen Gerät verwendet werden. Eine ausführliche Untersuchung /58/, bei der photovoltaische Kühlsysteme mit solarthermischen verglichen werden, zeigt die grundsätzliche Überlegenheit des photovoltaischen Kühlsystems. Grund ist der einfache Aufbau des PV-Kühlsystems und die einfache Handhabung. Solarthermische Anlagen für Kühlung werden erst durch zahlreiche Komponenten mit entsprechendem Aufwand und erhöhter Wartungsnotwendigkeit erstellt. Die unterschiedlichen Prinzipien sind in Bild 4.52 /59/ dargestellt.

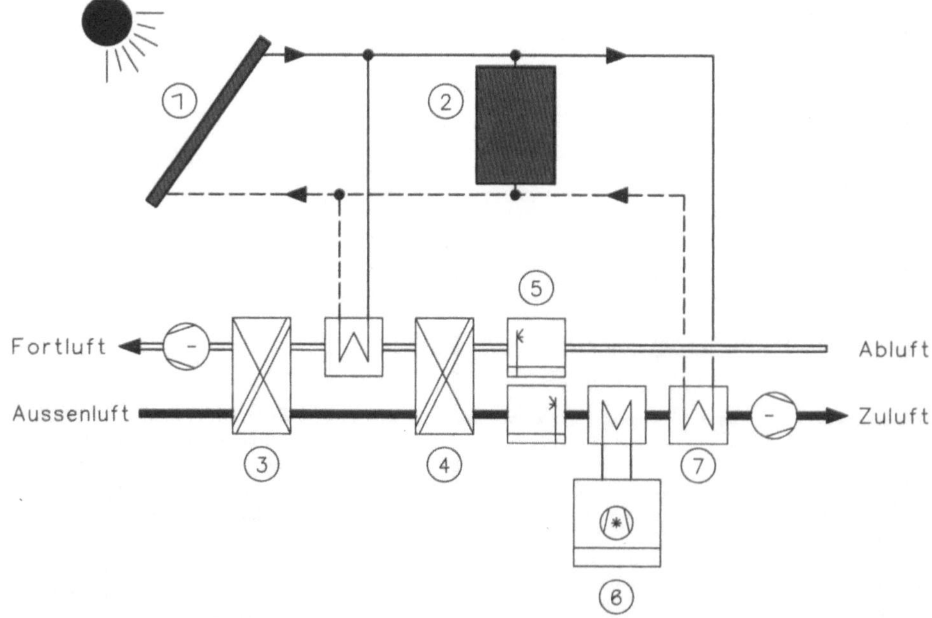

Bild 4.51: *Solar betriebene sorbtionsgestützte Klimatisierung (SGK) /61/ 1: Luftkollektor; 2: Pufferspeicher; 3: Entfeuchtungsrotor; 4: regenerative Wärmerückgewinnung; 5: Befeuchter; 6: Kompressionskältemaschine; 7: Wärmetauscher*

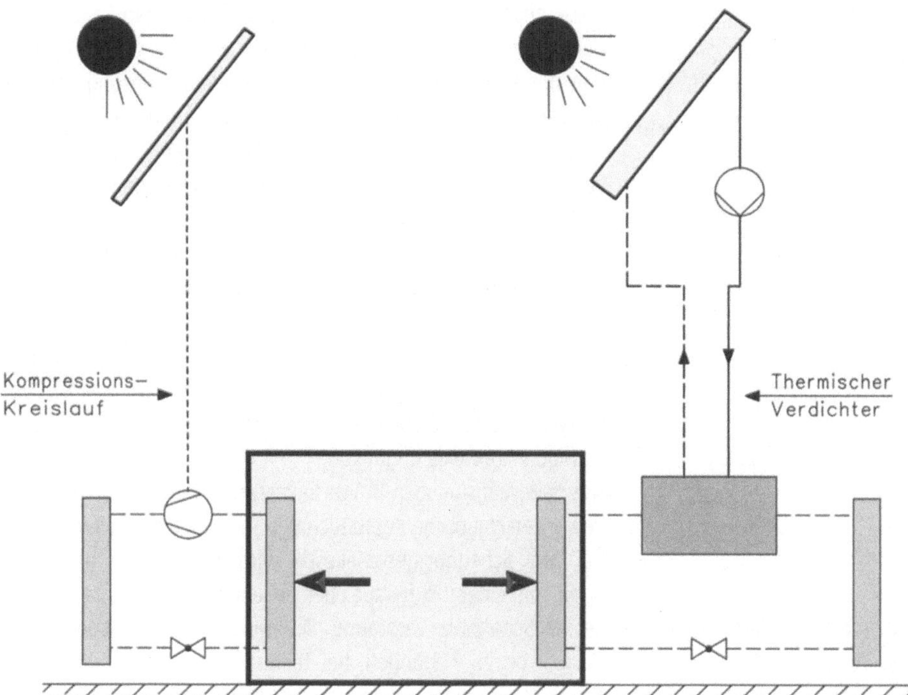

***Bild 4.52:** Solare Kühlung; prinzipieller Unterschied zwischen Antrieb mit Photovoltaik (links) und thermischem Antrieb (rechts)*

Die Investitionskosten liegen zur Zeit bei etwa 400,- € je kW Kälte bei Photovoltaik-Systemen und 800,- € je kW Kälte bei solarthermischen Kältesystemen.

4.8 Biomasse

Unter energetischer Nutzung von Biomasse als Brennstoff versteht man feste, flüssige und gasförmige Brennstoffe, die mit verschiedenen Umwandlungstechniken verarbeitet und nutzbar gemacht werden. Die dafür verwendeten Stoffe sind organischer Herkunft, entweder natürliche Stoffe oder Abfallstoffe von lebenden und toten Organismen /60/. Für Konzeptionen mit ökologischer Gebäudetechnik ist zukünftig vor allem die Nutzung von Holz und von Biodiesel bedeutsam. Biodiesel kann zur Substitution von Heizöl für BHKWs und Heizölkessel verwendet werden. Holz benötigt besondere Wärmeerzeuger, auf die nachfolgend eingegangen wird.

Biomasse aus nachwachsenden Rohstoffen wird zu den erneuerbaren Energieträgern gerechnet, weil diese während ihres Wachstums nicht weniger Kohlendioxid aus der Atmosphäre entziehen als bei der Energieumwandlung wieder freigesetzt wird. Diese Form der Energiegewinnung wird deshalb „CO_2-neutral" bezeichnet. Die Nutzung von Biomasse erfolgt durch thermochemische oder biologische Verfahren. Unter thermochemischen Verfahren versteht man Verbrennung, Vergasung und Verflüssigung von Biomasse. Die Verbrennung von Biomasse setzt aufgrund der schwierigen Regelungen der Verbrennungsvorgänge Grenzen insbesondere durch die Emmissionsschutzgesetze des Bundes bzw. der TA Luft. Eine bessere Methode stellt die Vergasung von Biomasse dar. Unter Verflüssigung versteht man die Verflüssigung ölhaltiger nachwachsender Rohstoffe wie z. B. Raps, Ölleinen, Sonnenblumen und Senf. Diese Stoffe sind biologisch voll abbaubar. Rapsöl kann in seiner Reinform oder auch nach seiner Umwandlung in Rapsöl Methyl-Ester (RME) sowohl in BHKW-Anlagen als auch in Kraftfahrzeugen eingesetzt werden /61/. Über biologische Verfahren gewonnenes Biogas aus Dünger und Gülle dient zur Strom- und Wärmeerzeugung in Blockheizkraftwerken.

Die Potentiale für die Nutzung von Biomasse für Energieversorgungsanlagen sind bei weitem nicht ausgeschöpft. Einsatzmöglichkeiten sind nach dem jeweiligen Standort des geplanten Gebäudes zu untersuchen. Von den verschiedenen Methoden der Nutzung von Biomasse wird hier unter anderem auf die Einsatzmöglichkeiten von Holz und Biodiesel eingegangen.

4.8.1 Holz für die Wärmeerzeugung

Feste Brennstoffe wie Holz setzen sich aus nichtbrennbaren Substanzen (Wasser und Asche) und brennbaren Substanzen (flüch-

Tabelle 4.5: *Heizwerte verschiedener Holzsorten*

Baum	kWh/m³	kWh/kg
Ahorn	1.900	4,1
Birke	1.900	4,3
Buche	2.100	4,0
Eiche	2.100	4,2
Erle	1.500	4,1
Esche	2.100	4,2
Fichte	1.700	4,4
Lerche	1.700	4,4
Pappel	1.200	4,1
Robine	2.100	4,1
Tanne	1.400	4,5
Weide	1.400	4,1

tige Bestandteile und Holzkohle) zusammen. Der Wassergehalt von erntefrischem Waldholz hat einen Wassergehalt von 40 – 50 % /61/. Lufttrockenes Holz enthält 15 – 20 % Wasser. Von dem Wassergehalt ist der Heizwert abhängig, der bei trockenem Holz, je nach Holzart, vorhandene untere Heizwert liegt zwischen 16 und 23 MJ/kg, bei 50 % Feuchte reduziert sich der Heizwert auf 50 % dieser Werte.

Eine Übersicht über Heizwerte verschiedener Baumarten zeigt Tabelle 4.5 /62/.

Der Rauminhalt von Holz wird gestapelt häufig in Raummeter beschrieben. Für einen Raummeter Buche, geschichtet, können ca. 560 kg/rm angesetzt werden, bei 2.325 kWh/rm. Fichte mit 1 rm hat 340 kg/rm und 1.490 kWh/rm. Neben der Art des Holzes, der Feuchte, Dichte und dem Heizwert sind Form und Stückigkeit bzw. Größe zu unterscheiden. Für Kleinfeuerungsanlagen für Gebäude kommt naturbelassener Wald (Nadel- oder Laubhölzer), naturbelassene Resthölzer aus der Holzverarbeitung, naturbelassene und behandelte Resthölzer aus Schreinereien und Zimmereien usw. und Althölzer in Frage. Wegen möglicher Verunreinigung sind aber Althölzer zu vermeiden.

Holz als Brennstoff wird in Form von Stückholz, Hackgut (auch Hackschnitzel bezeichnet) oder als Pellets eingesetzt. Ferner werden teilweise aus Resten hergestellte Briketts angeboten.

In Deutschland sind Feuerungsanlagen für feste Brennstoffe bis zu 1 MW thermische Leistung nicht genehmigungsbedürftig. Bis zu 15 kW Nennwärmeleistung kann naturbelassenes stückiges Holz in Form Scheitholz oder Hackschnitzeln eingesetzt werden. Bei Anlagen über 15 kW Nennwärmeleistung können auch Sägemehlspäne, Stroh oder ähnliche pflanzliche Stoffe verbrannt werden.

Wesentlich für den Einsatz in Gebäudeheizanlagen ist die Frage der Bedienung mit Feuerungsanlagen. Zentrale Feuerungsanlagen mit angeschlossener Warmwasserpumpenheizung sind gegenüber örtlichen Heizanlagen wie z. B. Kamineinsätze zu bevorzugen. Bei Einzelfeuerstellen ist die Verbrennung schwieriger zu kontrollieren, mit der Folge erhöhter Immissionen.

In handbeschickten Feuerungsanlagen müssen Brennstoffe in lufttrockenem Zustand eingesetzt werden. Handbeschickte Feuerungsanlagen weisen grundsätzlich schlechtere Immissionswerte auf als automatisch beschickte Kessel. Handbeschickte Anlagen werden meist als sogenannte Schachtfeuerung betrieben, sind aber wegen der diskontinuierlichen Beschickung schwierig zu handhaben und verhalten sich wegen des ungleichmäßigen Abbrands ungünstig.

Aus Feuerungsanlagen in Warmwasserpumpenheizanlagen können unterschiedliche Kesseltechnologien eingesetzt werden.

Bei dem Scheitholzgebläsekessel wird in der Regel in Verbindung mit einem Pufferspeicher zu einem gebläseunterstützten Kessel Scheitholz verbrannt. Die Durchheizzeiten können bei Volllast bis zu 7 Stunden, bei Teillast bis zu 20 Stunden betragen /63/. Bei einem Saugzugkessel werden die auf einem Glutbett bei der Verbrennung entstehenden Schwelgase im Brennraum vollständig verbrannt. Eine vielversprechende Entwicklung sind die Hackgut- bzw. Pelletsfeuerungen. Hier werden aus einem Lagerraum Hackgut oder Pellets mittels Förderschnecken oder einem Ansaugsystem in einen Zwischenbehälter gefördert und dann in die Brennkammer eingeführt. Durch kontinuierliche Brennstoffzulieferung ist ein gleichbrennend guter Wirkungsgrad gewährleistet und eine gute Leistungsanpassung möglich.

Hackgutheizungen sind vor allem dann entsprechend einzusetzen, wenn Hackgut in entsprechender Qualität termingerecht zu erhalten ist. Pelletsheizungen können auch bei kleiner Leistung eingesetzt werden. Pellets können in einem Pumpwagen angeliefert werden und in einen Vorratsraum gepumpt werden. Die benötigte Lagerfläche ist vergleichbar der bei einem Einsatz von Heizöl. Vorteil ist vor allem der sehr homogene Brennstoff und die gute Regelbarkeit der Heizkessel.

Pufferspeicher sollten grundsätzlich bei Holzkesseln zur Verlängerung der Abbrandzeit im Kessel eingesetzt werden. Bei Scheitholzkesseln ist der Pufferspeicher unbedingt notwendig, bei Hackgut- und Pelletsheizungen sinnvoll. In Verbindung mit dem Einsatz von Solarkollektoren sind Pufferspeicher ohnehin unumgänglich.

Faustformel für Pufferspeicher ist ca. 40 Liter pro kW Nennleistung /66/.

Als Lagerstätte ist bei Hackgut der Monats- oder Jahresbehälter mit einem Kipper zu beschicken. Entweder werden Erdbunker

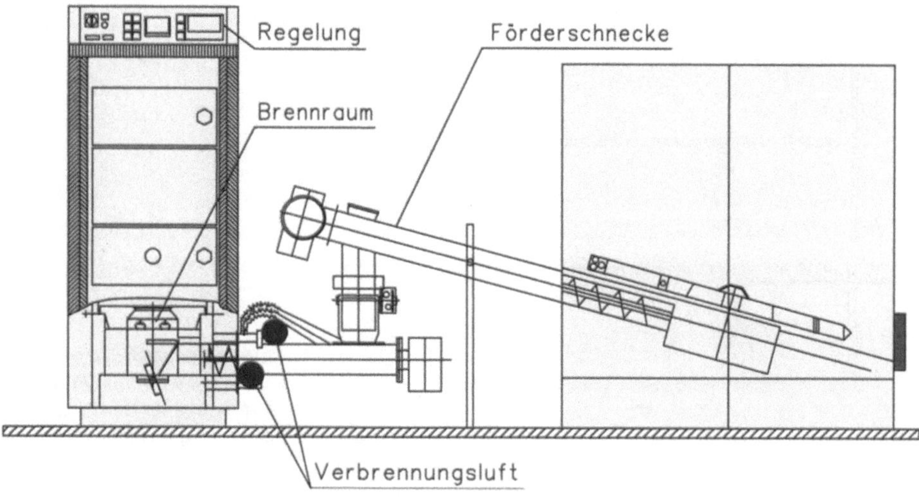

Bild 4.53: *Hackschnitzelheizkessel mit automatischer Beschickung über eine Förderschnecke*

mit Rührwerksaustragung, Brennstofflager im Keller, konische Einschüttgosse mit leistungsfähiger Deckenschnecke oder Bunker mit Außenbefüllung vorgesehen (Bild 4.53).

Bei Pellets kann wegen der einfachen Förderbarkeit jeder trockene Kellerraum verwendet werden. Mit Absaugung oder durch Schnecken kann der Transport erfolgen. Ebenso sind außenliegende Tanks für Pellets möglich. Gegenüber Heizöl besteht außerdem der Vorteil, dass die Tanks geringeren Sicherheitsstandards unterliegen (kein Dopplemanteltank, keine Unterdrucküberwachung) (siehe Bild 4.55).

Pellets werden aus Abfällen der holzverarbeitenden Industrie (Hobelspäne, Sägespäne, Schleifstaub) unter hohem Druck und ohne Zugabe von Bindemitteln gepresst. Die Abmessungen betragen üblicherweise 6 – 8 mm Durchmesser und 5 – 30 mm Länge. Der Wassergehalt beträgt max. 8 %. Pellets können wegen der Pumpfähigkeit in Tankwagen wie Heizöl transportiert werden. Durch den Pressvorgang haben Pellets einen sehr hohen Energieinhalt (4,3 – 5,0 kWh/kg) und eine hohe Dichte von 1,2 t/m^2. Hackgut ist dagegen etwa um 1/3 geringer bei diesen Werten. Der Energieinhalt von Pellets entspricht etwa 1/3 von Heizöl. Auf die Wärmemenge bezogen liegen die Kosten für Pellets ungefähr in der Größenordnung von Heizöl. Scheitholz ist derzeit dagegen ungefähr mit 50 % der Kosten von Heizöl zu kalkulieren.

Eine besondere Technik ist die Holzvergasung aus z. B. Hackgut zur Verwertung in einem Blockheizkraftwerk (BHKW). Das BHKW benötigt zusätzlich Heizöl als Zündstrahlmotor.

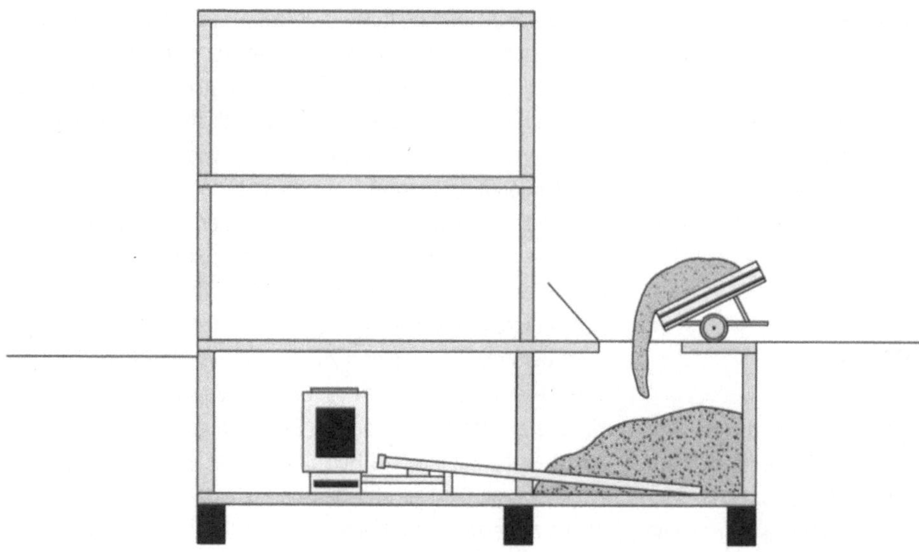

Bild 4.54: *Holz-Hackgutheizung mit automatischer Beschickung*

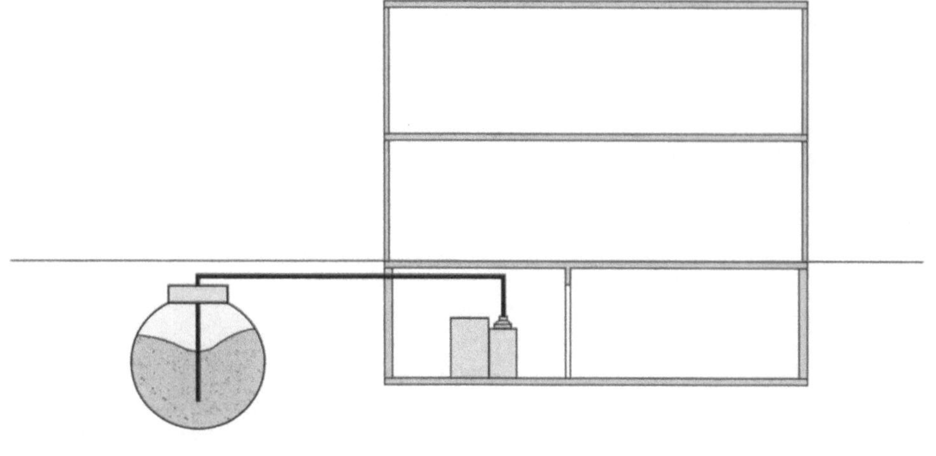

Bild 4.55: *Pellets-Holzheizkessel mit Bevorratung in einem Erd-Stahltank. Der Tank kann einwandig ausgebildet werden*

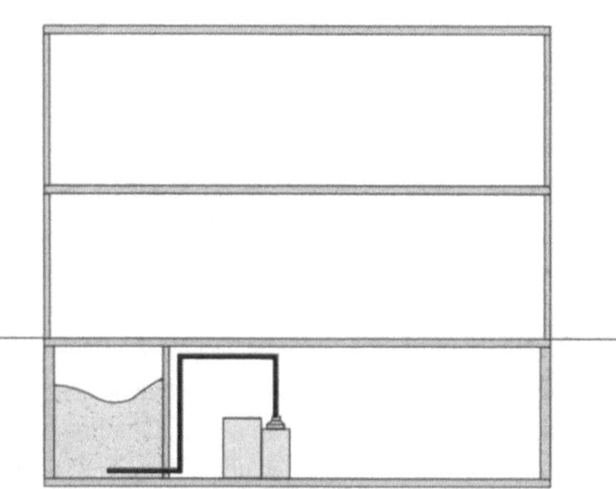

Bild 4.56: *Pellets-Holzheizkessel mit Bevorratung in einem Kellerraum. Das benötigte Volumen entspricht dem von Heizöl, wenn die Gesamtraumgrößen verglichen werden*

Aufgrund des o.g. empfohlenen bzw. notwendigen Pufferspeichers bei Holzverbrennungsanlagen bietet sich eine Kombination mit thermischen Solarkollektoren idealer Weise an. Die hydraulischen Schaltungen können in unterschiedlichen Formen ausgeführt werden. Ein Beispiel ist nachfolgend angegeben (Bild 4.58). In diesem Beispiel wird das durch Solarenergie erwärmte Wasser um die Temperaturdifferenz im Holzkessel erhöht, die nach der Heizkennlinie für das Heizmittel vorgesehen ist. In dem Schichtenspeicher wird der obere Teil mit ca. 60°C durch eine Vorrangschaltung erhöht.

4.8.2 Biodiesel für die Strom- und Wärmeerzeugung

Biodiesel wird aus Rapsöl-Methyl-Ester (RME) gewonnen. Biodiesel lässt sich als Kraftstoff in Dieselmotoren z. B. für den Antrieb eines Blockheizkraftwerkes oder auch zur direkten Verbrennung in Heizkesseln einsetzen. Biodiesel ist in jedem beliebigen Verhältnis mit Dieselkraftstoff mischbar. Verbrennungsmotoren werden mit anderen Dichtungsmaterialien als für fossile Brennstoffe hergestellt. Wichtig ist die veränderte Viskosität gegenüber herkömmlichen Dieselbrennstoffen. Bei Gebäudeheizanlagen ist bei der Aufstellung von Biodiesel in der Gebäudehülle in der Regel keine zusätzliche Vorwärmung zur Veränderung der Viskosität notwendig, wie dies bei Kraftfahrzeugen Voraussetzung ist.

Die Biodieselkapazitäten für den deutschen Markt betrugen Ende 2001 ca. 643 x 10^2 t/a. Damit kann nur ein geringer Anteil des gesamten Dieselverbrauchs in Deutschland substituiert werden. Aufgrund der Steuerbefreiung von der Mineralölsteuer beträgt der Preis für Biodiesel zur Zeit ca. 50 – 65 € je 100 l, der von Dieselkraftstoff derzeit ca. 68 – 70 € je 100 l. Da Heizöl für Hausheizanlagen einer anderen Besteuerung unterliegt und teurer ist als herkömmliches Heizöl, ist bisher nur eine geringe Verwendung von Biodiesel für Hausheizanlagen und Blockheizkraftwerke zu verzeichnen. Derzeit liegt der Preisindex für Rapsöl im

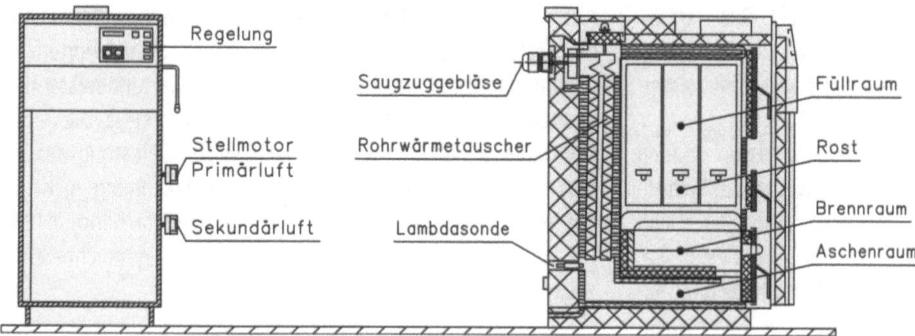

Bild 4.57: *Holzvergasertechnik*

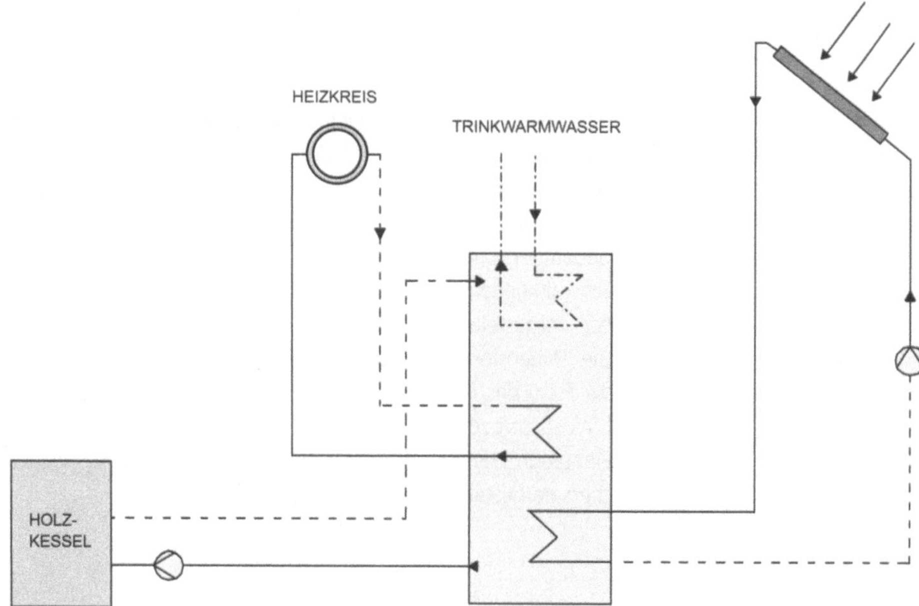

Bild 4.58: *Hydraulisches Schema einer Wärmeerzeugungsanlage mit Holzkessel, thermischer Solaranlage und gemeinsamen Pufferspeicher. Der Heizkessel wärmt das Heizwasser nach, wenn die Leistung der Solaranlage nicht ausreicht.*

Durchschnitt bei ca. 65 € je 100 l /64/ (Stand Feb. 2003). Je nach Kommune und Bundesland wird bei der Errichtung von Blockheizkraftwerken angetrieben durch nachwachsende Rohstoffe ein Zuschuss gewährt.

4.9 Regenwassernutzungsanlagen

Der Trinkwasserbedarf wird überwiegend aus Grundwasservorkommen gedeckt. Über 95 % aller Gebäude in der Bundesrepublik Deutschland sind an das öffentliche Trinkwassernetz angeschlossen. Kritisch wird das seit einigen Jahren beobachtete Absinken des Grundwasserspiegels betrachtet. Die Ursache sind unterschiedliche Eingriffe in die Natur wie z. B. Uferbegradigungen oder Versiegelungen von Oberflächen. Bevorzugt wird deshalb bei der Regenwasserableitung von Grundstücken eine geeignete Versickerung von Oberflächenwasser vor Ort. Diese Schutzmaßnahme lässt sich aber nicht immer durchführen. Daher ist die Regenwassernutzung von Dachflächen für Nichttrinkwasserzwecke eine mittlerweile anerkannte Methode, um die Grundwasserversorgung zu schonen und den Trinkwasserverbrauch zu reduzieren. Durch die Regenwassernutzung ist neben der Reduktion des Trinkwasserverbrauchs auch eine Entlastung der Klärwerke gegeben.

Für eine Regenwassernutzungsanlage wird ein Teil oder die gesamte Dachfläche eines Gebäudes über ein Leitungssystem mit einem Sammelbehälter (Pufferspeicher) verbunden. Vor dem Eintritt in den Sammelbehälter muss das Regenwasser ein oder mehrere Filter durchlaufen. Über Tauchmotorpumpen oder selbstansaugende Pumpen kann das Regenwasser aus dem Sammelbehälter über ein im Gebäude verlegtes Nichttrinkwasserleitungsnetz zu den Verbrauchern verteilt werden.

Der prinzipielle Aufbau ist in Bild 4.59 dargestellt. Das Herz einer Regenwassernutzungsanlage ist der Speicher. Zur Ermittlung der Speichergröße ist eine genaue Analyse der Nichttrinkwasserverbrauchsstruktur notwendig.

Nicht an Regenwassernutzungsanlagen angeschlossen werden dürfen Flächen von Straßen und Parkflächen wegen des Reifenabriebs und der möglichen Benzin- und Ölrückstände. Auch sind Dachflächen von Industriegebäuden oder von Gebäuden in Gegenden mit hohen Schadstoffanteilen in der Luft ungeeignet. Eine maßgebliche Rolle spielt außerdem die Art der Dacheindekkung. Bituminöse Teerpappen sind vollkommen ungeeignet. Bei den metallenen Dacheindeckungen ist vor allem das unbehandelte Kupfer nicht zu verwenden. Auch andere Oberflächen sind bzgl. des Einsatzes an eine Regenwassernutzungsanlage zu überprüfen. Die Mechanismen, die zur Aufnahme und anschließender Deposition von Ablagerungen der Dachflächen führen, sind komplex. Man unterscheidet zwischen „nasser" bzw. „trockener" und „feuchter" Deposition, je nach Mitführung der Schadstoffe im Niederschlag oder Einbringung über Staubniederschläge. Bei der Regenwassernutzung müssen folgende Stoffgruppen berücksichtigt werden:

- partikulere Bestandteile
- Säure des Wassers
- Schwermetalle
- toxikologisch relevante Stoffe.

Aus zahlreichen Untersuchungen geht inzwischen hervor, dass bei bestimmungsgemäßer Anwendung von gespeichertem Regenwasser (Toilettenspülung, Kfz-Wäsche, Gartenbewässerung) eine Gefährdung des Menschens ausgeschlossen ist. Die je nach Lage eines Gebäudes sehr unterschiedliche Belastung des Niederschlagswassers kann durch Simulationsrechnung nicht vorhergesagt werden. Empfohlen wird /70/ vereinfachend, als Maß für die Wasserqualität die abzuschätzende Algendichte einzusetzen.

Nach der EG-Richtlinie „Badegewässerqualität" liegt der Grenzwert für Badewasser bei 20 mg/m^3 bei 1 m Sichttiefe. Wird dieser Grenzwert auch bei den Standzeiten in Regenwasserspeichern nicht oder nur unwesentlich überschritten, genügt das Regenwasser den ästhetischen Anforderungen nach Transparenz und Geruchsfreiheit.

Der Wasserzulauf (die Regenwassermenge) von den Dachflächen eines Gebäudes ist von der Niederschlagsmenge bzw. von dem Regenwasserstrom und der Beschaffenheit und Neigung des Daches abhängig. Die benötigte Nichttrinkwassermenge in Gebäuden unterscheidet sich wesentlich von dem starken Schwankungen unterliegenden Regenwasserzulauf. Daher ist der dargestellte Sammelbehälter (Pufferspeicher) erforderlich. Die Dimensionierung eines Regenwasserspeichers wird durch die Form des Gebäudes (Dachflächen) und die Nutzung (Nichttrinkwasserbedarf) bestimmt. In Bild 4.60 sind die wesentlichen Einflussgrössen für die Dimensionierung eines Regenwasserspeichers dargestellt.

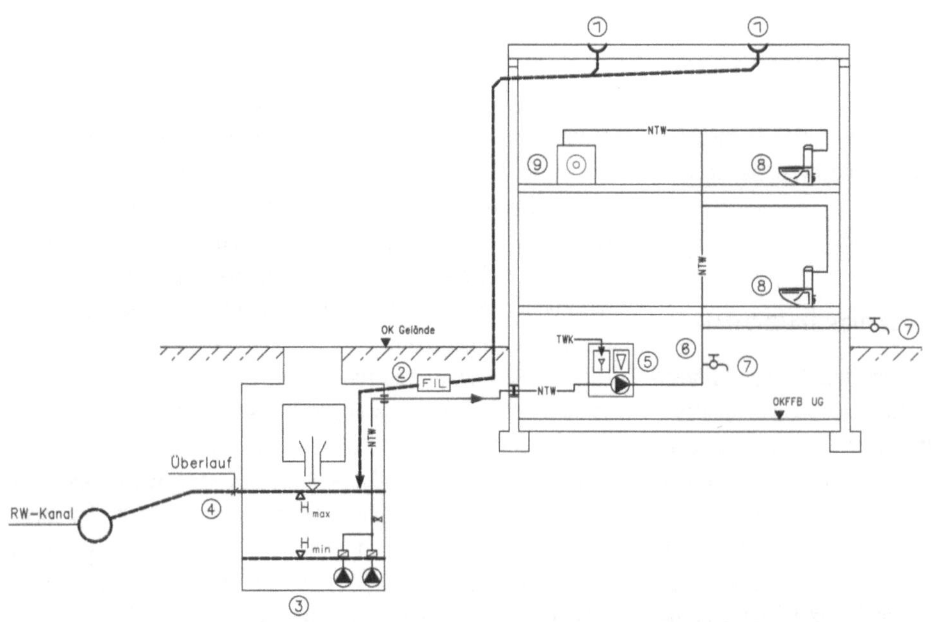

Bild 4.59: *Regenwassernutzungsanlage für ein Gebäude*
① Dachabläufe
② Filter
③ Regenwasserbehälter
④ Überlauf
⑤ Kompaktanlage zur Regenwasserversorgung inkl. Pumpe, Systemsteuerung und Trinkwassernachspeisung
⑥ Regenwasserverteilung
⑦ Zapfstellen
⑧ Toilette
⑨ Waschmaschine

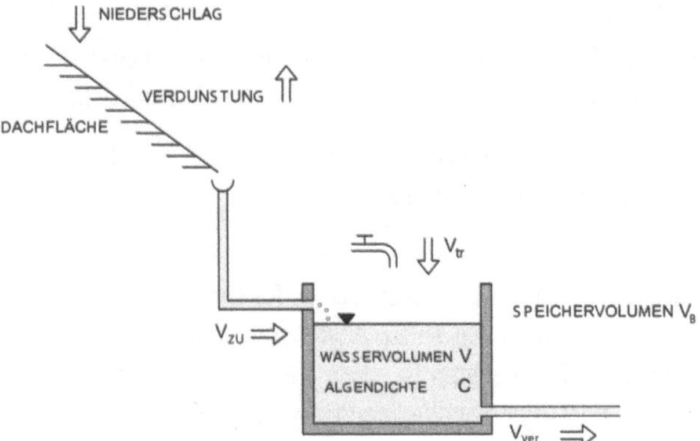

Bild 4.60: *Prinzip eines Regenwasser-Speichersystems*

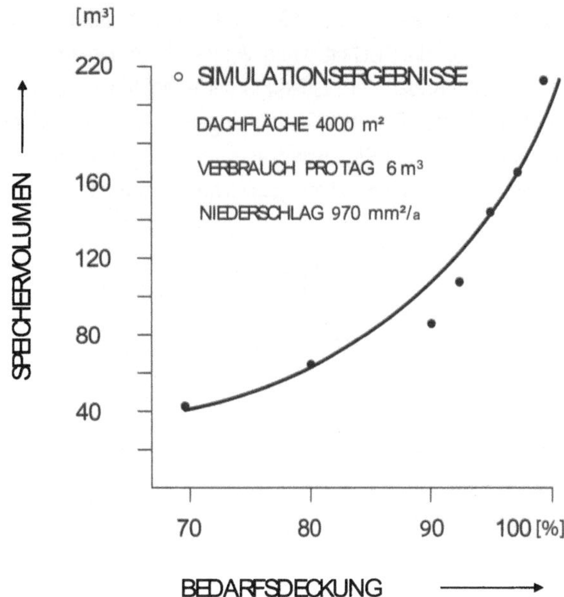

Bild 4.61: *Speichervolumen als Funktion des Bedarfsdeckungsgrades für ein Beispiel*

Der Niederschlag gelangt über die Dachflächen und die Regenwassersammel- und Anschlussleitungen zum Speicher. Ein Teil der Regenwassermenge verdunstet an den Dachflächen. Aus dem Speicher wird der Nichttrinkwasservolumenstrom abgenommen. Im Speicher wird bei einem Niedrigstand aus der öffentlichen Trinkwasserversorgung Wasser nachgespeist. Wesentliche Beurteilungsgröße bei der Dimensionierung von Speicheranlagen ist der s.g. Bedarfsdeckungsgrad:

$$bed = \frac{\dot{V}_{ver,a} - \dot{V}_{tr,a}}{V_{ver,a}} \qquad (4.40)$$

Darin ist $V_{ver,a}$ die jährliche gesamte Verbrauchsmenge und $V_{tr,a}$ die notwendige nachzuspeisende Trinkwassermenge im Jahr.

Unter der Voraussetzung, dass genügend Dachfläche zur Verfügung steht und die gewünschte Menge zur Verfügung gestellt werden kann, steigt das notwendige Speichervolumen mit dem Bedarfsdeckungsgrad (Bild 4.61 /65/).

Je größer, bei sonst gleichen Bedingungen, die anzuschließende Dachfläche ist, desto kleiner wird das Speichervolumen, da bei größerer Fläche mehr Wasser in den Speicher bei Regenfall nachströmen kann (siehe Bild 4.62 /65/).

Aus Simulationsmodellen mit Berechnung der täglichen Regenwassermenge und des Nichttrinkwasserbedarfs kann aus einer Optimierung die geeignete Speichergröße ermittelt werden /65/. Als Beispiel sind nachfolgend drei Simulationsergebnisse für ein Objekt mit unterschiedlicher Bedarfsdeckung mit Angabe des Tagesniederschlags, des Speichervolumens und der Algendichte angegeben. Um bei dem dargestellten Beispiel den Bedarfsdeckungsgrad von 60 auf 77,5 % zu steigern, ist mehr als das 4-fache Speichervolumen notwendig. Gleichzeitig besteht die Gefahr, dass die kritische, oben beschriebene, Algendichte überschritten wird. Daraus ist zu folgern, dass in vielen Fällen eine kleinere Bedarfsdeckung durch das wesentlich geringere Speichervolumen wirtschaftlicher ist. Außerdem sind häufig die täglichen Abnahmemengen für Nichttrinkwasser schwierig voraus zu berechnen.

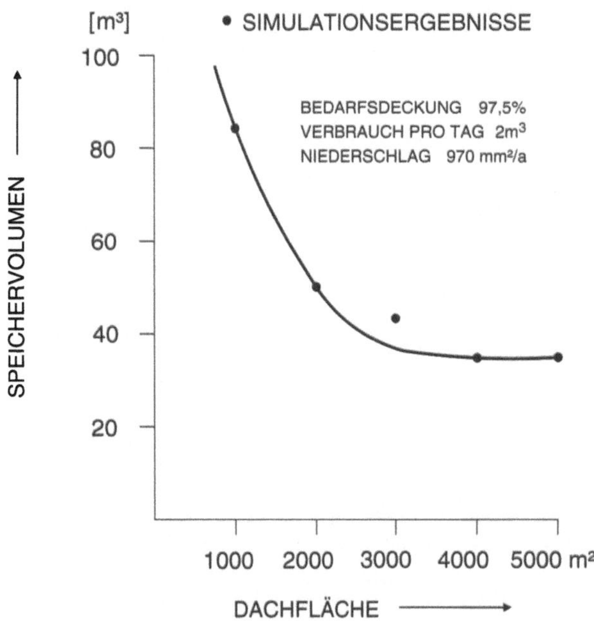

Bild 4.62: *Speichervolumen als Funktion der Dachfläche für ein Beispiel*

Mit der o. g. Simulationsmethode lassen sich im Rahmen der Genauigkeit von durchschnittlichen Verbrauchsvorhersagen Optimierungsrechnungen zur Festlegung der endgültigen Speichergröße durchführen. Für erste Berechnungen in der Konzeptionsphase wurde aus einer Regressionsanalyse mit Ergebnis des o. g. Simulationsmodells eine Näherungsgleichung ermittelt:

$$V_B = K \times V_{Ver} \times exp\left\{ C_1 + C_2 \frac{V_{Ver} \times 365,25}{N_{Ges} \times A} + C_3 \left(\frac{V_{Ver} \times 365,25}{N_{Ges} \times A} \right)^2 + C_4 \left(\frac{Bed}{100} \right)^2 \right\}$$

Mit den Koeffizienten C_1 bis C_4:

$C_1 = -0,16$
$C_2 = 0,36$
$C_3 = 0,61$
$C_4 = 3,065$ (4.41)

In Gleichung (4.41) sind weiterhin:

V_B Beckenvolumen in m^3
V_{ver} Wasserbedarf in l/d
N_{Ges} Jahresniederschlagsmenge in mm/a
A *Auffangfläche (projiziert) in m^2*
K Korrekturfaktor in d

Die Näherungsgleichung gilt für Kiesdächer und Ziegeldächer mit 45 bzw. 35 GRD Neigung. Unterschiedliche Jahres-Niederschlagssummen werden durch den Korrektur-Faktor K berücksichtigt:

Niederschlagssumme p.a. < 900 mm K = 1,1
Niederschlagssumme p.a. 900 ... 1200 mm K = 1,0
Niederschlagssumme p.a. > 1200 mm K = 0,7

Nachfolgend ist ein Städteverzeichnis für Deutschland mit mittleren Niederschlagswerten zur Anwendung in der o.g. Gleichung angegeben. Zu beachten ist, dass die Regressionsgleichung innerhalb zulässiger Randbedingungen wie z. B. $V_{ZU} > V_{VER}$ zumindestens für eine Systemauswahl in der Vorentwurfsplanung hinreichend genaue Speichervolumen angibt. Der max. mögliche durchschnittliche tägliche Niederschlag darf nicht kleiner als der angenommene tägliche Nichttrinkwasserverbrauch sein, was bei der Eingabe bei der Regressionsgleichung zu beachten ist.
Bei größeren Gebäuden sollten die beschriebenen Simulationsrechnungen durchgeführt werden. Bei kleineren Wohngebäuden bzw. Einfamilienhäusern kann auf die Berechnung normalerweise verzichtet werden, da eine Vorhersage des täglichen Nichttrinkwasserverbrauchs kaum möglich ist. In /66/ wird empfohlen, 1 m^2 Speicher je 25 m^2 Dachfläche je Bewohner / Nutzer zugrundezulegen. Bewährte Größen sind danach bei Kellerspeichern 3 – 4 m^2, bei Außenspeichern 6 m^2 Zisterne.

Tabelle 4.4: *Jährliche Niederschlagsmengen verschiedener Orte in Deutschland*

PLZ	Ort	Niederschlagsmenge
01662	Meissen-Korbitz	628
02827	Görlitz	657
03253	Doberlug-Kirchhain	560
04109	Leibzig	585
04931	Mühlberg/Elbe	537
06120	Halle-Reideburg	521
06484	Quendlingburg	438
06842	Dessau	549
06918	Naundorf b. Seyda	532
09117	Chemnitz	701
09456	Annaberg-Buchholz	834
12101	Berlin-Temp.	589
14776	Brandenburg-Görden	556
14943	Luckenwalde	526
16306	Seelow	517
16890	Eisenhüttenstadt	543
16303	Schwedt/Oder	471

PLZ	Ort	Niederschlagsmenge
17036	Neubrandenburg	536
17139	Malchin	545
17268	Templin	558
17291	Wittstock-Rote Muehl	570
17309	Pasewalk	530
17493	Greifswald	565
18055	Rostock	589
18356	Zwickau	724
18437	Stralsund	656
18528	Bergen/Rügen	682
19061	Schwerin	620
19158	Bolzenburg	663
19288	Ludwigslust	647
21339	Lüneburg	612
22335	Hamburg-Fuhls.	741
23562	Lübeck Blankenese	658
24119	Kiel-Kronshagen	769

PLZ	Ort	Niederschlags-menge
24537	Neumünster	802
24837	Schleswig	895
26546	Norderney	744
27430	Bremervörde	761
27472	Cuxhaven	809
27570	Bremerhaven	762
28119	Bremen	712
29614	Soltau	782
30855	Hannover-Lang.	645
32105	Bad Salzuflen	792
34132	Kassel	661
34471	Volkmarsen	596
34508	Willingen-Upland	1208
34516	Vöhl-Schmittlohthalm	677
35108	Alledorf/Eder-Osterfeld	841
35394	Gießen-Liebigsh.	609
36093	Künzell-Dietershagen	721
36254	Bad Hersfeld	709
36355	Grabenhain-Herchenheim	1263
37073	Göttingen	635
38104	Braunschweig-Gliesmarode	624
38700	Braunlage	1238
39124	Magdeburg	494
39638	Gardelegen	563
42852	Remscheid	1293
45133	Essen-Bredeney	893
46395	Bocholt-Liedern	740
47059	Duisburg-Hochfeld	738
48149	Münster	747
48282	Emsdetten	712
49080	Osnabrück	826
49808	Lingen	794
52070	Aachen	807
53175	Bonn-Friedorf	670
53925	Kall-Sistig	811
54295	Trier-Petrisberg	754
55545	Bad Kreuznach	512
56470	Bad Marienberg	1126
57080	Siegen-Eiserfeld	1061
57339	Erndtebrück	1239
58339	Breckerfeld (Ennepetalsp.)	1244

PLZ	Ort	Niederschlags-menge
58515	Lüdenscheid	1203
59955	Kahler Asten	1457
60435	Frankfurt Stadt	605
60549	Frankfurt/M. Flugwetterw.	653
61479	Kleiner Feldberg	955
63741	Aschaffenburg	712
64743	Beerfelden	1052
64832	Babenhausen-Hergertsh.	664
65366	Geisenheim (AMBF)	534
68259	Mannheim	641
69121	Heidelberg	774
70128	Stuttgart	675
71543	Wüstenrot	1036
72250	Freudenstadt	1587
73087	Boll (Ort), Kreis Göppingen	952
73312	Stötten	675
73479	Ellwangen/Jagst	811
74613	Öhringen	783
74722	Buchen Kr. Neckar Odenw.	790
75015	Bretten-Rutt	783
76157	Karlsruhe	742
78054	Villingen-Schwenningen	922
79112	Freiburg	933
79227	Schallstadt-Mengen	731
79235	Vogtsburg-Oberrotwell	665
79312	Emmendingen-Mündingen	895
79410	Badenweiler	1003
79888	Feldberg	1859
81829	München-Riem	948
82362	Wellheim	1019
82383	Hohenpreißenberg Observ.	1187
82481	Mittenwald	1430
82544	Egling/Isar-Puppling	1137
83229	Aschau-Grattenbach	2224
83233	Bemau, Kr. Rosenheim	1474
83435	Bad Reichenhall	1690
83512	Wasserburg/Inn-Gabersee	1020
83646	Bad Tölz	1573
83705	Kreuth Glashütte	1980
84056	Rottenburg/Ndb.-Pattendorf	755
84347	Pfarrkirchen	826

PLZ	Ort	Niederschlags-menge
84416	Taufkirchen-Mossen	932
84453	Mühldorf/Inn	891
96049	Bamberg	637
96157	Ebrach	777
96317	Kronach	765
96486	Lautertal-Tremersdorf	812
97074	Würzburg	597
97421	Schweinfurt	588
98527	Suhl	909
99423	Weimar	547
99713	Ebesleben	547
99817	Eisenach	670

Hinweise zur Anlagentechnik

Gegenüber früheren Systemen mit Filtern in der Betriebswasserleitung werden heute Fallrohrfilter verwendet. Auf den nachgeschalteten Feinfilter wird verzichtet. Für den Fall, dass Nichttrinkwasser für Waschmaschinen eingesetzt wird, wird ein eigenes Schutzsystem im Zulaufsystem der Waschmaschine verwendet. Bei den Fallrohrfiltern unterscheidet man Filter mit Schmutzabtrennung, bei denen ein Teilstrom (10 %) Wasser mit Filterrückstand nicht in den Speicher gelangt. Bei anderen Systemen wird 100 % des Regenwassers aus dem Fallrohr in den Speicher geführt. In letzterem Fall wird ein Filter innerhalb des Speichers im Zulauf untergebracht. Innerhalb der Zisterne sollen Oberflächen nicht gereinigt werden /66/. Im Speicher bildet sich ein Biofilm mit einer deutlichen Selbstreinigungskraft. Bei größeren Betonspeicherbecken kann ein zusätzliches Absetzbecken vorgesehen werden.

Bei den Speichern (Zisterne) unterscheidet man zwischen innenliegenden, im Gebäude aufgestellten Speichern und Außenspeichern. Außenspeicher im Erdreich weisen den Vorteil auf, dass sie gleichmäßige niedrige Erdreichtemperaturen haben, was einer Algenbildung entgegenwirkt. Alle Speicher müssen einen Überlauf mit Anschluss an das Versickerungs- oder Regenwasserleitungsnetz haben, da bei größeren Niederschlagsereignissen das Auffangvolumen ggf. nicht ausreicht. Wird eine Anlage falsch dimensioniert und ist der Speicher zu klein, wird bei einem größeren Regenereignis der Speicher schnell gefüllt, und ein großer Teil des eigentlich aufzufangenden Regenwassers wird direkt über den Überlauf abgeführt.

Außenspeicher können als Fertigspeicher in Kunststoff oder Beton gebaut werden, Innenspeicher sind in der Regel aus Kunststoff hergestellt. Andere Materialien wie Edelstahl werden selten eingesetzt. Grundsätzlich muss Tageslichteinfall vermieden werden, da eine starke Algenbildung vor allem bei längeren Standzeiten im Speicher nicht zu verhindern ist.

Bei Erdeinbau oder Kellereinbau ist eine frostgeschützte Anordnung erforderlich.

Für die notwendige Druckerhöhung zur Förderung des Nichttrinkwassers im Gebäude werden in der Regel elektrisch betriebene Pumpen eingesetzt. Regenwasserpumpen werden als normalsaugende, mehrstufige Pumpen, elektronische Kreiselpumpen oder mehrstufige, selbstansaugende Pumpen vorgesehen. Bei größeren Anlagen werden auch drehzahlgeregelte Druckerhöhungsanlagen vorgesehen. Bei kleineren Anlagen sind auch Tauchmotorpumpen möglich.

Eine Nachspeisung mit Trinkwasser aus dem öffentlichen Netz darf grundsätzlich nur als „freier Auslauf" vorgesehen werden. Eine direkte Verbindung zwischen Trinkwassernetz und Nichttrinkwassernetz bzw. Speicher darf grundsätzlich nicht existieren /65/. Es besteht auch die Möglichkeit, über einen Zwischenbehälter zwischen Speicher und Nichttrinkwasserverteilung eine bedarfsorientierte Trinkwassernachspeisung vorzusehen. Dies hat den Vorteil, dass Frischwasser nicht zunächst in den Speicher eingeleitet wird. Mittlerweile werden zahlreiche Kompaktmodule für unterschiedliche Anwendungen und Bedarfsgrößen angeboten.

Für Nichttrinkwasser ist in Gebäuden grundsätzlich ein zweites Leitungsnetz vorzusehen, was in keiner Verbindung mit dem Trinkwassernetz stehen darf. Entsprechende Sicherheitsvorkehrungen sind gemäß /67/ vorzusehen. Die Leitungen für Nichttrinkwasser müssen korrosionsbeständig sein. In Frage kommen z. B. PP oder Edelstahl. Edelstahl wird vor allem bei größeren Dimensionen eingesetzt. Kunststoffrohre werden aufgrund ihrer Resistenz gegenüber anderen Rohrqualitäten bevorzugt eingesetzt.

Im Gebäude müssen Entnahmestellen für Nichttrinkwasser grundsätzlich nach /67/ gekennzeichnet sein.

5 Integrierte Gebäudekonzepte

5.1 Atrien und Pufferzonen

Der natürliche Lufttransport in Gebäuden unter Winddruck am Gebäude und durch Thermik des Gebäudes kann zur Verringerung oder Vermeidung von raumlufttechnischen Anlagen genutzt werden. Häufig werden Pufferzonen, Atrien, Hallen oder vollständige Glaseinhausungen dafür vorgesehen.

Die dabei auftretenden strömungstechnischen und thermischen Bedingungen sind schwierig voraussehbar, da nur komplexe Gebäudesimulationen in der Lage sind, in Näherung die verschiedenen Algorithmen bzw. Zusammenhänge darzustellen.

Unabhängig davon existieren bei zahlreichen Gebäuden mittlerweile Erfahrungen. Durch zum Teil einfache Luftführungssysteme, die Auftrieb und Winddruck zur Unterstützung des Luftaustausches in Gebäuden nutzen, können erhebliche Energie- und Lufttransportkosten gespart werden.

Die Nutzung von Thermik und Winddruck kann besonders dann sinnvoll eingesetzt werden, wenn die auftretenden inneren und äußeren Wärmelasten durch gleichmäßige Nutzung eines Gebäudes gut vorhersehbar sind.

Ein typischer Fall ist die Anordnung einer Halle zwischen zwei Gebäuderiegeln (siehe Bild 5.1).

Die zur Halle hin orientierten Räume werden ebenso wie die nach außen angeordneten Räume natürlich be- und entlüftet. Das Glasdach der Halle muss über Öffnungen verfügen, die zum Abtransport zu hoher Wärme in der Übergangszeit und den Sommermonaten dienen. Im Winterfall müssen Mindestöffnungen vorgesehen werden, um eine ausreichende Luftzufuhr sicherzustellen. Bei nahezu vollständig geschlossenen Öffnungen kann hier ein Wärmegewinn über passive Solarenergienutzung erfolgen. Nach Erfahrungen in /68/ kann der Wärmebedarf der zur Halle hin angeordneten Räume um ca. 50 % reduziert werden. Mit den mittlerweile üblichen U-Werten für Fassaden wird dieser Wert voraussichtlich nicht mehr erzielt. Anzunehmen ist eine Heizlastreduktion von ca. 30 %.

Die Kombination einer solchen Hallenanordnung mit einem Lufterdwärmetauscher ist in Bild 5.2 dargestellt. In den Sommermonaten wird über einen Erdwärmetauscher Luft vorgekühlt in die Halle eingebracht. Zusätzlich ist ein Wasserbecken zur Nutzung der Verdunstungsenthalpie angeordnet. Die dargestellte Konzeption wurde in /69/ realisiert. Nach Angaben des Bauherrn kann die Halle ohne weitere Konditionierung zu ca. 75 – 80 % des Jahres genutzt werden. Nur bei extremen Bedingungen (Außentemperatur über 30°C, Außentemperatur unter –5°C) ist die Nutzung eingeschränkt. Öffenbare Lichtkuppeln aus doppelwandiger Folie als transparenter Dachabschluss werden zur Wärmeabfuhr im Sommer geöffnet.

Auch die Anordnung von vorgelagerten Glasbauten, siehe Bild 5.3, soll zur Schallreduktion und zur Nutzung passiver Energie verwendet werden. Prinzipiell ist auch hier eine freie Lüftung der an dem Atrium angeordneten Räume möglich. Ähnlich wie bei der Doppelfassade ist auch hier in den Sommermonaten mit

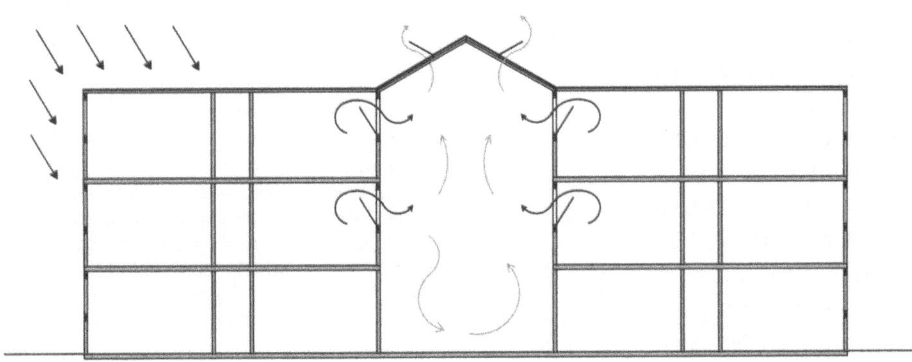

***Bild 5.1:** Prinzipdarstellung einer nach oben verglasten Halle als Energiepuffer und zusätzlicher Raum*

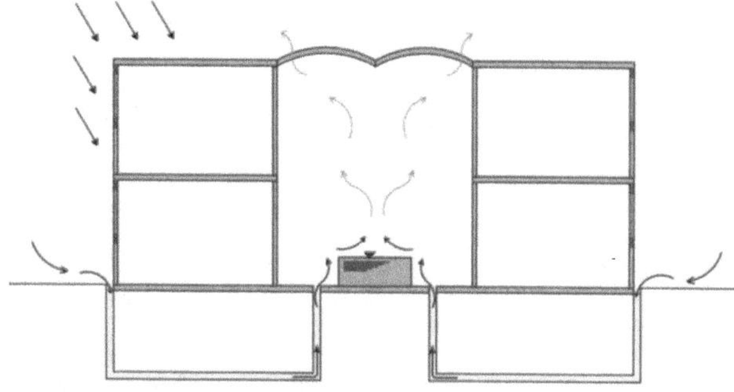

Bild 5.2: *Prinzipdarstellung eines Gebäudes mit Halle; die Luftzufuhr in die Halle erfolgt über Erdwärmetauscher mit Vorkonditionierung der Außenluft; zusätzlich wird durch Verdunstungsenthalpie Raumluft gekühlt; es werden keine weiteren Luftbehandlungen vorgesehen.*

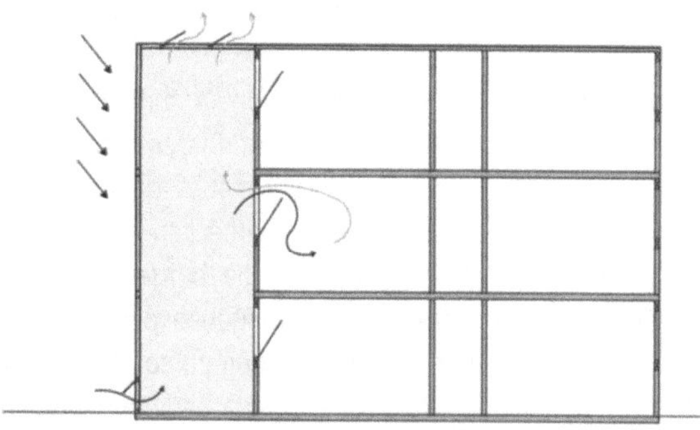

Bild 5.3: *Prinzipdarstellung einer vor das Gebäude vorgelagerten Glashalle; bei Überhitzung erfolgt die Luftabfuhr über eine Klappensteuerung; die anliegenden Räume können natürlich be- und entlüftet werden; ohne zusätzliche Maßnahmen (Speicherung, Temperierung) ist mit einer Überhitzung in den Sommermonaten zu rechnen (siehe auch Kap. Doppelfassaden).*

überhöhten Temperaturen zu rechnen und entsprechende Maßnahmen z. B. einer sanften Kühlung über Geothermienutzung zu empfehlen.

Das Einhausen kompletter Gebäudeteile mit Glas erfolgt mit dem Ziel, ganzjährig gemäßigte Temperaturen im Zwischenraum zwischen Außenglashaut und eingehaustem Gebäude zu erreichen (Bild 5.4).

Die Reduktion der Heizlast wird durch solche Konstruktionen immer erzielt. Gemeinsam haben solche Konzepte, dass die sommerliche Überhitzung und zum Teil eine eingeschränkte natürliche Belüftung wegen der Druckreduktion durch die Hülle möglich ist. Bei dem Projekt Mont-Cenis in Herne /70/ wurde die dargestellte Lösung realisiert. Dort ist die Dachkonstruktion mit semitransparenten Photovoltaikelementen als Solarkraftwerk ausgeführt. Betriebserfahrungen darüber wurden noch nicht veröffentlicht.

Durch Anordnung von sogenannten Solarkaminen soll durch natürlichen Auftrieb die freie Lüftung in einem Gebäude verstärkt und damit raumlufttechnische Anlagen ersetzt oder unterstützt werden. Die natürliche Konvektion in solchen Schächten ist abhängig von der Temperaturdifferenz im Schacht, der Schachtbreite und der Schachthöhe. Dieser Effekt kann durch zusätzliche Ventilatoren unterstützt werden. Dadurch kann die sonst schwierige Steuerung solcher Anlagen ermöglicht werden. Werden freie Konvektion und erzwungene Konvektion kombiniert, spricht man von überlagerter Konvektion (Mixed-Convection). Bei sehr hohen Gebäuden kann durch Anordnung von Abluftventilatoren allein durch die Thermik im Gebäude ein wesentlicher Teil der Transportenergie für die Raumlufttechnik eingespart werden /71/.

Bei größeren Gebäuden sollten solche Konzepte nach einer dynamischen Gebäudesimulation grundsätzlich auch im Windkanalversuch anhand von Modellen für die verschiedenen Strömungs- und thermischen Effekte untersucht werden.

Aus Kostengründen werden Atrien, Hallenvorbauten oder Glaseinhausungen in der Regel aus Einfachglas mit entsprechend geringem U-Wert hergestellt. Wären solche Konstruktionen aus Wärmeschutzglas, scheiterten solche Konzepte häufig an den hohen Kosten und an den statischen Schwierigkeiten bei größeren Flächen.

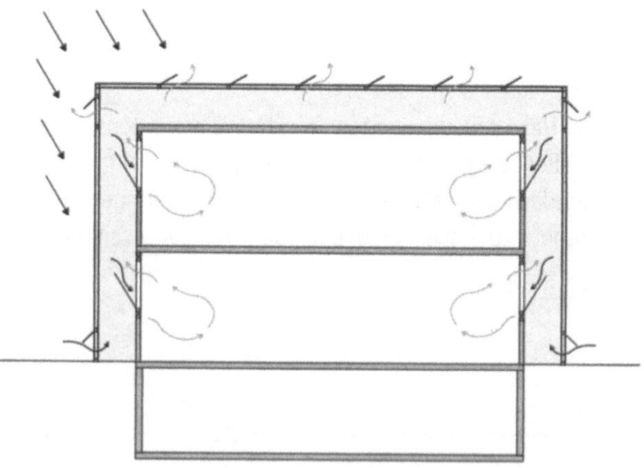

Bild 5.4: *Prinzipdarstellung eines vollständig mit Glas eingehausten Gebäudes; die Klappen im unteren und oberen Bereich der Fassade verhindern eine Überhitzung des Zwischenraumes. Im Winter und der Übergangszeit werden solare Gewinne passiv genutzt. Eine freie Lüftung der Räume ist möglich, jedoch sind Maßnahmen wie thermische speichernde Konstruktionen, Erdwärmetauscher und Temperierungssysteme mit in ein Gesamtkonzept einzubeziehen.*

5.2 *Luftkonditionierung über Erdwärmetauscher*

Der für ein Gebäude notwendige Luftaustausch erfolgt über freie Lüftung oder durch erzwungene Lüftung mittels raumlufttechnischer Anlagen.

Für raumlufttechnische Anlagen wird die benötigte Außenluftmenge in der Regel direkt über Öffnungen in der Fassade oder über Bauwerke mit Ansaugöffnungen angesaugt und zum Zentralgerät über ein Luftleitungsnetz transportiert. Die Ansaugbauwerke oder Öffnungen müssen mindestens 3 m über Erdreich zur Verhinderung des Ansaugens schadstoffbelasteter Außenluft angeordnet werden.

Durch Aufbereitung in Form von Heizen oder Kühlen muss die Temperatur der Außenluft den erforderlichen Raumkonditionen bzw. dem gewünschten Aufbereitungsverfahren angepasst werden. Dabei ist eine erhebliche Energiemenge notwendig.

Das Energiepotenzial des oberflächennahen Erdreichs lässt sich über eine einfache Methode zur Vorkonditionierung von Außenluft für solche raumlufttechnische Anlagen benutzen. Dazu wird Außenluft über Bauwerke im Erdreich mit dem Ziel geführt, durch Wärmeübertragung vom Erdreich an die Außenluft bzw. von der Außenluft an das Erdreich die Luft zu erwärmen bzw. zu kühlen.

Im oberflächennahen Bereich von ca. 10 bis 20 m Tiefe ist der geothermische Wärmefluss durch Witterung und Umgebungsbedingungen überlagert. Dennoch sind schon in einer Tiefe von 1 – 2 m unter der Erdoberfläche gegenüber der Außentemperatur Temperaturdifferenzen von 10 – 15 K möglich. Dadurch kann auf einfachem Wege die Außenluft in den Sommermonaten über Erdreichwärmetauscher vorgekühlt und im Winter vorgewärmt werden.

Die Bauwerke dazu können unterhalb der Bodenplatte eines Gebäudes angeordnet werden, neben oder um das Gebäude geführt oder in die Konstruktion des Untergeschosses integriert werden.

Dazu werden entweder einzelne Rohre mit entsprechender Länge verlegt, Rohrregister parallel geschaltet oder Betonlabyrinthe erstellt. Selbstverständlich sind andere Bauformen je nach Einzelfall im Erdreich möglich. In Bild 5.5 sind mögliche Ausführungen schematisch angegeben.

Die Wirksamkeit eines Erdwärmetauschers (EWT) hängt dabei im Wesentlichen ab von:

Verlegetiefe im Erdreich

Generell gilt, je tiefer der Erdwärmetauscher in das Erdreich eingebracht wird, desto gleichmäßiger sind die Temperaturbedingungen und desto höher ist die Effizienz eines Wärmetauschers. Gleichzeitig steigen aber die Baukosten, weshalb in der Regel einfache, meist schon mit der Baugrube herzustellende Gräben, bevorzugt werden.

Rohrlänge

Der Wärmeaustausch zwischen Erdreich und Außenluft über ein Rohr oder eine andere Konstruktion ist am Eintritt der Außenluft in den Wärmetauscher am höchsten und sinkt mit der Länge des Rohrverlaufs. Die ideale Rohrlänge sollte so gewählt werden, dass ein genügender Wärmeaustausch stattfindet, aber die Druckverluste aufgrund der Förderenergie für Raumluft nicht zu hoch werden. Bei Rohrregistern ist ein ausreichender Abstand der einzelnen Rohre untereinander zu beachten. Ansonsten gilt das o.g.

Luftgeschwindigkeit im Rohr oder in der Konstruktion

Die gewählte Luftgeschwindigkeit sollte zur Vermeidung zu hoher Druckverluste nicht über 4 – 5 m/s liegen. Üblicherweise werden Erdwärmetauscher mit Luftgeschwindigkeiten zwischen 1,5 und 4,0 m/s dimensioniert.

Rohrqualitäten

Bei größeren Durchmessern ab DN 500 eignen sich Betonrohre. Kleinere Durchmesser ab DN 150 können aus HDPE-, PVC- oder PE-Rohr erstellt werden. Ein Überblick einiger gebauter Beispiele vermittelt Tabelle 5.1/72/.

Bei der Abkühlung der Außenluft im Erdwärmetauscher kann es zu Kondensationsvorgängen kommen. Deshalb muss bei der Verlegung auf Gefälle mit Ableitungsmöglichkeit für Kondensat geachtet werden. Ein Auslegungsprogramm kann unter /73/ bezogen werden.

Die Verwendung sogenannter unterirdischer Betonlabyrinthe kann über Simulationsrechnung nicht ermittelt werden. Hier können nur empirische Auswertungen oder Modelluntersuchungen verwendet werden. Häufig lässt sich erst mit der Entwurfsplanung eines Gebäudes für einen geeigneten Erdwärmetauscher die Luftführung festlegen. Ziel hierbei sollte immer sein, möglichst kostengünstig ohne wesentlichere Eingriffe in die ohnehin geplante Konstruktion Luft im Erdreich vorzukonditionieren.

Besonders hervorzuheben ist die Möglichkeit, bei schwer speichernden Gebäuden solche Anlagen zur Nachtauskühlung heranzuziehen (siehe auch Kap. 3.2).

Die Effizienz solcher Erdwärmetauscher wird als „Temperaturhub" angegeben, was die max. mögliche Temperaturdifferenz zwischen Außenluft und konditionierter Luft am Austritt des Erdwärmetauschers beschreibt. Aus mehreren Erfahrungsberichten werden Temperaturhübe von bis zu 14 K angegeben /74/. Bei mehreren Anlagen wird allerdings von weit aus geringeren

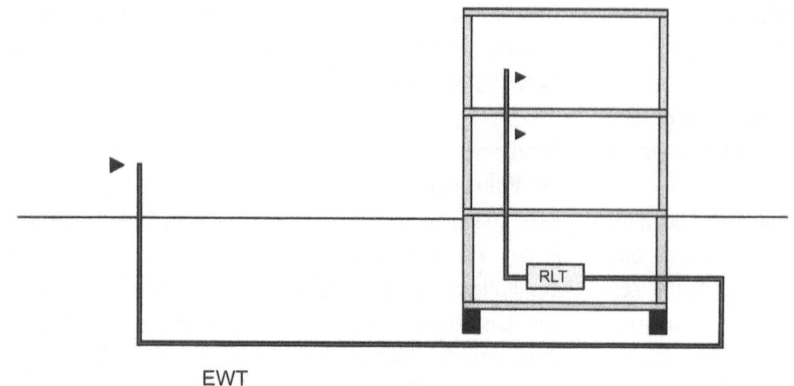

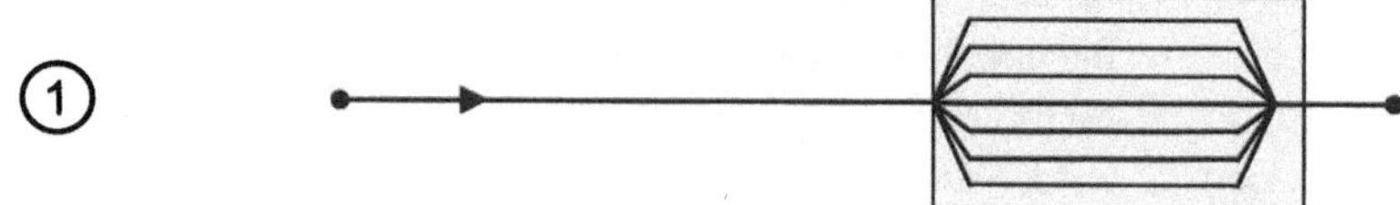

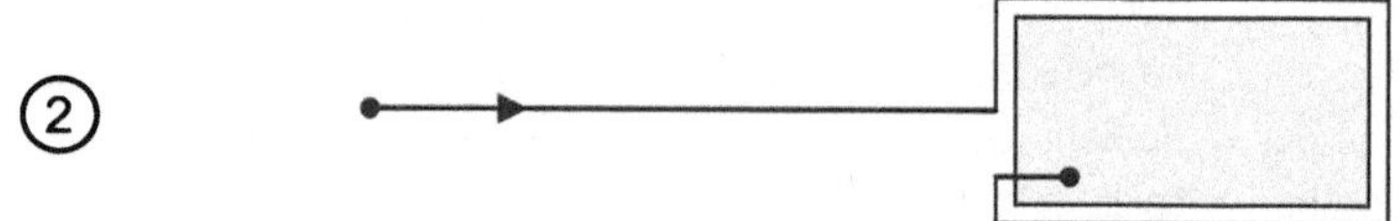

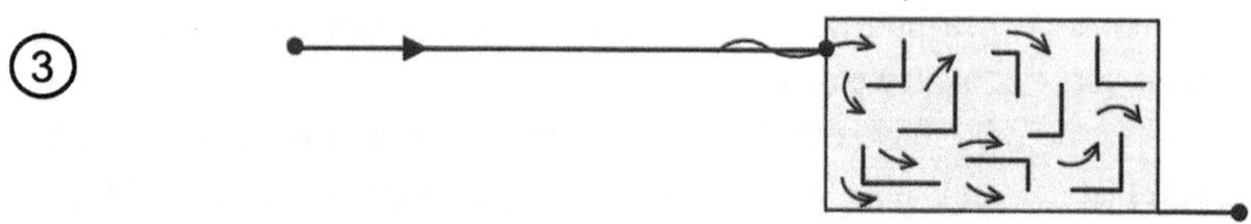

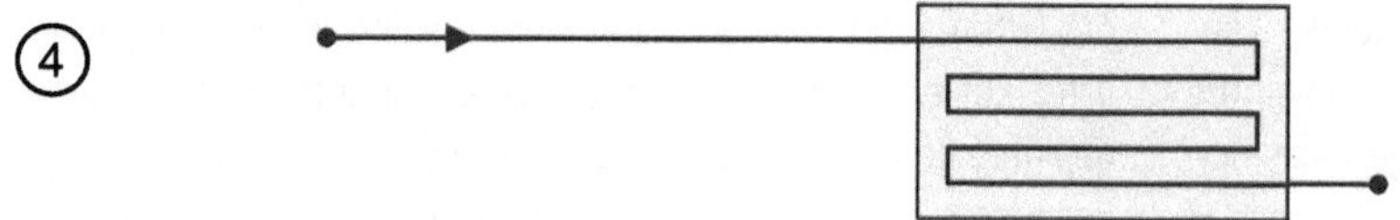

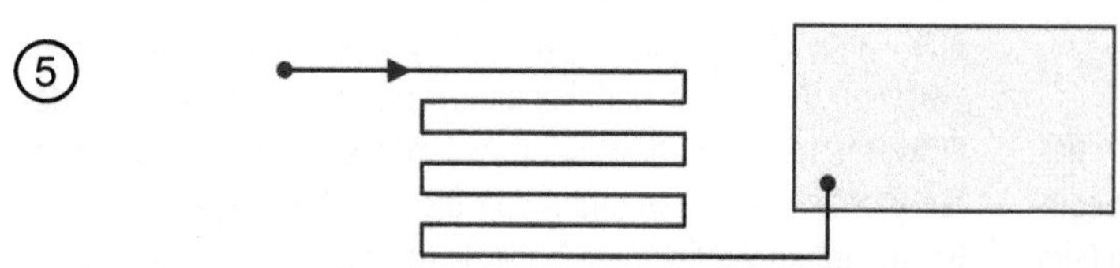

Bild 5.5: *Erdwärmetauscher zur Luft-Konditionierung: 1: Rohrregister unterhalb der Bodenplatte; 2: Rohrverlegung um das Gebäude angeordnet; 3: Luftführung durch ein Betonlabyrinth; 4: Mäanderförmige Verlegung unterhalb der Bodenplatte; 5 wie 4, aber außerhalb des Gebäudes*

Temperaturdifferenzen in der Größenordnung von 3 bis 6 K berichtet. Die Effizienz ist – wie in Kap. 4.2.2 beschrieben – von der Qualität des Erdreichs (Zusammensetzung, Wassergehalt, Grundwasser und Grundwasserstrom) abhängig.

Konstruktionshinweise

Die Verwendung von Erdwärmetauschern (EWT) beginnt bei kleineren Gebäuden wie z. B. Passivhäusern mit mechanischen Zu- und Abluftanlagen einschließlich Wärmerückgewinnung, bei denen die Luftansaugung über ein einfaches erdverlegtes Rohr zur Vorkonditionierung der Außenluft erstellt wird, bis hin zu größeren raumlufttechnischen Anlagen für Objektgebäude oder Produktionsgebäude.

Unabhängig von der Größe der Anlage und der Anzahl der ins Erdreich eingebrachten Rohre oder Konstruktionen müssen die oben genannten Auslegungskriterien beachtet werden. Dennoch sind nach Größe der Anlage unterschiedliche Konstruktionsmerkmale vorhanden.

Bei dem Einbau von mehreren Rohren bzw. Rohrregister bietet sich der Bau eines Luftbrunnens mit Einlaufbauwerk und eines Zuluftsammelschachtes an.

Die Erdkanäle bzw. Erdrohre werden dann zwischen den beiden Sammelschächten so angeordnet, dass eine Begehung der Schächte zur Reinigung und Kontrolle der Rohre ermöglicht wird.

Der damit verbundene höhere Aufwand für die Bauwerke wird in der Regel nur bei größeren Anlagen wirtschaftlich sein.

Eine internationale Recherche und Auswertung vorhandener Erdreichwärmetauscher mit unterschiedlichen Konzeptionen sind in /75/ zu finden.

Beim Bau von Luftbrunnen ist durch die Hauptwindrichtung eine Verschattung für die Sommermonate zu beachten. Rohre im Erdreich müssen grundsätzlich mit einem Gefälle von ca. 1–2 % verlegt werden. Anfallendes Kondensatwasser kann dann in unterschiedlicher Form abgeführt werden. Es besteht die Möglichkeit, Kondensatwasser über Drainagerohre direkt in den Untergrund einzuleiten, über eine Sammlung in einem Pumpensumpf das Wasser in eine Abwasserleitung einzuführen oder direkt an ein Abwassersammelsystem anzuschließen. In diesem Zusammenhang ist besonders auf die Hygiene in den Rohrregistern zu achten.

Es empfiehlt sich, glatte geschlossenporige Oberflächen wie z. B. Kunststoff oder Metall einzusetzen. Poröse Oberflächen wie Beton bieten Pilzsporen und Bakterien eine größere Oberfläche, die sich daher besser vermehren als bei glatten, schnell abtrocknenden Oberflächen.

Der Wirkungsgrad von Erdregistern steigt bei der Verwendung kleinerer Rohrdurchmesser trotz der steigenden Druckverluste gegenüber größeren Rohrdurchmessern durch besseren Wärmeaustausch mit dem angrenzenden Erdreich.

Mit den oben beschriebenen Revisionsschächten an den Enden der Rohrregister lässt sich eine Reinigung auch kleinerer Rohrdurchmesser problemlos ermöglichen.

Tabelle 5.1: *Erdwärmetauscher: Übersicht gebauter Objekte mit Hinweisen zur Ausführung*

Projekt	Registerauslegung	Verlegetiefe	Rohre	Volumenstrom	Leistung
Verwaltungsgebäude Wagner, Cölbe	15 cm Abstand, unter Bodenplatte, 4 x 34 m	1,5 m; mit Gefälle 1:200 nach außen	Beton DN 500	3.000 – 6.000 m^3/h	
Verwaltungsgebäude DB Netz, Hamm [1]	1810 m Gesamtlänge	über mehrere Ebenen (–2, –3, –4 m), Grundwasserkontakt, drückendes Wasser	HDPE-Rohre, DN 200 (–2 m), DN 300 (–3 und –4 m)	max. 22.000 m^3/h	mittl. Temperaturhub ± 8 K
DLR Sonnenofen, Köln	12 x 30 m Gesamtlänge; ∅ 0,3 m	1,5 und 3 m	PVC-Einzelrohre und Register	max. 4.000 m^3/h	·
SIJ Jülich, FH Aachen	138 m Gesamtlänge; ∅ 1 m	2 m	Beton-Einzelrohr	max. 12.000 m^3/h	max. 25 kW
Low Energy Office, Köln [2]	150 m Gesamtlänge; ∅ 0,8 m	1 bis 6 m	Beton-Einzelrohr	max. 6.000 m^3/h	max. 50 kW
Ultra-NEH, Rottweil	34 m	1 m	PE-Rohrregister	ca. 90 m^3/h	

[1] *Nettogrundfläche = 5.974 m^2; Bruttorauminhalt = 25.705 m^2*

[2] *Bruttogeschossfläche = 3.700 m^2; Bruttorauminhalt = 12.500 m^2*

Grundsätzlich sollten Filter sowohl am Eintritt der Außenluft in die Erdwärmetauscher als auch auf der Zuluftseite der Luftverteilungssysteme vorgesehen werden.

Am Luftbrunnen können Grobfilter, auf der Zuluftseite Feinfilter vorgesehen werden.

Die Ableitung von Kondensatwasser in den Rohren kann gegebenenfalls über Öffnungen in den Rohren, wie das bei Drainagerohren üblich ist, erfolgen. Dies ist jedoch nur möglich, wenn Öffnungen gegen Eindringen von Organismen geschützt werden.

In Gebieten mit hoher Radonbelastung müssen grundsätzlich die Rohre in entsprechender Dichtheit bzw. Kompressionsdichtheit hergestellt werden.

Durch die Anordnung von Ventilatoren auf der Lufteintrittseite wird das Eindringen von Gas aus dem Erdreich auch über Verbindungselemente verhindert.

Häufig werden Erdwärmetauscher in Verbindung mit energiesparenden Ventilatoren konzipiert.

Trotz der möglichen Unterschreitung des Taupunktes und des Ausscheidens von Wasser aus der Luft können mit solchen Systemen in der Regel keine hohen Entfeuchtungsleistungen garantiert werden.

Erdwärmetauscher sind grundsätzlich nicht als Ersatz für Entfeuchtungsmaßnahmen mit entsprechenden Anforderungen an die Raumluftfeuchte geeignet.

5.3 Fassadengestaltung

5.3.1 Glas-Doppelfassaden

Im Zusammenhang mit ökologischen ganzheitlichen Gebäudekonzepten wurden in den letzten Jahren verstärkt Pufferzonen, glasüberdacht oder begrenzend, Atrien oder besondere Fassadenkonstruktionen entwickelt und gebaut. Neben den oben beschriebenen Atrien, die einen Teil des Gebäudes meist ohne heiz- oder raumlufttechnische Behandlung zur Bildung eines Pufferbereichs vorsehen, ist die Gestaltung der Fassade durch eine vorgelagerte „zweite Haut" aus Glas eine besondere Entwicklung.

Für diese Konstruktion werden die unterschiedlichsten Begriffe benutzt:

Doppelfassade
doppelschalige Fassade
Klimafassade
Zweite-Haut-Fassade
intelligente Fassade u. a.

Die zum Teil irreführenden Begriffe wie Klimafassade suggerieren, dass eine Klimaanlage bei doppelter Fassade nicht notwendig ist. Diese Begriffe sind nicht sinnvoll und werden hier nicht weiter verwendet. Durchgesetzt hat sich der Begriff Glasdoppelfassade (GDF), der auch hier weiter benutzt wird.

Glasdoppelfassaden werden so ausgebildet, dass zwischen der eigentlichen Fassade und einer vorgesetzten Glaskonstruktion ein Spalt entsteht. Bei Sonneneinstrahlung sorgt die Tempera-

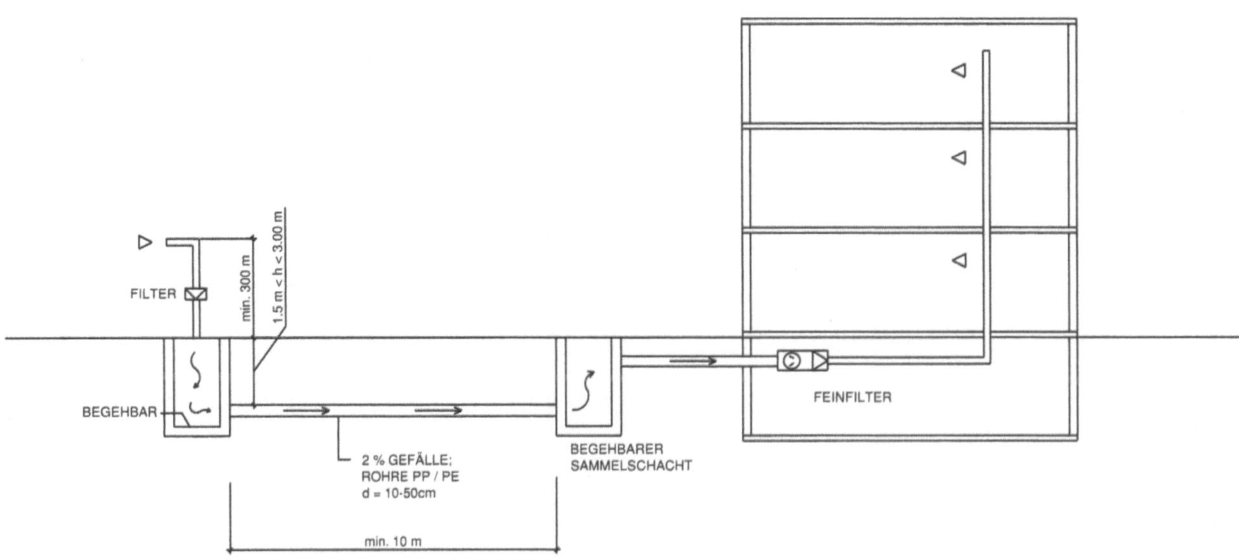

***Bild 5.6:** Konstruktionshinweise für Erdwärmetauscher mit Revisionsschächten*

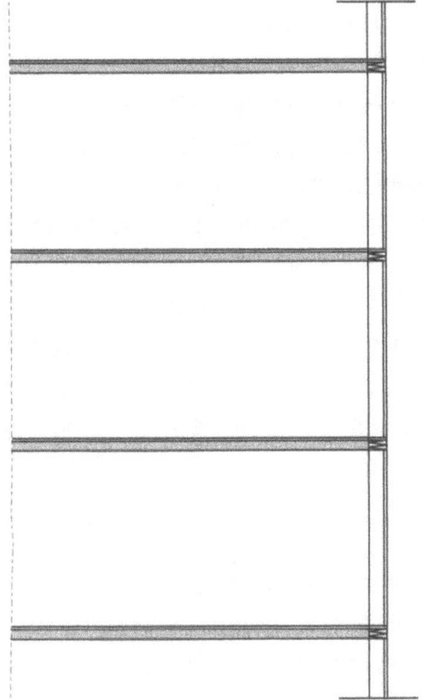

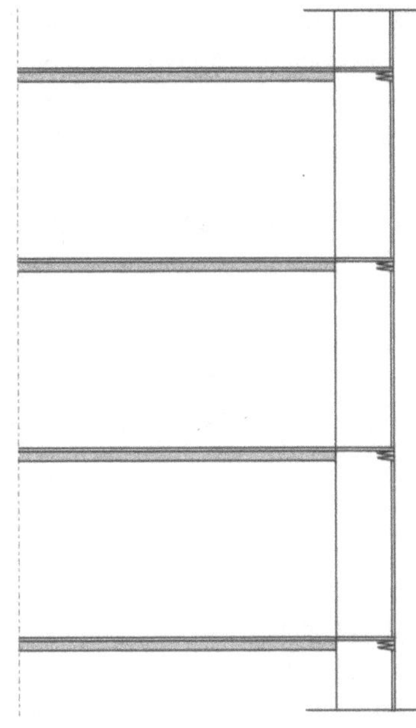

Bild 5.7: *Glasdoppelfassade; Prinzipdarstellung mit unterschiedlichen Spaltabmessungen (links 0,3 ... 0,5 m; rechts bis 2 m)*

turerhöhung im Spalt für einen Kamineffekt, der mittels Öffnungen in der Innenfassade eine natürliche Lüftung des dahinterliegenden Raumes besorgen soll (Bild 5.7).

Die Glasdoppelfassade wurde eigentlich entwickelt, um Schallprobleme in den Griff zu bekommen und gleichzeitig die natürliche Lüftung zu ermöglichen. Je nach Gebäudetyp, Konstruktionsart der Doppelfassade, Spaltbreite, horizontalen und vertikalen Schotts innerhalb der Fassade gibt es unterschiedliche Ausformungen. Ausführlich sind die Konstruktionen in /76/ beschrieben. Nachfolgend wird eine Kurzdarstellung der wesentlichen Konstruktionsunterschiede gegeben.

Neben den Gestaltungsaspekten eines Gebäudes ist es für den Einsatz von Glasdoppelfassaden entscheidend, eine möglichst natürliche Lüftung zu erzielen, Schallschutz sicherzustellen, bei höheren Gebäuden den Winddruck an der Innenfassade zu reduzieren und so eine Verringerung der Heizlast zu bewirken.

Größtes Problem der Doppelfassaden ist jedoch der sommerliche Wärmeschutz. Erfahrungen mit Glasdoppelfassaden zeigen, dass die Spalttemperatur immer über der Außentemperatur liegt und trotz einer Reduktion der transmittierten Strahlung eine Erhöhung der Kühllast in den Räumen auftritt. So kann das eigentliche Ziel der Glasdoppelfassaden mit der längeren Nutzung der freien Lüftung bei zu öffnenden Fenstern und erhöhtem Wind- und Lärmschutz begründet werden. Die längeren Betriebszeiten der Fensterlüftung innerhalb gemäßigter Bedingungen von Außentemperatur und Strahlungseintrag bedingen jedoch eine gleichzeitig installierte Heiz- und Kühltechnik bzw. Raumlufttechnik, die außerhalb der gemäßigten Bedingungen die Einhaltung der Behaglichkeitskriterien in den Räumen sicherstellt.

Positiv bei Glasdoppelfassaden ist die Möglichkeit, Sonnenschutz und Lichtlenkeinrichtung im geschützten Spalt der Fassade unterzubringen. Ebenso positiv ist zu bemerken, dass eine Reduktion der Heizlast gegenüber einschaligen Fassaden auftritt. Bei den heute üblichen hohen inneren Wärmelasten eines Objektgebäudes ist dieser Aspekt gegenüber der drohenden Gefahr der Überhitzung in den Sommermonaten eher zu vernachlässigen. Schließlich sei noch bemerkt, dass durch eine Doppelfassade häufig der Betrieb einer Nachtkühlung, wie oben beschrieben, erst möglich wird und eine höhere Einbruchsicherheit gegeben ist.

Eindeutiger Nachteil der Doppelfassade sind die höheren Investitionskosten, höhere Wartungs- und Reinigungskosten, ein größeres Bauvolumen und die oben bereits angedeutete höhere Spalttemperatur im Sommer.

Bei mehrgeschossigen Gebäuden ist die Reduktion des Winddrucks ein positiver Effekt der Glasdoppelfassade. Bis 5 m/s Windgeschwindigkeit am Gebäude ist die Fensterlüftung bei einschaligen Fassaden möglich, bei Doppelfassaden kann bis 8 m/s auf der Innenseite eine Fensterlüftung erfolgen.

Die wichtigste Unterscheidung von Doppelfassaden beruht auf der Luftführung im Zwischenraum und der Breite des Zwischenraumes:

Übersicht über mögliche Doppelfassadenkonstruktionen:

- Vorhangfassade, auch Abluftfassade

- Zweite-Haus-Fassade oder Mehrgeschossfassade
- Korridorfassade (vertikale Schotts, horizontal nach Erfordernis)
- Kastenfassade (Prinzip Fensterkästen Horizontal- und Vertikaltrennung)
- Schacht-Kastenfassade (komplexe Unterteilung des Zwischenraumes; Nutzung der Thermik größerer Schächte für Abluft)
- Umluftfassade (horizontale Schotts, in der Regel zweigeschossig)

Hinweis: Die Begriffe werden in der Literatur unterschiedlich benutzt. Eine Kassifikation ist in /81/ angegeben.

Vorhangfassade

Die Vorhangfassade ohne horizontale oder vertikale Segmente bzw. Schotts ist die einfachste Form der Doppelfassade. Der eigentlichen Fassade wird eine zweite Glasfront vorangestellt, wobei der Abstand zwischen ca. 30 cm bis 2 m betragen kann. Meist wird diese Konstruktion bei Gebäuden bis max. 6 Geschossen gewählt, um Schallschutz zu gewährleisten. Die Be- und Entlüftung des Spaltes wird durch Öffnungen am Fuße und der Oberkante des Gebäudes durch regelbare Klappen bewirkt. Bei erwünschten Wärmegewinnen werden die Klappen geschlossen. Bei Übersteigen einer definierten Temperatur öffnen die Klappen und sorgen durch Konvektionsströmung für eine teilweise Abführung der erwärmten Luft. Das Fehlen der horizontalen und vertikalen Schotts bewirkt allerdings bei geöffneten Fenstern an der Innenfassade den sogenannte Telefonieeffekt, also die Schallübertragung über den Spalt, und ist bei der Planung zu beachten. Die Konvektionsströmung innerhalb des Spaltes ist auch bei hoher thermischer Last allerdings meist so gering, dass eine Raumkonditionierung über raumlufttechnische Anlagen oder stille Kühlung meist erforderlich wird.

Das Prinzip der Vorhangfassade ist in Bild 5.8 skizziert. In der Regel wird die Innenfassade aus einem Wärmeschutzglas (Doppelverglasung) und die Außenverglasung einfach verglast hergestellt. Obwohl bauphysikalische Gründe für eine beidseitige Doppelverglasung sprechen, sind kosten- bzw konstruktionsbedingte Gründe in der Regel ein Grund für die Ausführung einer Einfachverglasung außenseitig.

Korridorfassade

Die sogenannte Korridorfassade unterscheidet sich von der Vorhangfassade durch eingebaute vertikale Trennungen (Bild 5.9). Bei mehreren Geschossen ist unter Umständen eine horizontale Umlenkung oder Schottung erforderlich, wenn zu große Druckdifferenzen aufgrund des Höhenunterschiedes entstehen können. Zu- und Abluftöffnungen bei dieser Konstruktion befinden sich auch in Boden- und Deckennähe. Zum Teil ist eine wechselseitige Anordnung von Zu- und Abluftöffnungen der Korridore zur Verhinderung von Kurzschlussströmungen von Zu- und Abluft erforderlich. Die Druckdifferenz im Korridor entsteht aus Winddruck und durch die Auftriebsströmung (solarinduzierte freie Konvektion).

Bei Korridorfassaden ist besonders auf Schallübertragung innerhalb des Zwischenraumes zu achten. Bild 5.10 zeigt eine Korri-

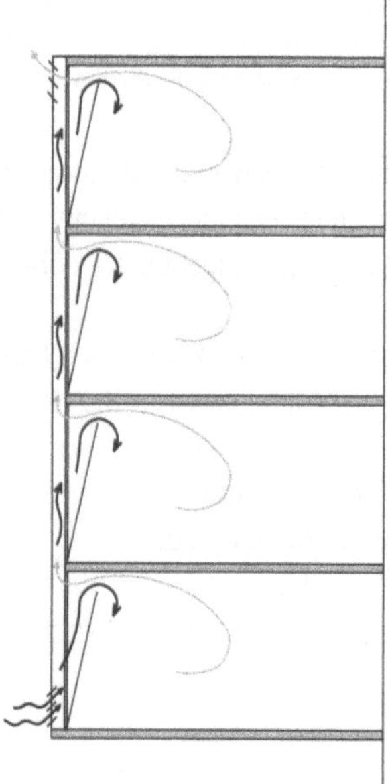

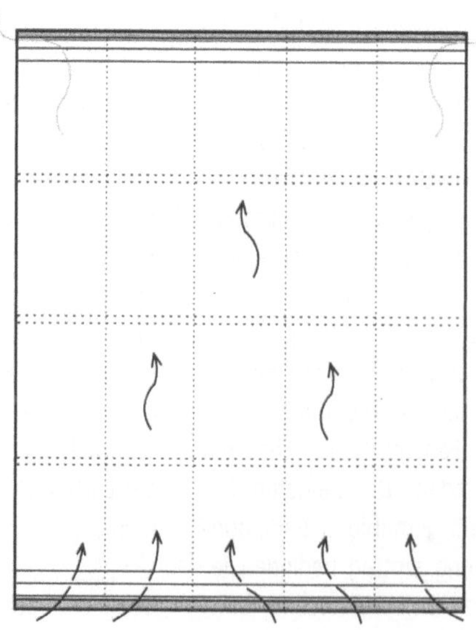

Bild 5.8: *Glas-Doppelfassade Typ Vorhangfassade (Sommerfall: freie Lüftung durch geöffnete Innenfenster, Fassadenklappen geöffnet; Winterfall: Fassadenklappen geschlossen, freie Lüftung nur bedingt möglich, ggf. zusätzlich Raumlufttechnische Anlage); linkes Bild: Schnitt, rechtes Bild: Ansicht schematisch*

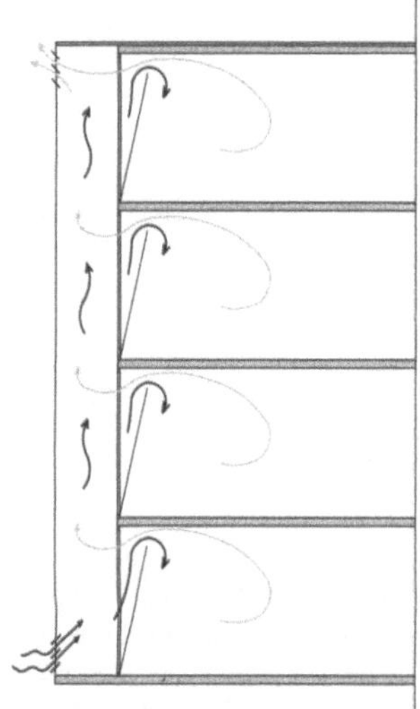

Bild 5.9: *Glas-Doppelfassade Typ Korridorfassade; die Luft wird in senkrechten „Korridoren" geführt; zur Verringerung der Auftriebsgeschwindigkeit oder bei höheren Gebäuden können zusätzliche horizontale Schotts vorgesehen werden*

dorfassade schematisch mit senkrechtem Schacht sowie wechselseitiger Luftführung.

Kasten-Kasten-Fassade

Mit der Abtrennung des Fassadenzwischenraums für jedes Segment horizontal und vertikal entstehen die s.g. Kasten-Kastenfassaden. Jedes Segment muss eine eigene Zuluft- und Abluftöffnung haben. Mit dieser Konzeption verhindert man eine Schallübertragung an andere Geschosse bzw. Nachbarräume. Zur Verhinderung von Kurzschlussströmungen werden häufig diagonal angeordnete Zu- und Abluftöffnungen vorgesehen. Der Anteil der Kurzschlussströmung wird damit nicht gänzlich unterbunden, lediglich stark reduziert. Bei Lochfassaden ist diese Form der Doppelfassade die einzig realisierbare Bauart. Bild 5.11 zeigt schematisch eine Kasten-Kasten-Fassade.

Schacht-Kasten-Fassade

Eine weitere Variante der Kastenfassade ist die Schacht-Kastenfassade. Neben horizontal und vertikal segmentierten Zwischen-

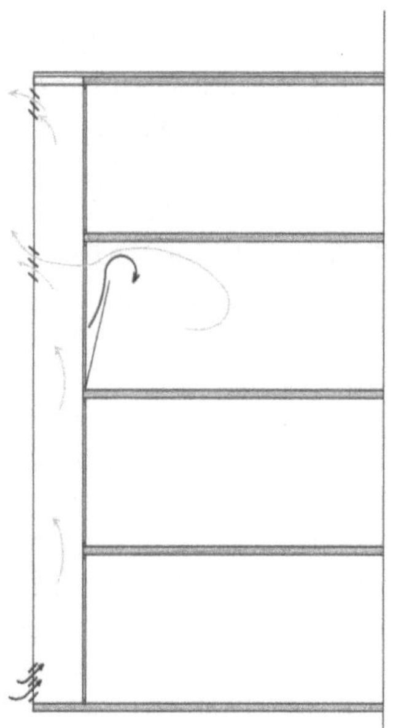
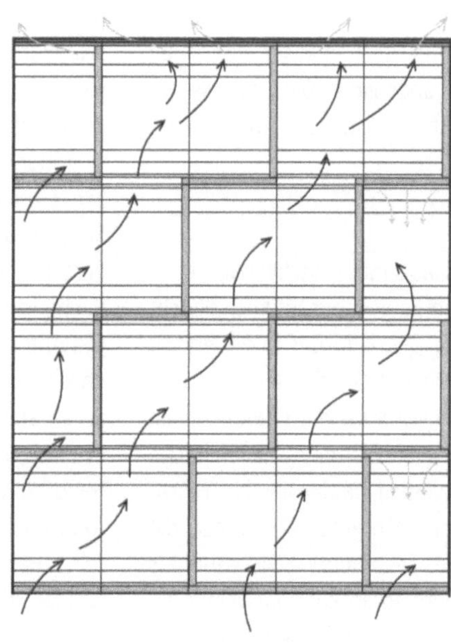

Bild 5.10: *Glas-Doppelfassade Typ Korridorfassade, hier mit geschossweiser Unterteilung und wechselnden Zu-/ und Abluftöffnungen zur Verhinderung von Fehlluft bzw. Kurzschlüssen*

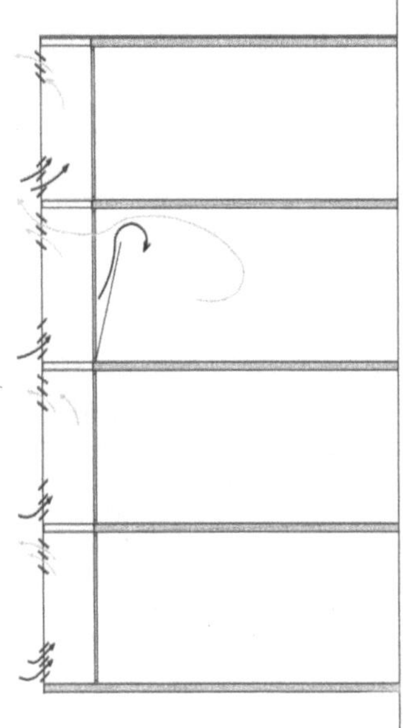

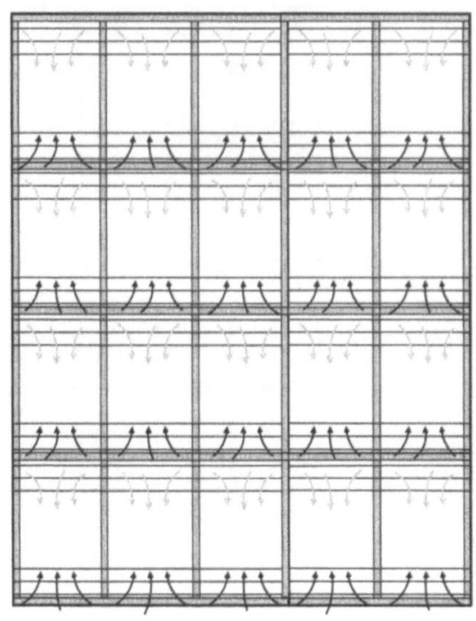

Bild 5.11: *Glas-Doppelfassade Typ Kasten-Kasten-Fassade; jedes Segment hat eigene Zu- und Abluftöffnungen (versetzte Anordnung verringert Fehlluftströmungen)*

räumen werden zusätzliche vertikale Korridore über die ganze Fassade oder über Teilbereiche angeordnet. Bei dieser Kombination aus Kasten-Kasten-Segmenten und Korridorsegmenten ist die Nutzung der höheren Auftriebsdrücke in Korridoren gewünscht. Durch Überströmöffnungen in den angrenzenden Kasten-Kastenfenstern wird ein intensiverer Luftaustausch im Zwischenraum bewirkt. Vorteile bringt dies überwiegend im Sommer bei schwach windigen Verhältnissen und sonst zu geringen Auftriebsgeschwindigkeiten im Schacht. Der hydraulische Abgleich bei mehreren übereinander angeordneten Schacht-Kastensegmenten ist zu beachten. Schematisch ist eine Schacht-Kastenfassade in Bild 5.12 abgebildet. Die Grundrissgestaltung muss allerdings auf die Anordnung eines zusätzlichen Abluftkorridors abgestimmt sein.

Umluftfassade

Wird eine vorgesetzte Vorhangfassade mit ausschließlich horizontaler Unterteilung des Zwischenraums ausgeführt, spricht man von einer Umluftfassade (Bild 5.13). In der Regel erfolgt die horizontale Trennung nach jeweils 2 Geschossen. Der entstehende umlaufende Fassadenkorridor wird mit Öffnungen an den Unter- und Oberseiten versehen. Für eine ausreichende Luftbewegung im Zwischenraum werden häufig an den Fassadenecken Ventilatoren installiert. Im Winterbetrieb werden die Öffnungen geschlossen, so dass der Fassadenzwischenraum als Pufferschicht dient. Mittels der Ventilatoren kann im Winterbetrieb erwärmte Luft von der Südfassade beispielsweise zur Nordfassade transportiert werden. Da sich Energiegewinne von nach Süden ausgerichteten Räumen technisch und konstruktiv einfacher mit raumlufttechnischen Anlagen bewirken lassen, wird diese Form der Doppelfassaden seltener angewendet.

Diskussion

Die Möglichkeiten und Grenzen von Glasdoppelfassaden werden seit einigen Jahren kontrovers diskutiert. Da eine Glasdoppelfassade in der Regel auch einhergeht mit der Installation Raumlufttechnischer Anlagen oder Kühleinrichtungen zumindestens für Spitzenkühllastabführung und Spitzenheizlasterbringung, ist eine Reduktion der technischen Ausstattung solcher Gebäude nicht zu erwarten. So steht im Vordergrund die Möglichkeit der natürlichen Belüftung und die Verringerung der Schallbelastung. Je nach Konstruktionstyp der Doppelfassade besteht jedoch die Gefahr der Schallübertragung zwischen benachbarten Räumen bei geöffneten Fenstern.

Die Anforderung von genügend großen Zu- und Abluftöffnungen an der Außenfassade zur ausreichenden Durchlüftung des Zwischenraums von vorgesetzten Glasfassaden konkurriert mit dem Wunsch, möglichst durch kleinere Öffnungen die Schallübertragung zu vermindern. Nur durch Modellversuche und Optimierungsrechnungen lassen sich hier die geeigneten Größen ermitteln. Bekannt ist, dass durch strömungstechnisch günstige Formen der Öffnungen zu große Öffnungsflächen verhindert werden können. Die Telefonieschallübertragung zwischen Geschossen wird durch die Konstruktion der Kasten-Kasten-Doppelfassaden verhindert. Auch die unterschiedlichen thermischen und aerodynamischen Verhältnisse in der Fassade werden hierdurch verhindert. Gleichzeitig ist die Konstruktion der Kasten-Kasten-Fassade die aufwendigste und damit teuerste. Die beschriebenen Korridorfassaden sind in der Regel bis auf 6 Geschosse begrenzt. Bei höheren Schachtdimensionen werden ggf. Saugventilatoren für die Luftförderung erforderlich. Ein hydraulischer Abgleich, insbesondere bei Schacht-Kasten-Fassaden, macht ungleiche Ausbildungen der Öffnungen am Übergang von der Kasten- zur Korridorfassade erforderlich. Die Konstruktion der einfachen vorgehängten Fassade ist bis max. 2 – 3 Geschosse zu realisieren. Bei mehr als 3 Geschossen ist mit einer zu hohen Erwärmung im oberen Schachtbereich im Sommer zu rechnen. Bei der Konzeption von Doppelfassaden ist weiterhin zu beachten, dass die städtebauliche Situation unmittelbaren Einfluss auf die Bauaerodynamik besitzt und bei Änderung der Strömungsverhältnisse ggf. auch die freie Lüftung trotz Doppelfassade eingeschränkt ist.

Die Reduktion der äußeren Kühllast wird bei Doppelfassaden durch Verringerung der Sonneneinstrahlung um bis zu 10 % bewirkt. Die inneren Kühllasten sind davon jedoch unabhängig, so dass bei heutigen Bürogebäuden in der Regel immer noch eine hohe Kühllast in Sommermonaten auftritt, die nur durch zusätzliche Maßnahmen wie stille Kühlung oder Raumlufttechnik oder eine Kombination beider für die Einhaltung der notwendigen Behaglichkeitskriterien sorgen kann.

Ferner ist kritisch zu bemerken, dass Schachttemperaturen nach heutigem Kenntnisstand auch in den Sommermonaten um bis zu 5 K über der Außentemperatur liegen und damit der Transmissionswärmestrom in den Sommermonaten in die Innenräume vergrößert wird. Dadurch wird die Reduktion des Strahlungseintrages ggf. wieder aufgehoben oder sogar überschritten. Festzuhalten ist also, dass die gesamte äußere Kühllast durch Doppelfassaden nicht reduziert werden kann.

Die Verringerung des Winddrucks auf die Innenfassade muss ebenfalls beachtet werden. Grundsätzlich sollten in Büroräumen Außenluftraten von 6 – 8 m^3/h zur Verfügung stehen. Doppelfassaden reduzieren die Druckverhältnisse so, dass ca. 50 % des Luftwechsels gegenüber einschaligen Fassaden möglich sind. Selbstverständlich gilt diese Aussage nicht pauschal, sondern ändert sich je nach Windrichtung, so dass ein deutlich höherer

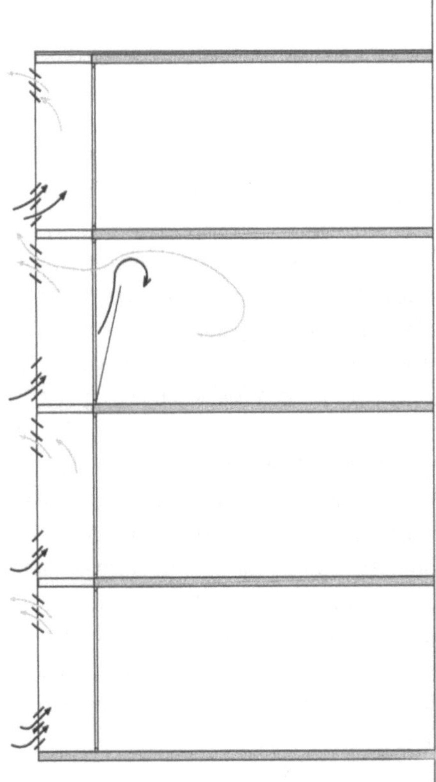

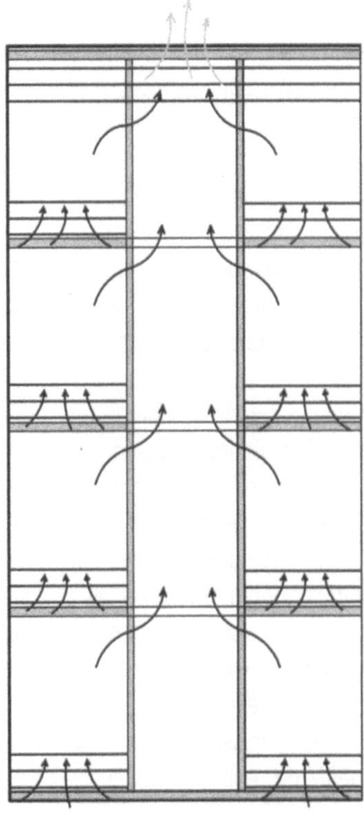

Bild 5.12: *Glas-Doppelfassade Typ Schacht-Kasten-Fassade; die Konvektionsströmung im Abluftkorridor unterstützt den Luftaustausch in den Kasten-Segmenten*

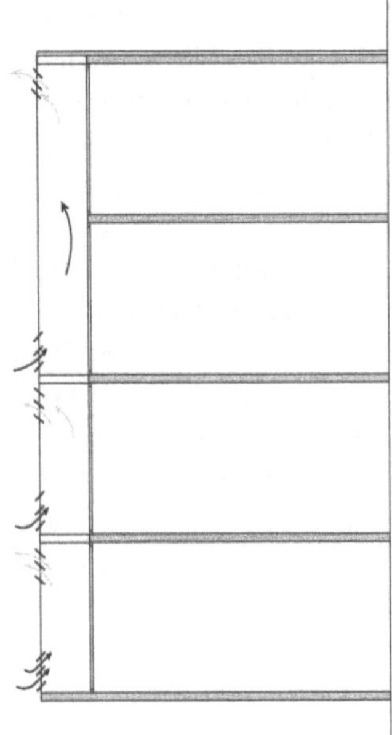

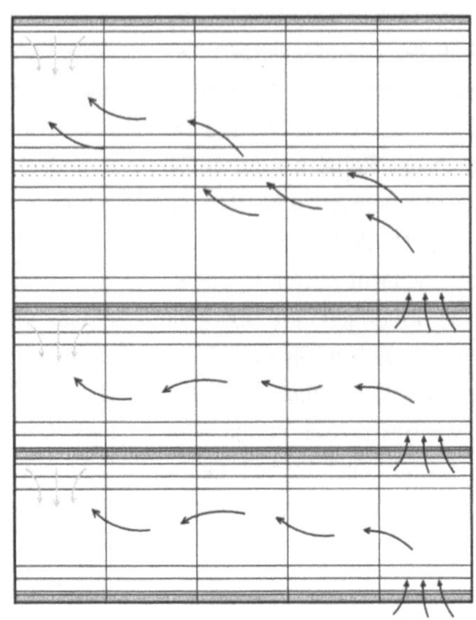

Bild 5.13: *Glas-Doppelfassaden, Typ Umluftfassade*

Luftwechsel auf der Luvseite eines Gebäudes gegenüber dem Luftwechsel Leeseite (Windschatten) zu verzeichnen ist.

Aus Messungen von /76/ ist bekannt, dass die Lage des Sonnenschutzes einen erheblichen Einfluss auf die Temperatur der einströmenden Luft aus dem Zwischenspalt in die Innenräume hat. Deshalb sollte die Sonnenschutzeinrichtung auf der Innenseite der Außenfassade oder in der Nähe angeordnet werden, auch wenn die Beeinflussung des Blendschutzes auf benachbarte Räume damit einhergeht.

Nachdem bei zahlreichen ausgeführten Beispielen die o.g. Einschränkungen von Doppelfassaden bekannt wurden, ist ein wesentliches Argument für die Glasdoppelfassade die Reduktion der Laufzeiten notwendiger raumlufttechnischer oder kühltechnischer Anlagen bzw. die Reduktion der Laufzeiten einer heiztechnischen Anlage.

Insbesondere in der Übergangszeit wird dadurch der Energieverbrauch dieser Anlagen verringert, weil Energiegewinne und freie Lüftung über den Zwischenspalt für ausreichend Komfort in den Räumen sorgen. In vielen Fällen wird eine raumlufttechnische Anlage zur Lüftung und in Verbindung mit Kühlung (über Luft oder als stille Kühlung) bei Außentemperaturen über 24 – 25°C betrieben. Heiztechnische Anlagen werden erst bei Außentemperaturen unter 8°C notwendig. Letzteres wird insbesondere auch auf die heute üblichen erheblichen inneren Lasten zurückgeführt. Ungeklärt ist allerdings bis heute, in welcher Form gerade in Ballungsgebieten die ungefilterte Außenluft über die Doppelfassade die Schadstoffkonzentrationen in Räumen beeinflusst. Die oben beschriebene Nachtauskühlung von Gebäuden kann allerdings erheblich besser bei Gebäuden mit Glasdoppelfassaden realisiert werden. Regeltechnische Maßnahmen (Unterkühlung der Räume, Automatisation der Fensterschließeinrichtung) bringen jedoch einen hohen technischen Installationsstandard mit sich.

Die übliche Einfachverglasung der Außenfassade bei Glasdoppelfassaden birgt außerdem die Gefahr der Kondensatbildung mit dem Einströmen von zu feuchter Raumluft bei zu kleinen Außenluftströmungen. Ferner sind die nicht zu unterschätzenden Reinigungskosten gegenüber einer einfachen Fassade zu beachten.

Neben den oben beschriebenen Konstruktionsarten gibt es noch zahlreiche Abwandlungen, auf die im Rahmen dieser Darstellung nicht im Einzelnen eingegangen werden kann.

Neben den auch hier festgestellten kritischen Anmerkungen zur Ausführung von Glasdoppelfassaden (siehe Tab. 5.2) gibt es jedoch durchaus auch Situationen, die eine ganzheitliche Planung im Zusammenhang mit Doppelfassaden sinnvoll ermöglichen. Ein besonderes Beispiel ist der Neubau des GSW-Hochhauses in Berlin /78/, wo auf der Westseite eine zweischalige Glasdoppelfassade als Korridorfassade so konzipiert ist, dass die erwärmte Luft durch thermischen Auftrieb einen Unterdruck erzeugt und durch einfache Klappensteuerung ein Luftaustausch in den Büros bewirkt. An der Ostseite sind ebenfalls Klappen eingebaut, die je nach Außendruckverhältnissen eine Regulierung der Luftdurchströmung sicherstellen.

Bei Extremsituationen kann eine konventionelle raumlufttechnische Anlage den Luftaustausch sicherstellen. Zur Verstärkung des Auftriebs besitzt das Gebäude in 85 m Höhe ein Dach, dessen Form anströmende Luft durch den Venturi-Effekt Unterdruck vergrößert und für den Spalt verändert. Die beschriebene Querlüftung bei dem sehr schmalen Hochhaus wird in den Sommermonaten nachts auch zur Auskühlung der Speichermassen verwendet. Die Korridorfassade ist gleichzeitig für den Winter thermische Pufferzone. Nähere Informationen siehe /78/.

5.3.2 Glasarten

Größe, Form und Material von Glas hat auf die Gestaltung von Gebäuden erheblichen Einfluss. Gewünscht ist die Durchlässigkeit von Glas im sichtbaren Lichtbereich in hohem Maß, bei gleichzeitig minimalen Energieströmen in bzw. aus dem Raum heraus. Die aus den Wärmeschutzqualitäten von Glas folgernden Oberflächentemperaturen zur Rauminnenseite beeinflussen die Behaglichkeit im Raum maßgeblich (siehe Kap. 2.2).

Der Wärmeübergang setzt sich zusammen aus dem molekularen Wärmetransport in Festkörpern (Wärmeleitung), durch Mitführung von Wärme zwischen Festkörper und Fluid (Konvektion), und dem Austausch elektromagnetischer Teilchen (Strahlung). Bei der Wärmestrahlung unterteilt man nach dem unterschiedlichen Wellenlängenbereich zwischen dem sichtbaren Bereich (0,4 – 0,7 µm), dem solaren Bereich (0,3 – 3,0 µm) und der Wärmestrahlung mit über 2,0 µm. Die Durchlässigkeit von Glas für Strahlung und Transmission wird durch den Gesamtenergiedurchlassgrad g beschrieben. Der g-Wert setzt sich zusammen aus der durch eine Glaskonstruktion durchgelassenen, direkten Sonnenstrahlung und der sekundären Wärmeabgabe über die Erwärmung der Glasscheiben nach innen:

$$g = \tau_E + q_i \qquad (Gl.4.42)$$

mit τ_E: Direkte Energieeinstrahlung
q_i: Sekundärstrahlen

Tabelle 5.2: *Gegenüberstellung der Pro- und Kontra-Argumente bei der GDF-Diskussion (nach Gertis)*

Sachgegenstand	Argumente	
	pro GDF	**kontra GDF**
Schall	GDF bieten einen verstärkten Schallschutz bei Außenlärm.	GDF müssen zu Lüftungszwecken geöffnet werden. Dann sinkt die Schallschutzwirkung. Der Luftspalt steigert die Schallübertragung.
Heizenergie, Winter	GDF sind energiesparend, weil sie Solarenergie wie ein Kollektor einfangen.	Bei den in Frage kommenden Gebäuden mit hohen internen Wärmelasten ist Energieeinsparung kein Thema.
Kühlenergie, Sommer	Sommerliche Hitze kann über den GDF-Luftspalt abgeführt werden.	Im GDF-Luftspalt tritt eine starke sommerliche Erwärmung auf, welche den dahinter liegenden Raum zum Brutkasten macht.
Raumklima Lüftung	GDF verbessern das Raumklima bei natürlicher Lüftung.	Bei GDF ist ein behagliches Raumklima nur mit (mechanischen) HVAC[1)]-Anlagen möglich. Im Luftspalt findet eine Geruchsübertragung statt.
Sonnenschutz	GDF gestatten im Luftspalt eine sturmsichere Anbringung des Sonnenschutzes.	Ein sicherer Sonnenschutz kann auch in eine Hochhaus-Lochfassade integriert werden.
Fensteröffnen	GDF gestatten das vom Nutzer gewünschte Fensteröffnen auch bei großen Gebäudehöhen.	Mit arretierbaren Fensterbeschlägen ist Fensteröffnen auch bei einer normalen Hochhaus-Fassade möglich.
Innen-Anpressdrücke	GDF reduzieren bei Wind in großen Gebäudehöhen die Staudrücke im Raum, die zu hohen Anpressdrücken bei Innentüren führen.	Mit Prallscheiben vor den Fensteröffnungen können die Staudrücke auch bei normalen Lochfassaden reduziert werden.
Brand	Mit Horizontal- und Vertikalschotten kann die Brandausbreitung im Luftspalt verhindert werden.	Die äußere Glashaut verhindert den Rauchabzug. Der Luftspalt steigert den Feuerüberschlag.
Tauwasser	Bei ausreichender Belüftung des GDF-Luftspaltes tritt kein Tauwasser auf.	An der Innenoberfläche der Außenscheibe ist Tauwasser unvermeidbar; deshalb häufige Reinigung.
Kosten	GDF senken die Betriebskosten des Gebäudes (Energiekosten).	GDF sind von den Investitionskosten extrem teuer. Sie verursachen ferner hohe Betriebskosten (Reinigung von 4 Glasoberflächen).

[1)] HVAC: Heating, Ventilation, Air Conditioning

Der g-Wert beschreibt somit den Anteil der durchgelassenen, auf eine Scheibe auftreffenden Solarenergie in Prozent. Einfachglas, z. B. Planilux /80/ 2 mm stark, hat einen Gesamtenergiedurchlassgrad nach EN 410 /79/ von g = 0,88. Für die äußere Kühllast eines Raumes ist somit der g-Wert die entscheidende Größe. Durch entsprechende Beschichtung bzw. Behandlung von Glas kann der g-Wert erheblich reduziert werden. Zu beachten ist aber auch der Lichttransmissions- und der Lichtreflexionsgrad. Diese stellen das Verhältnis von durchgelassenem bzw. reflektiertem Lichtstrom zum einfallenden Lichtstrom im sichtbaren Strahlungsbereich dar. Der Lichttransmissionsgrad T wird in Prozent nach EN 410 /79/ angegeben. Der Anteil der von einer Scheibe absorbierten Energie wird mit dem Strahlungsabsorptionsgrad A in Prozent angegeben. A ist dabei für die gesamte Glaskonstruktion maßgeblich, Außen- und Innenscheiben werden mit A_1 und A_2 bezeichnet.

Der sogenannten W-Faktor bzw. Shadding-Faktor ist das Verhältnis von g-Wert der jeweiligen Verglasung zu dem g-Wert eines 2-Scheiben-Normalglasfensters. Vereinfachend wird der Wert des Normalglasfensters mit 0,8 angegeben, so dass gilt:

$$b = \frac{g}{0,8} \qquad (Gl.4.43)$$

Schließlich wird die Selektivitätskennzahl S als Verhältnis von

$$S = \frac{\Im_L}{g} \qquad (Gl.4.44)$$

dem Verhältnis von Lichtdurchlässigkeit $\Im_L$ zum Gesamtenergiedurchlassgrad g bezeichnet. Die Kennzahl S bewertet Sonnenschutzgläser im Bezug auf eine erwünscht hohe Lichtdurchlässigkeit im Verhältnis zu dem jeweils angestrebten niedrigen Gesamtenergiedurchlassgrad. Eine hohe Selektivitätskennzahl drückt ein günstiges Verhältnis aus. $S \approx 2$ kennzeichnet dabei für neutrale Verglasungsprodukte die Grenzen des physikalisch Machbaren /80/.

Für den Wärmeschutz im Heizfall ist der Wärmedurchgangskoeffizient U entscheidend. Bei den nachfolgenden Angaben ist zu beachten, dass die Rahmenkonstruktion gemäß DIN 4108 /81/ bei dem Gesamtwärmedurchgangskoeffizienten für Fenster- und Rahmenkonstruktionen jeweils zu ermitteln ist.

In den meisten Fällen ist bei Gebäuden mit ganzheitlichen Konzepten ein möglichst geringer g-Wert bei gleichzeitig hoher Lichtdurchlässigkeit und einem möglichst geringen U-Wert wünschenswert. Unter Umständen sind solare Gewinne aufgrund der Gesamtjahresenergiebilanz erwünscht, sofern speicherfähige Bauteile in den Räumen und ein Gesamtkonzept mit z. B. Nachtauskühlungsstrategien möglich ist. Der für die Kühllast entscheidende Gesamtenergiedurchlassgrad kann durch spezielle Sonnenschutzverglasungen oder durch einen Sonnenschutz erheblich reduziert werden. So genannte Sonnenschutzgläser (selektive Gläser) lassen nur einen bestimmten Teil der Sonnenenergiestrahlung durch und ermöglichen einen genügend hohen Tageslichtquotienten.

Bei Sonnenschutzverglasungen ist das Ziel, den infraroten Teil des Sonnenspektrums so zu reduzieren, dass der sichtbare Teil des Spektrums nicht zu stark beeinflusst wird. Eine Reduktion um 50 % ist ohne Beeinflussung des Lichttransmissionsgrades möglich. Für den Wärmeschutz werden bei Mehrfachverglasungen die Scheibenzwischenräume mit Gasen gefüllt, so dass nur noch eine geringe freie Konvektion im Zwischenraum stattfindet und eine geringe Wärmeleitfähigkeit die Wärmeübertragung verhindert. Bei integrierten Gebäudekonzepten besteht die Schwierigkeit nun darin, die richtige Balance zwischen erwünschtem passivem Wärmegewinn und der Verhinderung einer Überhitzung zu finden.

Ein guter Wärmeschutz bei Gläsern führt dazu, dass die Oberflächentemperatur auf der Innenseite eines Glases mit Verbesserung des Wärmeschutzes höher ist. So ist z. B. bei einer Einfachverglasung von 4 mm und einem U-Wert 5,8 W/(m^2 K) bei −10°C Außentemperatur eine Scheiben-Innenoberflächentemperatur von −2,3°C zu erwarten. Bei Verbesserung des Wärmeschutzes auf U = 2,9 W/(m^2 K) beträgt die Oberflächentemperatur 9,0°C, bei einem U-Wert von 1,1 W/(m^2 K) schon 15°C.

Die verwendeten Glasarten unterscheidet man nach Float-Glas, selektiv beschichtetem Glas und Sondergläsern.

Flachglas wird in einem Float-Glas Prozess hergestellt /82/.

Durch selektiv beschichtetes Glas wird der Sonnenenergieeinfall durch unsichtbare Edelmetallschichten deutlich reduziert. Dadurch können entsprechend geringe g-Werte erreicht werden.

Die zum Teil mit Verwendung bestimmter Beschichtung einhergehende Farbveränderung von Glas muss bei der Gestaltung beachtet werden. Ebenso ist bei geringen g-Werten die Lichtdurchlässigkeit und die Lichtreflektion nach außen zu beachten.

In Tabelle 5.3 sind für Glasarten verschiedener Hersteller einige bauphysikalischen Werte zusammengestellt.

Bei der Herstellung von Gläsern werden für den Sonnenschutz reflektierende Metalloxidschichten, wie z. B. Titan, Chrom, Nickel oder Eisen, verarbeitet. Beim Wärmeschutz werden fluordotiertes Zinnoxid mit Siliciumoxidunterschichten /82/ verwendet.

Gegenüber diesen sogenannten Onlinebeschichtungen werden Glasscheiben im Offlineverfahren durch Tauch- oder Vakuumverfahren beschichtet. Sogenannte Funktionsschichten können für

Licht- und Wärmeschutz eingesetzt werden. Es gibt winkelabhängige selektive oder lichtumlenkende Schichten. Ebenso können holiografisch optische Elemente für eine gezielte Lichtführung im Sinne von Tageslichtlenkungssystemen eingesetzt werden. Mit sogenannten thermotropen Schichten entsteht mit steigender Temperatur eine Färbung des Glases und somit eine Reduktion des Strahlungsdurchganges. Sogenannte thermochrome Schichten verändern beim Erwärmen die Strahlungstransmission überwiegend im Infrarot-Bereich. Bei elektrooptischen Schichten, die mit Flüssigkeitskristallen oder Elektrochrommaterialien arbeiten, kann eine aktive Steuerung durch Spannungsanlegung erfolgen. Damit wird die Strahlungsdurchlässigkeit durch An- oder Ausschalten einer Spannung beeinflusst. Bei elektrochromen Schichten kann durch Spannungsanlegung sogar ein Farbwechsel erzielt werden.

5.3.3 Transparente Wärmedämmung

Kurzwellige Strahlung aus Sonnenenergie wird nach dem Durchtritt durch transparente Flächen durch Absorption an den auftreffenden Flächen in langwellige Strahlung (Wärme) umgewandelt und dient so während der Heizperiode zur passiven Solarenergiegewinnung. Kommen diese Gewinne unmittelbar einem Raum zugute, spricht man von Direktgewinnsystemen. Das Maß für die Durchlässigkeit der Energie wird durch den Gesamtenergiedurchlassgrad beschrieben (siehe Kap. 5.3.2). Hat der anliegende Raum genügend speicherwirksame Masse, kann eine zu starke Erwärmung verhindert werden und eine Dämpfung des Temperaturanstiegs erfolgen.

Unter transparenter Wärmedämmung versteht man die gezielte Nutzung von lichtdurchlässigen Materialien, die aufgrund guter Wärmedämmeigenschaften Solarstrahlung durchlassen und einen geringen Wärmeverlust zur Außenseite aufweisen.

Tabelle 5.3: *Kennwerte einiger unterschiedlicher Glasarten*

Bezeichnung	Typ	g (%)	T (%)	U (W/m² K)
Planilux 2 mm	Einfachglas	88	91	5,9
Artelio 6 mm, weiß	Einfachglas Sonnenschutzglas	67	47	5,7
Cool-Lite 6 mm, silber	Einfachglas Sonnenschutzglas	18	8	4,4
Climalit 23 mm	Isolierglas	76	81	2,7
Climaplus 28 mm Argon	Wärmedämmglas	66	67	1,5
Climaplus 49 21 mm Argon	Wärmedämmglas	66	67	1,5
Climalit Solar Control, 24 mm, silber mit Cool-Lite	Isolierglas	12	7	2,3
Climaplus Solar Control weiß mit CoolLite	Isolierglas	45	57	1,6
Climaplus Solar Control mit Cool-Lite K/SK neutral, Argon	Isolierglas	41	66	1,1
Iplus neutral R *) 20 mm	Isolierglas	58	76	1,3
Iplus Solar *) 4 mm	Isolierglas	37	49	1,8
Iplus X *) 20 mm	Isolierglas	57	75	0,9

(Produkt Fa. Interpane, ohne Kennzeichnung Fa. Saint-Gobain)*
g: Gesamtenergiedurchlassgrad, T: Lichttransmissionsgrad, U: Wärmedurchgangskoeffizient

Wird vor einer massiven Außenwand eine schwarz gestrichene Fläche als Absorber genutzt und eine transparente Wärmedämmung davor geschaltet, spricht man von der transparenten Wärmedämmung als Solarwand.

Ziel dieser Konstruktion ist, Sonnenstrahlung in Wärme umzuwandeln und durch die gleichzeitig gute Wärmedämmung der transparenten Fläche einen Wärmestrom nach außen möglichst gering zu halten. Durch die Erwärmung der Absorberfläche wird Wärme an die dahinterliegende massive Wand transportiert, die die Wärme zeitverzögert dem Raum zur Verfügung stellt (siehe Bild 5.14). Von dem Material und der Stärke der speichernden Wand hängt die Menge an gespeicherter Energie ab. Die Hauptschwierigkeit dieses Systems liegt in der Vermeidung einer sommerlichen Überhitzung. Dazu müssen Abschattungsvorrichtungen an der transparenten Wärmedämmung oder in einem vorzusehenden Luftspalt eingebaut werden.

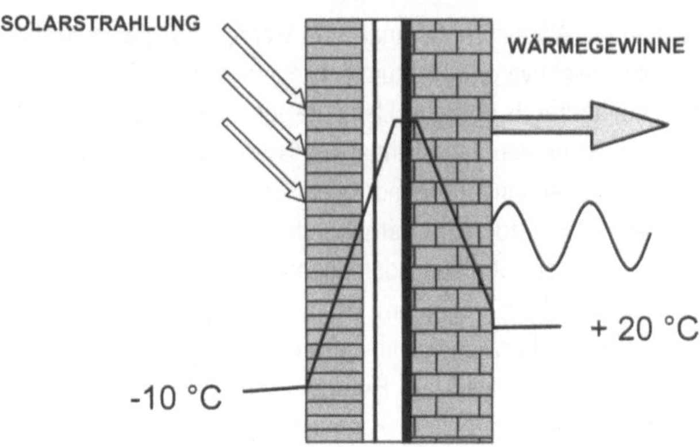

Bild 5.14: *Prinzip einer Solarwand mit transparenter Wärmedämmung: die an der Absorberfläche in Wärme umgewandelte Solarstrahlung erwärmt die Massivwand und gibt zeitverzögert die Wärme an den Innenraum ab (schematische Darstellung)*

Die größte Schwierigkeit bei der Wahl eines geeigneten Materials für die transparente Wärmedämmung besteht darin, gute Wärmedämmeigenschaften mit einer ausreichenden Durchlässigkeit der Sonnenenergie herzustellen.

Die Strukturen der transparenten Wärmedämmung beeinflussen den solaren Gewinn. Grob unterteilt werden nach derzeitigem Stand vier verschieden transparente Wärmedämmstrukturen (siehe Bild 5.15 /85/).

Als Material werden Kunststoffe aus PMMA oder Polycarbonat verwendet. Die Strukturen unterscheiden sich nach parallel zum Absorber angeordneten transparenten Flächen z. B. Mehrfachverglasung, Strukturen senkrecht zum Absorber (Kapillare- oder Wabenstruktur), ungeordnete Kammerstrukturen (z. B. Acrylglasschaum) oder homogene Strukturen (Aerogel).

Es hat sich als Vorteil erwiesen, dass Strukturen mit senkrechter Anordnung zum Absorber durch den niedrigen Sonnenstand im Winter einen erhöhten Energiedurchlassgrad aufweisen und bei hoch stehender Sonne im Sommer eine reduzierte Leistung haben. Neben diesen Kriterien sind auch Kosten bei der Herstellung bedeutend. Offenbar sind homogene Strukturen (Typ d) kostengünstiger herzustellen /85/.

Ebenso werden einfache Konstruktionen mit gefärbter Mineralwolle und davor gesetztem Glas angeboten /86/. Die Wärmedurchgangskoeffizienten der verschiedenen transparenten Wärmedämmungen schwanken zwischen U=0,9 ... 1,1 W/(m^{2}K). Dabei werden Gesamtenergiedurchlassgrade von g=0,5 (Aerogel granulat, homogene Struktur) bis g=0,68 (Glaskapillare 8 cm, 2 Scheiben) /90/ angegeben.

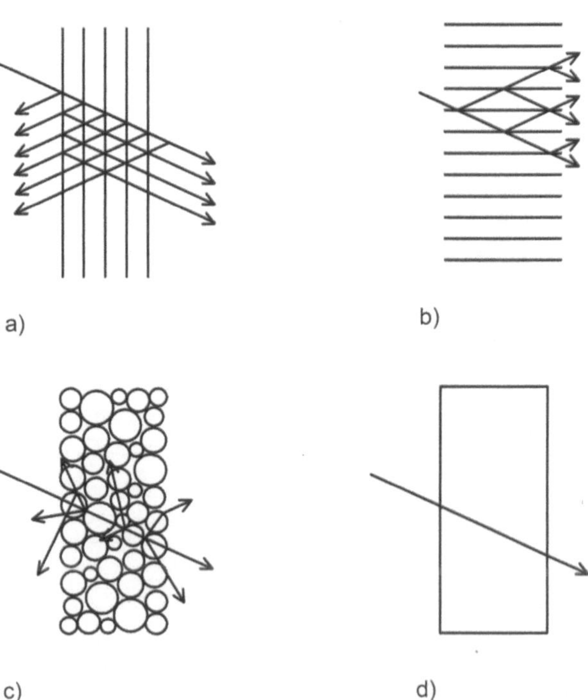

Bild 5.15: *Bauarten von Transparenter Wärmedämmung: a: parallel zum Absorber; b: senkrecht zum Absorber; c: ungeordnete Kammerstrukturen; d: homogene Strukturen /87/*

Die indirekte Nutzung zur Raumheizung erfolgt durch Speicherung in der Wand. Die transparente Wärmedämmung kann aber auch zur direkten Wärmenutzung verwendet werden, indem Teile der Fassade als lichtlenkende Elemente (z. B. mit Kapillar-

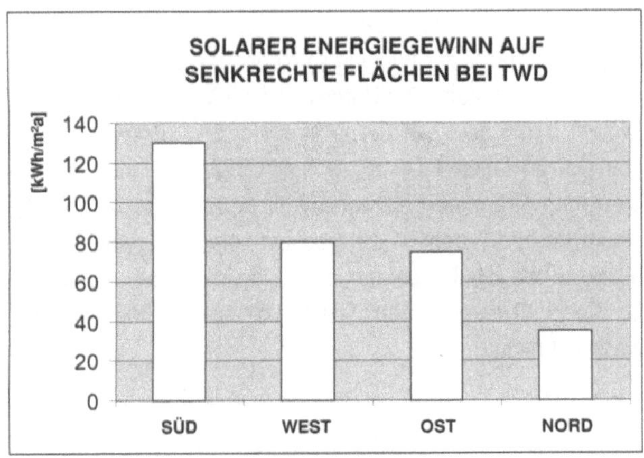

Bild 5.16: *Solarer Energiegewinn aus senkrecht angeordneter transparenter Wärmedämmung nach /87/*

rohrstruktur der TWD) eingesetzt werden. So kann ein Energiegewinn auch bei teilgeschlossenem Sonnenschutz z. B. durch Ausführung von Oberlichtern als transparente Wärmedämmung hergestellt werden. Ebenso kann bei Fabrikgebäuden entsprechende transparente Wärmedämmung in Sheddächern zur Lichtlenkung und Wärmegewinnung eingesetzt werden.

Die Wärmegewinne für senkrechte Flächen bei transparenter Wärmedämmung mit Kapillarrohrstruktur senkrecht zur Absorberfläche werden von /92/ mit ca. 130 (kW/h/(m^2*a) bei einer Südfläche, ca. 80 kWh/(m^2*a) für eine nach Westen orientierte Fläche sowie 75 kWh/(m^2*a) (Ost) und ca. 40 kWh/(m^2*a) (Nordwand) angegeben (Bild 5.16).

Haupthinderungsgrund für eine größere Verbreitung sind die aufwendige Konstruktion von Verschattungssystemen, die damit einhergehenden hohen Investitionen und im Nichtwohnungsbau die mittlerweile hohen Kühllasten in Sommermonaten. Wird ein Gebäude konsequent im Niedrigstenergiestandard konzipiert, findet eine Verlagerung der Focusierung auf kontrollierte Be- und Entlüftung mit Wärmerückgewinnung statt. Bei einer Gebäudekonzeption mit passiver Energienutzung und schwer speichernder Konstruktion kann die Verwendung von TWD durchaus sinnvoll sein. Auch im Sanierungsbereich kann durch nachträglich aufgebrachte transparente Wärmedämmung eine wesentliche Verbesserung des Wärmeschutzes und gleichzeitig eine passive Energiegewinnung herstellbar sein.

Ausführliche Wirtschaftlichkeitsbetrachtungen sind in /90/ zu finden.

5.3.4 Kühlung durch Verdunstungs- und Filmkühlung

Grundsätzlich sollte für ein sinnvolles ökologisches Gebäudekonzept die Reduktion der Kühllast im Sommer und die Reduktion der Heizlast im Winter durch passive Maßnahmen weitestgehend optimiert werden. Aus gestalterischen Gründen kann es sein, dass große Glasflächen ohne Sonnenschutzmaßnahmen vorgesehen werden, die zu einer Überhitzung des dahinterliegenden Raumes führen. Es gibt immer wieder Ansätze, über Maßnahmen mit geringem Energieaufwand Glasflächen zu kühlen und damit die thermischen Lasten zu reduzieren. Ziel ist es, auf eine Kühlung der dahinterliegenden Räume weitestgehend zu verzichten und, wenn möglich, mit freier Lüftung für ausreichenden Luftaustausch zu sorgen.

Eine der Möglichkeiten ist die adiabate Verdunstungskühlung. Durch Wasserflächen in der Nähe der Fassade oder durch direktes Versprühen von Wasser an oder in der direkten Umgebung der Fassade kann die Oberflächentemperatur bzw. Umgebungstemperatur an der Fassade gesenkt werden.

In Bild 5.17 ist eine in der Nähe der Fassade angeordnete Wasserfläche dargestellt. Das Wasser verdunstet an der Oberfläche. Je höher die Wasser- und Lufttemperaturen, desto höher ist die Verdunstungsmenge. Eine mögliche Temperaturreduktion ist durch die schwer vorhersehbaren Strömungsver-

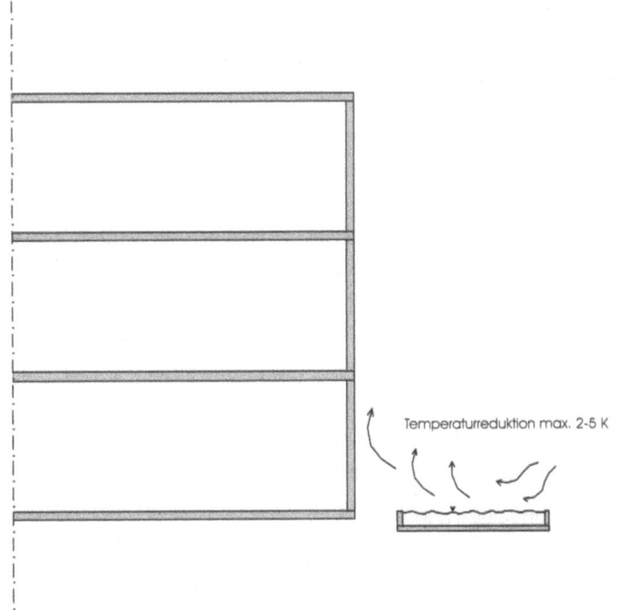

Bild 5.17: *Kühlung durch Verdunstungskühlung: durch adiabate Verdunstungskühlung soll eine Temperatursenkung in der Nähe der Fassade stattfinden*

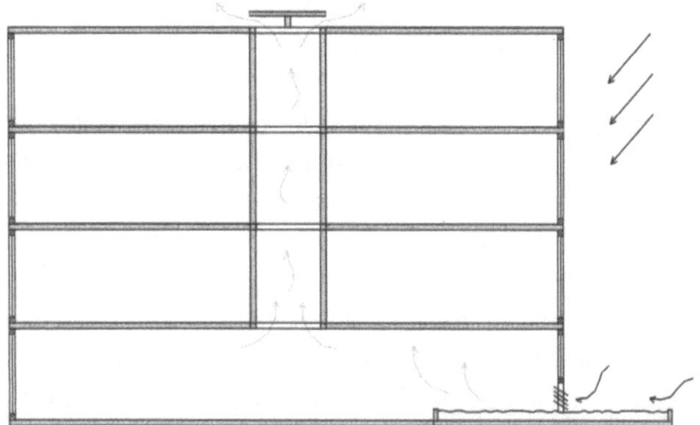

Bild 5.18: *Kühlung durch Verdunstungskühlung: mit der Luftführung erfolgt eine Temperaturreduktion des eintretenden Außenluftstroms*

hältnisse kaum möglich. Die Verdunstungsleistung kann durch Erhöhung der Wasseroberfläche oder durch Versprühen von Wasser über z. B. Düsen zur Vergrößerung der Verdunstungsoberfläche gesteigert werden. Zur Führung der Luftströmung können Wasserflächen in die Gebäudekonzeption integriert werden (siehe Bild 5.18).

Eine solche Konzeption ist bei der Fortbildungsakademie Mont-Cenis in Herne (S. 118) realisiert worden. Durch eine gezielte Führung der ins Gebäude natürlich nachströmenden Außenluft kann der Verdunstungseffekt in Verbindung mit der Gebäudethermik genutzt werden.

In beiden Fällen ist zu beachten, dass Wasseroberflächen vor den Gebäuden durch Reflektion auch die Strahlung verstärken.

Eine intensivere und besser vorhersehbare Kühlung kann durch gezielt angebrachte Sprühvorrichtungen an der Fassade erfolgen. Durch adiabate (ohne Wärmezufuhr) Kühlung wird die Fassadenoberflächentemperatur reduziert. Dabei ist zu beachten, dass die Feuchte im gebäudenahen Bereich nicht über 60 – 65 % ansteigt, da sonst bei freier Lüftung des Gebäudes die relative Feuchte in den Räumen außerhalb des Behaglichkeitsbereiches liegen könnte. Solche, wie im Bild 5.19 dargestellten, Systeme müssen allerdings mit einem erheblichen technischen Aufwand installiert werden. Für direkt hinter der Fassade liegende Räume sind solche Lösungen nicht geeignet. Beim Besprühen der Fassade kann eine natürliche Lüftung durch Fassadenöffnung nicht mehr stattfinden und ein notwendiger Blendschutz für Arbeitsräume hinter der Fassade ist ebenfalls nicht gegeben. Bei Glasvorbauten oder Gebäudeeinhausungen mit festen Verglasungen kann dies allerdings eine Möglichkeit sein, wie dies der Neubau der Messe in Leipzig zeigt /68/.

Anstelle einer Verdunstungskühlung ist auch bei feststehenden Verglasungen eine Filmkühlung denkbar. Für die Temperaturreduktion durch den adiabaten Verdunstungsvorgang wird Wasser an der Oberfläche zur Kühlung so eingesetzt, dass ein herabfließender Film entsteht. Der Unterschied zur Verdunstungskühlung besteht darin, dass hier der Wärmeübergang überwiegend aus konvektiven Anteilen besteht und durch die sich bildende Filmdicke und Strömungsgeschwindigkeit bestimmt wird. Auch bei einem solchen System ist die mögliche Temperaturreduktion nur mäßig, wenn die Temperatur des Kühlwassers z. B. aus einem, im Bild 5.20 dargestellten, Speichersystem von Niederschlagswasser stammt.

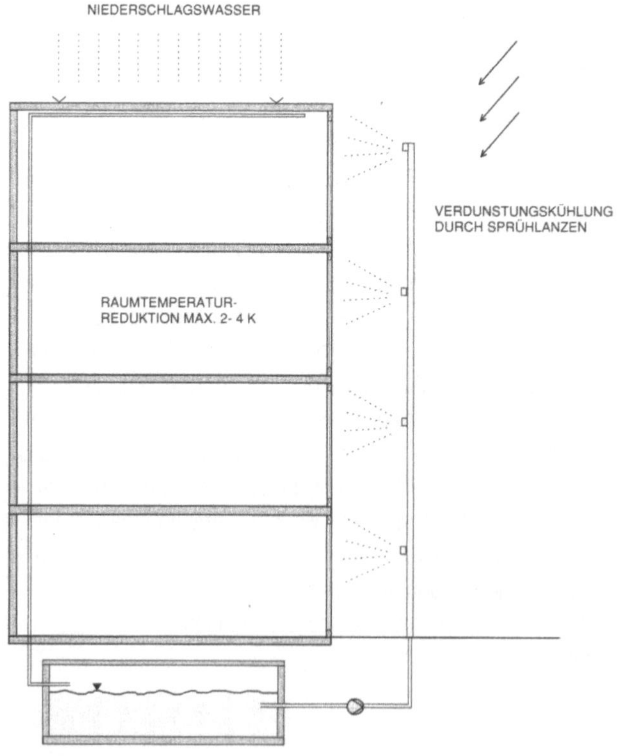

Bild 5.19: *Verdunstungskühlung durch Besprühung der Fassade*

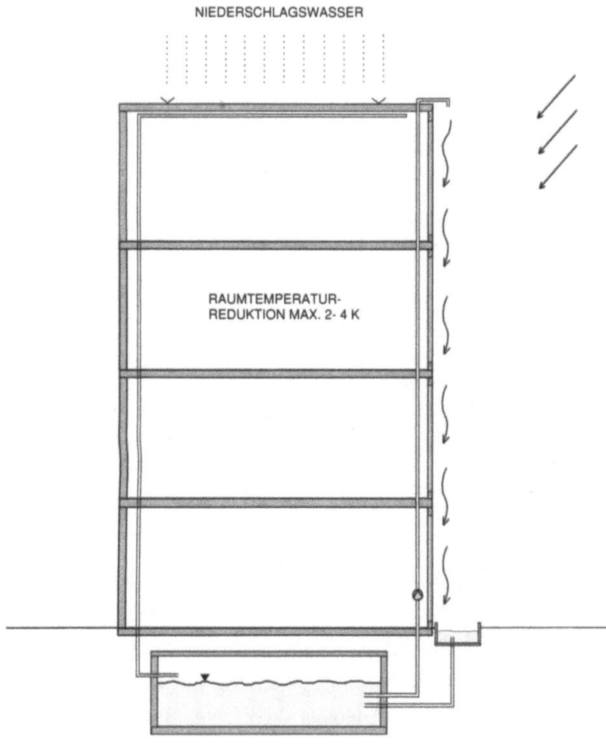

Bild 5.20: *Fassadenkühlung durch einen an der Fassade herabfließenden Wasserfilm*

5.4 Raumlufttechnik und freie Kühlung

Ganzheitliche Gebäudetechnikkonzepte passen sich dem thermischen Verhalten eines Gebäudes, den Luftströmen und Lastwechsel so an, dass der Energiebedarf für Transport von Luft und Wärme minimal ist. Dabei sollten natürliche Ressourcen, Speicherstrategien oder Mehrfachnutzung von Energieströmen vorrangig verwendet werden. Viele Gebäude, insbesondere im Bereich des Nichtwohnungsbau, benötigen zur Sicherstellung ausreichender Luftqualität aufgrund ihrer Grundrisskonzeption und ihrer Nutzung kontrollierte Be- und Entlüftung bzw. eine raumlufttechnische Anlage.

Je nach Gebäudehöhe und Gebäudeform entsteht durch Winddruck am Gebäude und durch Thermik innerhalb des Gebäudes eine natürliche Belüftung. Durch Fugen und Öffnungen im Gebäude strömt, auch bei geschlossenen Fassaden, eine gewisse Menge Außenluft immer durch das Gebäude.

Die o.g. Systeme der Gebäudetemperierung können sehr gut mit freier Lüftung des Gebäudes verbunden werden. Da Druckverhältnisse am Gebäude und Thermik im Gebäude nicht beeinflussbar sind, ist die Heizlast bei unkontrollierter Lüftung höher gegenüber einer kontrollierten Lüftung. Es können vor allem bei Flächenheiz- und Kühlsystemen hohe relative Feuchten in den Räumen auftreten und die Schadstoffabfuhr insbesondere bei Windstille (geringe Druckdifferenz am Gebäude bedeutet geringerer Luftaustausch) durch freie Lüftung infrage stellen. Trotz der Nachteile von raumlufttechnischen Anlagen bzgl. Wartungsaufwand, Investitionen, baulichem Mehraufwand und Transportkosten können bei manchen Konzeptionen zentrale oder dezentrale raumlufttechnische Anlagen sinnvoll in ein ganzheitliches Konzept integriert werden. Voraussetzung für einen sinnvollen Einsatz ist:

- Luftfördervolumen kann bedarfsabhängig geregelt werden
- Luftfördervolumen ist auf das notwendige Minimum reduziert
- das Wärmepotential aus der Fortluft wird durch hochwirksame Wärmerückgewinnung der Außenluft zugeführt
- Druckverluste in Zentralgeräten und Luftverteilungen sind minimal (Vermeidung zu hoher Strömungsgeschwindigkeiten)
- hygienische Anforderungen an die Anlagen werden erfüllt (Reinigung, Filter).

5.4.1 Dezentrale raumlufttechnische Anlagen

Der Einbau von zentralen raumlufttechnischen Anlagen geht grundsätzlich einher mit aufwendiger Planung und Ausführung geeigneter Kanaltrassen, der Errichtung von zentralen technischen Betriebsräumen, Schächten für die Führung von Außenluft, Fortluft bzw. Zu- und Abluft und ist ein wesentlicher Eingriff in die gesamte Gebäudeplanung und -ausführung. Es liegt daher nahe, bei Gebäuden mit überwiegend fassadenorientierter Nutzung (Büro und Verwaltungsgebäude u. a.) direkt in der Nähe der Fassade dezentrale Lüftungsgeräte unterzubringen. Für den jeweiligen Raum wird Außenluft über die Fassade zu einem dezentralen Lüftungsgerät geführt, aufbereitet und unmittelbar dem Raum zur Verfügung gestellt.

Solche Systeme können in Form von Ventilatorkonvektoren (Fan-Coils oder Induktionsgeräten) in die Brüstung integriert werden und ersetzen für fassadenorientierte Räume eine raumlufttechnische Anlage. Im Gebäude wird die Heiz- und Kälteversorgung über Zwei-, Drei- oder Vier-Leitersysteme zu den Luftgeräten geführt.

Die Geräte werden nach den Maximalwerten der Heiz- und Kühllast ausgelegt. Sinnvoller ist, die Konzeption eines Gebäudes so anzulegen, dass grundsätzlich eine freie Lüftung möglich ist und öffenbare Fenster vorgesehen sind. Dann können zusätzlich Fas-

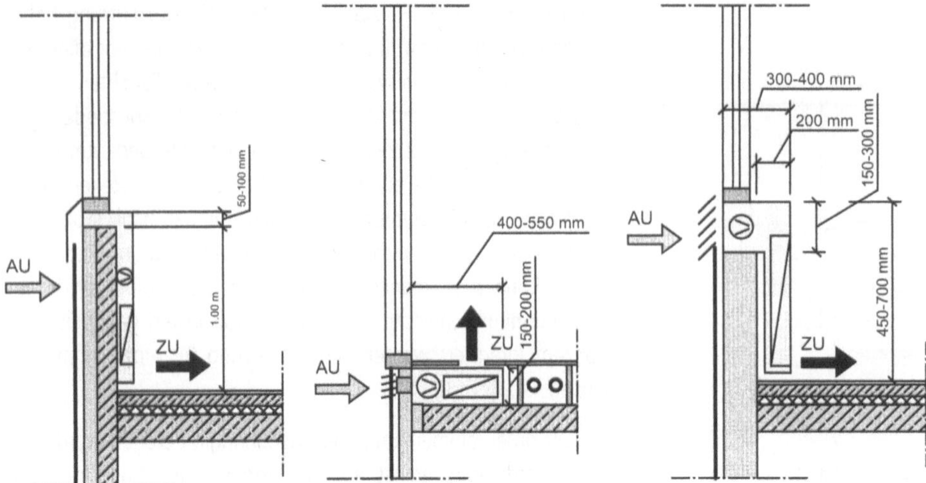

Bild 5.21: *Dezentrale Lüftungsgeräte zum Fassadeneinbau: drei Einbauvarianten (nach /88/)*

sadenlüftungsgeräte für kontrollierte Lüftung direkt mit Außenluftanschluss zur unterstützenden Luftförderung vorgesehen werden. Der Vorteil gegenüber einer reinen freien Lüftung ist die Möglichkeit der Zuluftfilterung, die Verhinderung von Schallübertragung bei geöffneten Fenstern und die Möglichkeit der Kombination mit Gebäudetemperierungssystemen. So gesehen sind Fassadenlüftungsgeräte geeignete Ergänzungen für Konzepte wie z. B. Bauteilaktivierung oder Flächenheiz- und Kühlsysteme.

Zur Zeit sind unterschiedliche fassadenintegrierte Geräte verfügbar. Im Bild 5.21 sind drei Einbaumöglichkeiten dargestellt /83/. Bei einem Einbau in eine Lochfassade muss bei Hochhäusern zur Verhinderung von Brandüberschlag eine entsprechende Luftführung vorgesehen werden. Ebenso ist der Einbau als Zargengerät oder die Integration in den Doppelboden mit Aufbauhöhen bis zu 200 mm möglich. In der Darstellung ist eine Zuluftführung mit Filterung und Wärmetauscher zum Anschluss an das Heizwassernetz vorgesehen.

Die Abluftführung für die Räume bei dezentralen Fassadenzuluftgeräten kann unterschiedlich erfolgen:

- in der jeweiligen Fassade direkt
- durch Abluftöffnungen in den Flurwänden mit Überströmluftführung in die Innenzonen des Gebäudes
- über ein zentrales Abluftnetz.

Die im Bild 5.23 dargestellte Luftführung zeigt die Überströmung der Abluft über eine Innenzone zu einem zentralen Abluftgerät. Hier besteht die Möglichkeit, die Abwärme z. B. für eine Wärmepumpenanlage zu nutzen. Für fassadenintegrierte Zuluftführung existieren Produkte, die mit Heizmittelvorlauftemperaturen von 28°C bei −10°C Außentemperatur auskommen /84/ und damit ideale Voraussetzung für eine Kombination von Wärmepumpenbetrieb und dezentraler Lüftung bieten.

Welche Form der Abluftführung gewählt wird, hängt schließlich von den zu erwartenden Druckverhältnissen am Gebäude ab.

Ein Beispiel für ein fassadenintegriertes Gerät zeigt Bild 5.22 /84/. Der Wärmetauscher mit Anschluss an die Warmwasser-Pumpenheizung benötigt lediglich 28°C Vorlauftemperatur und ist damit ideal für Wärmepumpenanlagen als Wärmeerzeuger mit niedrigen Vorlauftemperaturen geeignet.

Eine Alternative zu dezentralen Fassadenlüftungsgeräten stellen raumlufttechnische zentrale Anlagen dar, die mit einer hochwirksamen Wärmerückgewinnung arbeiten. Sofern Gebäude für natürliche Be- und Entlüftung geeignet sind, können zentrale raumlufttechnische Anlagen nur im Grenzbereich hoher thermischer Lasten (Sommermonate) oder bei sehr niedri-

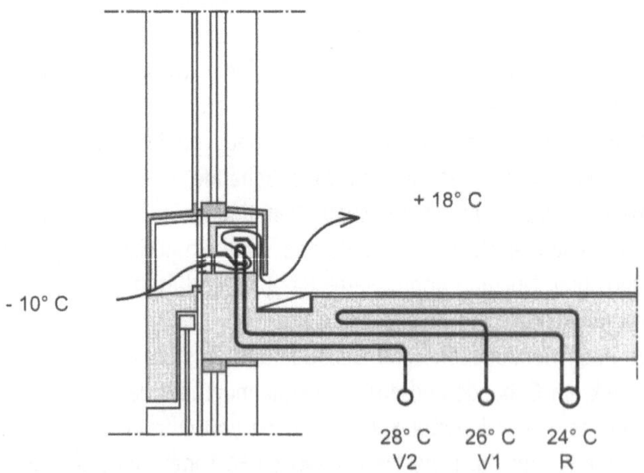

Bild 5.22: *Fassadenintegriertes Zuluftgerät mit geringen Vorlauftemperaturen V_2 von max. 28°C in Verbindung mit Bauteilaktivierung V_1. Dieses Prinzip ermöglicht eine gemeinsame Rücklaufleitung und verringert den Installationsaufwand.*

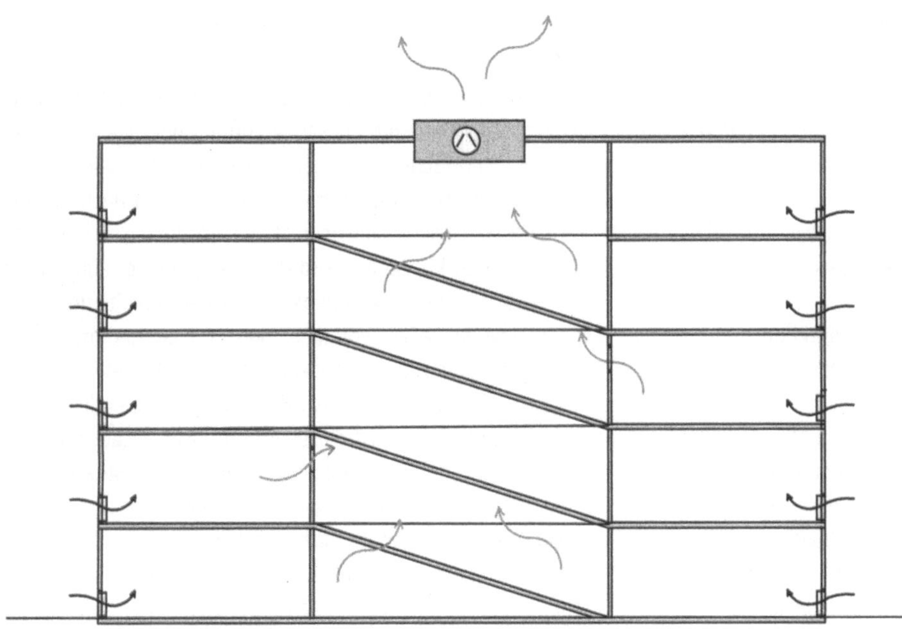

Bild 5.23: Über ein zentrales Abluftgerät wird Außenluft über fassadenintegrierte Geräte angesaugt und über einen Wärmetauscher erwärmt. Zur Nutzung des Enthalpiepotentials der Fortluft ist der Einsatz einer Wärmepumpe möglich, die Warmwasser für ein zusätzliches statisches Temperierungssystem (z. B. Bauteilaktivierung) zur Verfügung stellt.

gen Außentemperaturen (Heizperiode) betrieben werden. Dadurch können die Laufzeiten minimiert werden und Transportkosten gering gehalten werden. In Kombination mit Kältemaschinen, die im sogenannten „Free-Cooling-Betrieb" arbeiten, können zentrale Anlagen besser für eine Nachtauskühlung des Gebäudes sorgen (Bild 5.24). Insofern Erdwärmetauscher oder oberflächennahe Geothermie zur Nutzung nicht in Frage kommen, sind Kältemaschinen, die die Nachkühle der Außenluft ohne Kompressionskreislauf nutzen, zur Auskühlung des Gebäudes nachts in Verbindung mit bauteilaktivierten Flächenkühlsystemen geeignet. Allerdings ist bei diesen Anlagenkonzepten ein hoher technischer Aufwand notwendig, so dass sie insbesondere bei zwingender Notwendigkeit von raumlufttechnischen Anlagen eingesetzt werden sollten.

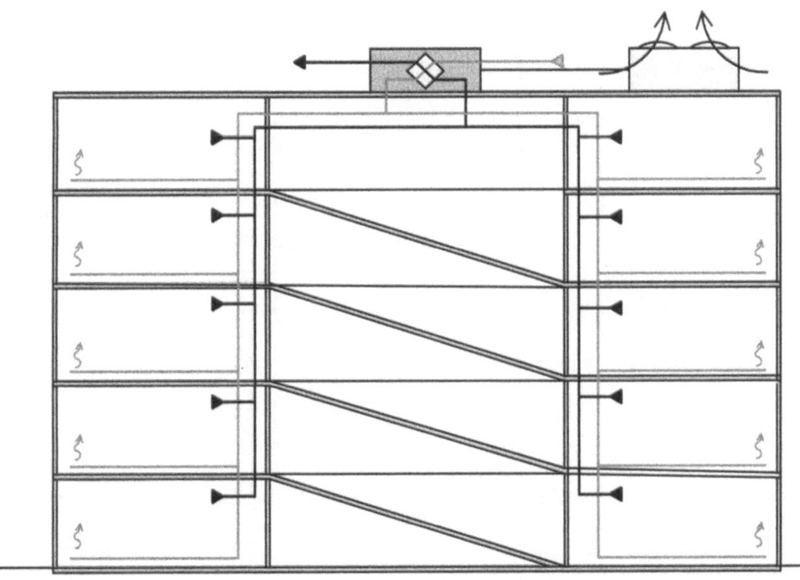

Bild 5.24: Zentrale raumlufttechnische Anlage mit Quellluftauslässen, Wärmerückgewinnung und Kälteerzeugung mit der Möglichkeit des „Free Cooling Betrieb"

5.4.2 Solare Abluftkamine

Die bei Temperaturerhöhung durch solare Erwärmung auftretende freie Konvektion (natürlicher Auftrieb, Thermik) kann auf verschiedene Arten genutzt werden. Bei thermischen Solarkollektoren nutzt man diesen Effekt, indem der Solarkollektor auf dem Dach direkt mit dem Speicher verbunden ist und nur durch natürlichen Auftrieb die Strömungsbewegung für das erzeugte Warmwasser erfolgt.

Eine andere Art, die entstehende freie Konvektion zu nutzen, ist die gezielte Integration sogenannter Solarkamine. Ein Beispiel ist in Bild 5.25 dargestellt. Der Solarkamin wird über die Gebäudeoberkante verlängert und ist an der Außenseite als Absorber hergestellt. Die Temperaturerhöhung bei solarer Einstrahlung erzeugt freie Konvektion im Schacht. Die einsetzende Strömung im Schacht soll den Luftaustausch im Gebäude durch freie Lüftung unterstützen. In der Regel sind energieoptimierte Ventilatoren im Schacht erforderlich, um bei nicht ausreichender Strömung den Luftaustausch sicherzustellen. Die größte Schwierigkeit bei derartigen Konzepten ist die Vorhersage der sich einstellenden Strömungen und Temperaturen. Eine Simulationsrechnung ist aufgrund der zahlreichen Parameter nur als Trendrechnung geeignet. Die Untersuchung anhand eines Modelles im Windkanal ist daher zu empfehlen. An einigen Hochschulen beginnen z.Z. Forschungsarbeiten über Solarkamine.

5.4.3 Schachtwirkung und Lüftung

Als Alternative zu raumlufttechnischen Anlagen wird bei vielen ökologischen Konzepten die freie Lüftung oder die Zuhilfenahme der thermischen Auftrittswirkung in gebäudeintegrierten Schächten genutzt. Das Prinzip ist alt und wird auch in vielen traditionellen Bauweisen genutzt. Bei modernen ökologischen ganzheitlichen Konzepten wird das Prinzip wieder aufgegriffen, wie dies die oben beschriebenen solaren Abluftkamine beispielsweise darstellen. Voraussetzung ist, dass eine maschinelle Lüftung aufgrund der Gegebenheiten (Vorschriften, Gebäudenutzung) nicht erforderlich ist. Bei häufig auftretenden, höheren Außenluftfeuchten ist dieses Prinzip nicht anzuwenden. Die freie Lüftung unterliegt den unterschiedlichen Strömungsverhältnissen bei der Umströmung eines Gebäudes und den aus vielen Wechselwirkungen sich ergebenden thermischen Strömungen im und am Gebäude. Im Gegensatz zu raumlufttechnischen Anlagen können solche Systeme über Simulationsrechnungen prinzipiell vorhergesagt werden, allerdings sind Situationen möglich, bei denen die gewünschten Strömungen und Luftwechselraten nicht erreicht werden. Für die freie Strömung in Verbindung mit Schächten ist deshalb eine ausreichende Menge an Strömungsöffnungen im unteren Bereich des Gebäudes (Lufteintritt) sowie am Ende des Schachtes (Luftaustritt) erforderlich. Auch die Form und Anordnung sowie die Größe der Öffnung beeinflusst den Luftaustausch. Je höher ein Schacht ist, desto größer wird der thermische Auftrieb. Der Widerstand im Strömungskanal muss möglichst klein sein, d. h.

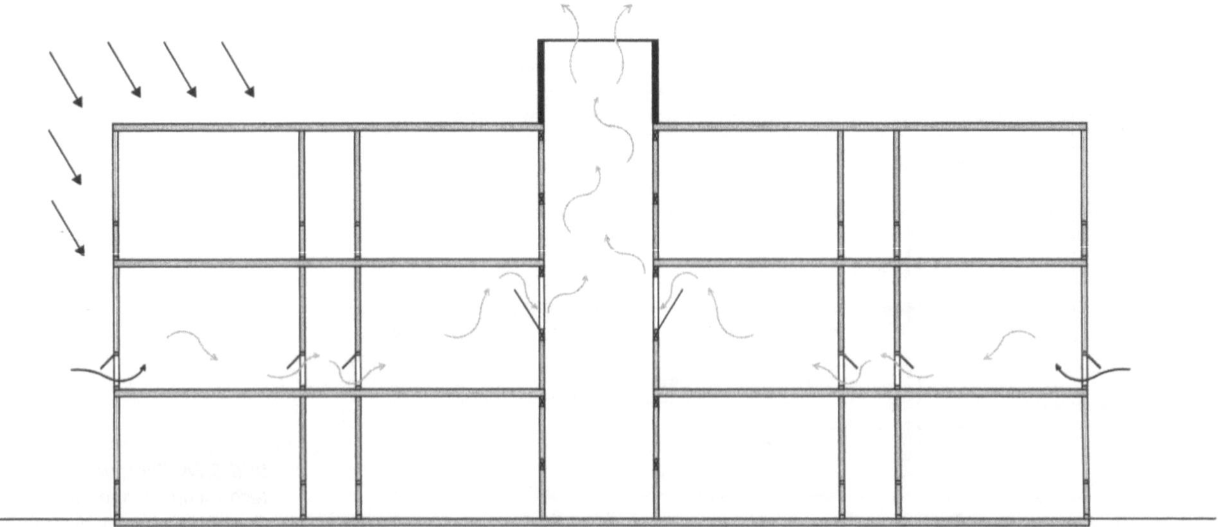

Bild 5.25: *Solarkamin für die solarunterstützte freie Konvektion zur natürlichen Belüftung in einem Gebäude; der Solarkamin muss zusätzliche Ventilatoren zur Sicherstellung nicht ausreichenden Auftriebs aufweisen*

es ist ein ausreichender Querschnitt vorzusehen. Eine ausführliche Darstellung der Anforderung ist in /93/ angegeben.
Das Prinzip der Schachtlüftung ist insbesondere zur Abfuhr thermischer Lasten in den Sommermonaten und der Übergangszeit erwünscht. Im Heizfall führen zu hohe natürliche Luftbewegungen zu einem erhöhten Heizwärmeverbrauch und sind insbesondere bei Gebäuden, deren Energieverbrauch durch den Heizwärmeverbrauch dominiert sind, unerwünscht.
Betrachtet man Gebäude mit hohen inneren Wärmelasten, wie dies mittlerweile bei fast allen Bürogebäuden der Fall ist, kann eine Schachtlüftung durchaus sinnvoll eingesetzt werden (Bild 5.26). In diesem Beispiel ist eine Vorhangfassade dargestellt, die neben der Schallreduktion hier eine freie Lüftung ermöglichen soll. Zur Sicherstellung eines genügenden Luftaustausches ist im Kern des Gebäudes ein Schacht vorgesehen. Im Beispiel ist ein zusätzlicher Ventilator dargestellt, der einen Mindestluftwechsel auch bei inversen Strömungsbedingungen an der Fassade ermöglicht. Allerdings ist der Energieaufwand eines solchen Ventilators, unter Ausnutzung des thermischen Auftriebes im Schacht, deutlich geringer als bei einer maschinellen Zu- und Abluft. Voraussetzung ist, dass eine geringe Strömungsgeschwindigkeit im Schacht (< 1 m/s) eingehalten, eine genügende Schachthöhe erreicht wird und genügend Ansaugöffnungen und Auslassöffnungen am Fuße bzw. am oberen Ende der Fassade eingebaut sind. Die motorisch steuerbaren Öffnungen müssen über ein Regelsystem gesteuert werden.
Solche Systeme können ideal auch für eine Nachtauskühlung verwendet werden, wenn ausreichend Speichermasse in den dargestellten Räumen vorhanden ist.
Die früher häufig für Abluftsysteme eingebauten Schächte in Gebäuden sind wegen der unkontrollierten Luftführung und dem erhöhten Heizwärmeverbrauch während der Heizperiode nicht geeignet. Hier ist es günstiger, bedarfsgeregelte Abluftsysteme einzusetzen.

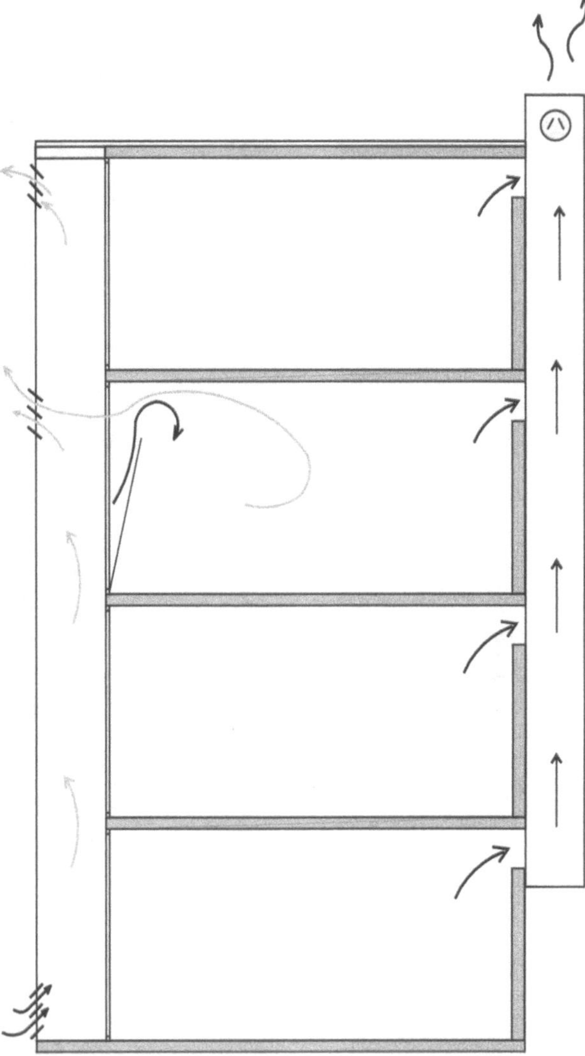

Bild 5.26: *Luftaustausch durch freie Lüftung mittels Schachtwirkung und Doppelfassade. Die Luftführung wird durch einen Ventilator im Abluftschacht unterstützt*

6 Objektbeispiele

6.1 Hallen

6.2 Öffentliche Gebäude

6.3 Schulen / Forschungszentren

6.4 Verwaltungsbauten/Bürogebäude

6.5 Wohnungsbau

6.1 Hallen

Nullemissionswerk Solvis in Braunschweig

Gebäudeart:	Produktions- und Verwaltungsgebäude
Bauherr:	SOLVIS Energiesysteme GmbH & Co KG 38112 Braunschweig
Architekten:	Banz + Riecks Dipl. Ing. Architekten BDA
Energiekonzept:	Fraunhofer Gesellschaft für solare Energiesysteme, Freiburg
Haustechnik-planung:	solares bauen GmbH, Freiburg
Standort:	Grotrian-Steinweg-Straße 38112 Braunschweig
Baujahr:	2002
BRI:	54.700 m^2
A/V-Verhältnis:	0,36
Nettogrundfläche:	8.215 m^2
Energie-einsparung:	70 % (gegenüber herkömmlichen Industriebauten)
Primärenergiebe-darf:	90 kWh/m^2 (aus erneuerbaren Energien gedeckt)
Leistung BHKW:	180 MWh/a (thermische Leistung) 115 MWh (elektrische Leistung)

Tragwerk / Konstruktion:
Das Gebäude wurde in den zentralen Bereichen des SOLVIS-Weges und der Verwaltungsbereiche als Stahlbetonkonstruktion errichtet (thermische Speicherfähigkeit, Brandschutzanforderungen). Die anschließenden Fertigungs- und Lagerbereiche wurden als weitgespannte, hochgedämmte Holzleichtbausysteme konstruiert.

Energiekonzept:
Ziel des Energiekonzeptes war es, möglichst emissionsfrei zu bauen. Da keine Wind- oder Wasserkraft zur Verfügung stand, musste auf den regenerativen Energieträger Rapsöl (kaltgepresst) zurückgegriffen werden. Dieser verursacht zwar CO_2-Emissionen, aber durch einen möglichen ökologischen Anbau wird eine gewisse Neutralität möglich.
Der niedrige Heizwärmebedarf wird durch einen guten Wärmedämmstandard erreicht, welcher noch unterstützt wird durch eine effiziente Lüftungsanlage mit Wärmerückgewinnung. Dies setzt ein relativ luftdichtes Gebäude voraus.
Die Wärmeversorgung erfolgt über ein mit Rapsöl betriebenes Blockheizkraftwerk (BHKW) mit einer thermischen Leistung von 166 kW (180 MWh/a) sowie über eine thermische Solaranlage (20 MWh/a). Die Kollektoren mit einer Gesamtfläche von 195 m^2 sind am stählernen Dachtragwerk eingeklinkt. Hinzu kommt die Abwärme aus der Entwicklungsabteilung mit einer Leistung von 40 kW (20 MWh/a). Der gesamte Wärmeertrag wird in die Tanks der Sprinkleranlage eingespeist (Gesamtvolumen 500 m^2), die sich als Niedertemperaturheizflächen ungedämmt innerhalb des Gebäudes befinden. Zur Deckung des Strombedarfs dient neben dem BHKW mit einer elektrischen Leistung von 105 kW (115 MWh/a) eine Photovoltaikanlage mit 60 kW(p) (45 MWh/a). Die PV-Module mit einer Gesamtfläche von insgesamt 560 m^2 sind auf dem Tragwerk der Produktionshalle sowie dem Dach der Anlieferungsbereiche befestigt. Es handelt sich sowohl um polykristalline (Produktionshalle) als auch um amorphe Zellen (Anlieferungsbereiche). Bezüglich des Primärenergiebedarfs für Wärme und Strom wird durch die Kollektoranlage und den PV-Generator insgesamt ein solarer Deckungsbeitrag von 22 % erzielt.

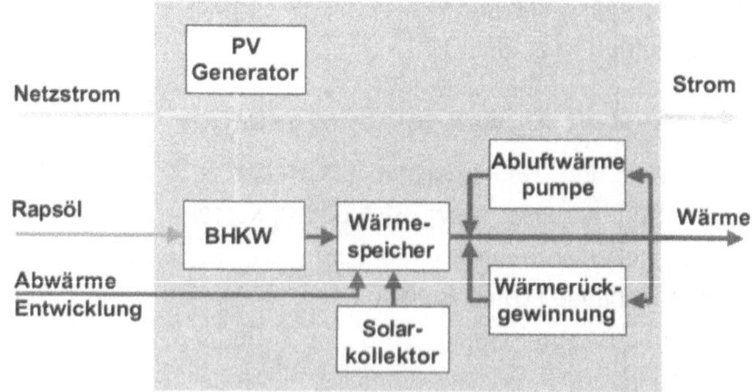

(Foto: Christian Richters/Banz + Riecks Architekten)

Quelle:
Intelligente Architektur 09-10/2002, Nullemissionsfabrik Solvis in Braunschweig
http://www.energie-projekte.de/start.php?/projekt.php?action=show&id=38
http://www.solarserver.de/solarmagazin/anlageseptember2002.html
Kapitelverweis: 4.1.1 / 4.1.2 / 4.3 / 4.4 / 4.8

Produktionshalle Hübner, Kassel

Gebäudeart:	Produktionshalle
Bauherr:	Hübner Gummi & Kunststoffe GmbH
Architekten:	Joachim Eble und Klaus Sonnenmoser Architektur, Tübingen
Energiekonzept und Simulation:	Stahl-Büro für Sonnenenergie, Freiburg
Haustechnik:	Planungsbüro Graw, Osnabrück
Standort:	Heinrich-Hertz-Straße 2 34123 Kassel
Baujahr:	2000
A/V-Verhältnis:	0,42 m^{-1}
Mittlerer U-Wert:	0,32 $(W/m^2 K)$
BRI:	17.195 m^2
NGF:	2.122 m^2
HNF:	2.063 m^2

Jahresheizwärmebedarf (Q_h) nach WSVO '95:

max. zulässig Q_h/V	9,6 kWh/m^2a
Q_h/V vorhanden	3,6 kWh/m^2a
Q_h/A vorhanden	1,2 kWh/m^2a
Unterschreitung von max. zul. Q_h	63 %

Energiekonzept der Produktionshalle

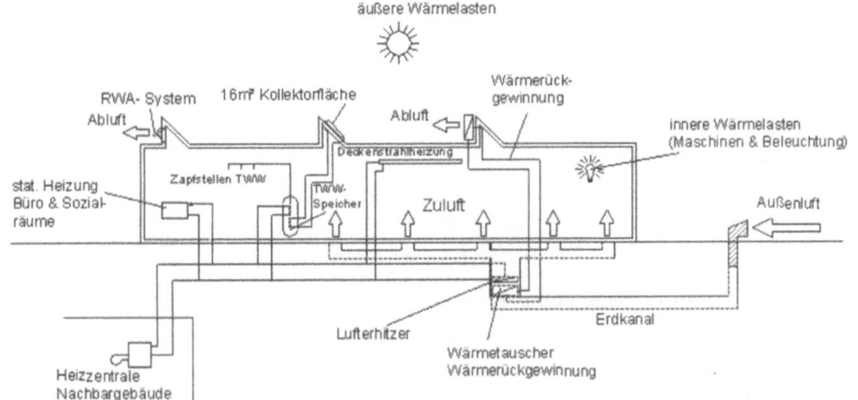

Tragwerk / Konstruktion:
Die Produktionshalle ist 33 x 62 m groß und besteht aus einem Holzskelettbau. Die Hauptträger verlauten quer zur Hallenlängsachse und sind Bestandteil der vier Dachsheds. Die Haupt- und Nebenträger bestehen aus Brettschichtholz und sind als Holzfachwerkträger ausgeführt. Die Aussenwände sind eine vorgefertigte Holzrahmenkonstruktion.

Energiekonzept:
Durch ein günstiges A/V-Verhältnis und eine extrem hohe Wärmedämmung werden die Transmissionswärmeverluste der Halle verringert. Durch den Einsatz einer Wärmerückgewinnungsanlage werden die Lüftungswärmeverluste gering gehalten. Abluftwärmetauscher in einem Shed entziehen der Abluft die Wärme. Über einen Wasserkreislauf wird die Wärme zum Wärmetauscher transportiert. Am Auslass des Erdregisters wird die Zuluft dann erwärmt. Bei Bedarf kann die Zuluft noch mit betriebseigener Nahwärme nachbeheizt werden.
Um den Druckwiderstand gering zu halten, wurden die Rohre der Erdregister mit einem Durchmesser von 1 m gewählt. Der thermische Auftrieb (bedingt auch durch die hohe Luftdichtigkeit und die Abwärme der Maschinen) der Halle wird dafür ausgenutzt, die Frischluft durch den Kanal, die Halle und an den Abluftwärmetauschern vorbei zu führen. Jedoch muss die freie Lüftung der Halle bei Inversionswetterlage durch Ventilatoren unterstützt werden, damit eine ausreichende Frischluftzufuhr gewährleistet ist. Über die Orientierung der Sheds wird zusätzlich im Sommer eine Überhitzung der Hallen verhindert. Ein Blend- oder Sonnenschutz ist hier nicht vorgesehen.
Über eine Flachkollektoranlage wird ein großer Teil des Warmwasserbedarfs gedeckt. Im Sommer kann daher das Nahwärmenetz abgekoppelt werden.

Quellen:
http://www.motiondesign.de/architektur/t3d.html
http://www.energie-projekte.de/start.php?/projekt.php?action=show&id=38
http://www.solarbau.de/monitor/index.htm

Kapitelverweis: 4.1.1 / 4.3 / 5.2

Evangelisch-Lutherisches Gemeindezentrum in Waltenhofen/Allgäu

Gebäudeart:	Kirche mit Gemeindezentrum	
Bauherr:	Evangelisch-Lutherische Gesamtkirchengemeinde, Kempten/Allgäu	
Architekten:	Florian + Wendelin Lichtblau, München	
Standort:	Dietrich-Bonhoeffer-Straße 2 Waltenhofen	
Baujahr:	2000	
Holzbaupreis Allgäu 2002		
Europäischer Solarbaupreis 2003		
Brutto-Heizwärmebedarf: ca. 124 kWh/m²a		
Energiegewinne:		
	Solarnutzung	15.300 kWh/a
		+ 2.400 kWh/a
	Erdkanal	12.900 kWh/a
	Fassadenkollektoren	15.200 kWh/a
	Luftkollektoren	4.450 kWh/a
	Innere Wärmequellen	5.230 kWh/a

Gebäudedämmung und -dichtung:
Der Heizleistungsbedarf des Gebäudes wird durch die hervorragenden Dämmwerte für die Bauelemente der Gebäudehülle auf 27,1 kW Q_T, gegenüber der konventionellen Bauweise reduziert.

Solarnutzung:
Aufgrund des Funktionskonzept des Gebäudes sowie Orientierung der größten Fensterflächen und des wichtigen Glas-Erschließungsganges nach Süden hin werden erhebliche passive und hybride Sonnenenergiegewinne erzielt.

Erdkanal:
Außerdem ist der Erdkanal ein Hauptbestandteil des Energiekonzeptes. In einer Tiefe von ca. 3,5 m wurde der Erdkanal mit einer Länge von 100 m und einem Durchmesser von ca. 700 mm verlegt. Dieser wird im Winter zum Vortemperieren, im Sommer umgekehrt zur Kühlung der Zuluft genutzt.

Fassadenkollektor:
Eine nach Süden ausgerichtete Luftkollektoranlage von ca. 21 m² mit integrierten Fotovoltaikzellen ist in den Glasgang eingebunden. Bei Sonnenschein wird autark Umluft aus dem Kirchenbereich über die Taufkapelle angesaugt, im Kollektor erwärmt und in den Kirchenraum zurückgeblasen. Auch in den Abendstunden steht die solare Wärme auf Grund ihrer abgestimmten Speichermassen zur Verfügung. Es kann also das Nachheizen in den Übergangszeiten entfallen.
Ein Warmwasserfassadenkollektor mit 10 m² befindet sich im OG Pfarrhaus. Er dient der Heizungsunterstützung und Warmwasserbereitung über einen Kombikessel (1000 Liter).

Photovoltaik:
Im Jahr 2002 wurde eine Sonnenstromanlage mit 10 kWp installiert. Sie deckt nahezu den gesamten Bedarf an elektrischem Strom.

Heizung:
Die Heizleistung reduziert sich durch den sehr guten Baustandard auf einen Wert, der es ermöglicht, über die Lüftungsanlage zu heizen. Mit der entsprechenden Zulufttemperatur kann die benötigte Wärmeenergie mit dem hygienisch erforderlichen Grundluftwechsel eingebracht werden.
Ein Spitzenheizkessel, der mit Holzpellets befeuert wird, dient zur Abdeckung des restlichen Heizwärmebedarf. Hierdurch wird eine CO_2-neutrale Gesamt-Wärmeversorgung erreicht.

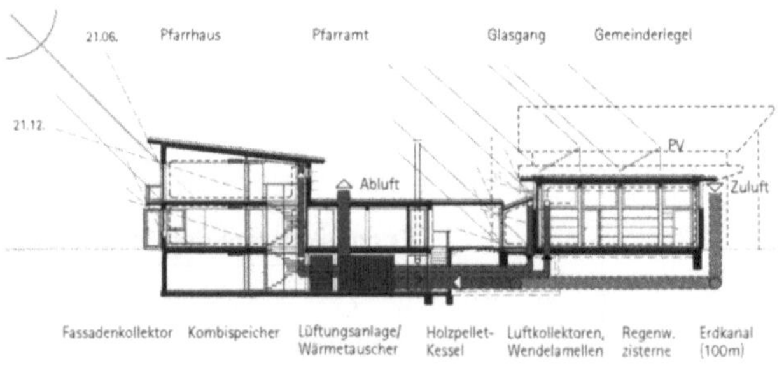

Quelle:
Intelligente Architektur 30/2001, Sonnenkollekte, Evangelisch-Lutherisches Gemeindezentrum, Waltenhofen/Allgäu
Mikado 12/2002
Sonne, Wind + Wärme 8/2001
http://www.energie-projekte.de/projekt.php?action=show&id=38

Kapitelverweis: 4.1.1 / 4.1.3 / 4.8.1 / 5.2

Kulturspeicher Würzburg

Gebäudeart:	Ein ehemaliges Speichergebäude wurde umgebaut zu einem Museum mit Lagerhallen, Werkstätten, Bibliotheken und Veranstaltungsräumen
Bauherr:	Stadt Würzburg, Baureferat
Architekten:	Brückner & Brückner Architekten
Standort:	Alter Hafen in Würzburg
Baujahr:	2002
Decken-kühlast:	15 W/m^2

Tragwerk / Konstruktion:
Ehemals war eine Holzkonstruktion Grundlage des Tragwerks, diese wurde teilweise erhalten und mit Ortbeton erweitert.

Energiekonzept:
Ziel des Energiekonzeptes war es, die Kühllast und die Klima- und Sicherheitstechnik der abgeschlossenen Ausstellungskuben drastisch zu reduzieren. Die Ortbetondecken sollten thermisch aktiviert werden.
Die Räume werden über ein Wandtemperierungssystem (die Heizleitungen befinden sich dabei in oder auf der Wand) beheizt. Durch einen kontinuierlichen Betrieb bildet sich ein Mikroklima auf der Wandoberfläche, durch welches in dem Raum schon eine gewisse Behaglichkeit entsteht.
Über ein angrenzendes Heizkraftwerk und über das Ferndampfnetz wird die Wärmeversorgung des Kulturspeichers sichergestellt. Zusammen mit dem gegenüberliegenden Kino werden die beiden Gebäude über eine Zentrale mit Kälte versorgt. Diese Kälte wird über eine ferndampfversorgte Absorptionskältemaschine erzeugt. Die Rückkühlung erfolgt über das Flusswasser aus dem in der Nähe liegenden Hafenbecken.
Durch den Verzicht auf Lichtdecken wurde die Kühllast des Gebäudes nochmals minimiert. (Es wurde ein spezielles Beleuchtungssystem ausgearbeitet.)
Erwähnenswert ist, dass die Lüftungsleitungen in die Ortbetondecken integriert sind. Es sind keine abgehängten Decken eingebaut.

(Fotos: André Mühling und Peter Manev)

Quelle:
db 6/02, Balthasar-Neumann-Preis 2002, Kulturspeicher
http://www.wuerzburg.de/rathaus/baureferat/alter_hafen.html#kulturspeicher
http://www.wuerzburg.de/kultur/kulturspeicher/projekt.html
http://www.artur-photo.de/Neu/1503022/

Kapitelverweis: 2.3 / 3.3

Kunsthaus Bregenz

Gebäudeart:	Ausstellungsgebäude
Bauherr:	Land Vorarlberg
Architekten:	Peter Zumthor, Haldenstein
Standort:	Karl-Tizian-Platz A-6900 Bregenz
Baujahr:	1997
Aussenhülle:	712 Schindeln, je 1,72 x 2,93 m VSG 20/2 (2 x 10 mm Float/fotomatt geätztes Weißglas mit Vierfachfolie) in den oberen Geschossen 6 mm Float U-Wert 1,3 W/m^{2}K, g- Wert 66 % außen 1. UG, EG 6 mm Float U-Wert 1,1 W/ m^{2}Kg-Wert 50 %
Klimaanlage:	nötige Luftströme 500 m^3/h
Raumluft-wechselzahl:	0,2 mal/ Stunde

Klima- und Energiekonzept:

Bei diesem Gebäude wurde konsequent eine Erdkopplung realisiert. Ein dichtes Netz von wasserführenden Kunststoffrohren wurde in den 25 m tiefen Schlitzwänden, die vom Grundwasserstrom umspült werden, integriert. Allein durch die Kühlkapazität des Baugrundes kann die Masse des Gebäudes über die Rohrnetze in den Schlitzwänden und in allen Wänden und Decken gekühlt werden. Das gesamte Kunsthaus besitzt keine Kältemaschine und dominierende Lüftungskanäle.

Die gesamte Beheizung und Kühlung erfolgt über aktivierte Betonflächen (Decken, Wände).

Allerdings musste man eine Temperaturschwankung im Winter zwischen 18°C und 22°C und im Sommer von 24°C bis 28°C tolerieren. Dafür muss die Luft im Gegensatz zu modern klimatisierten Kunsthäusern (vier- bis acht mal/h) nur 0,2 mal pro Stunde gewechselt werden.

Auftretende Störungen durch Wärmequellen wie Besucher, Tageslicht, Kunstlicht werden überwiegend von temperaturkontrollierten Wänden, Böden und Decken ausgeglichen.

Quelle:
glasforum 5/97, Kunsthaus Bregenz
www.0ll.Com/lud/pages/architecture/archgallery/zumthor_khb/

Kapitelverweis: 2.3 / 3.3 / 4.2.2

Landesbank in Hannover

Gebäudeart:	Bankgebäude
Bauherr:	Norddeutsche Landesbank, Hannover
Architekten:	Behnisch, Behnisch & Partner, Stuttgart
Standort:	Am Friedrichswall 10 30159 Hannover
Baujahr:	2002
BRI:	296.000 m^3
NF:	76.000 m^2
Fotovoltaik-fläche:	180 m^2
Gründungspfähle als Erdwärmetauscher:	
	122 Stück mit einem Durchmesser von 90 cm und einer Tiefe von 20 m

(Foto: Martin Schodder)

Quelle:
Intelligente Architektur 07-08/2002; Norddeutsche Landesbank Neubau Friedrichswall in Hannover: Vertikale Stadtlandschaft
http://www.geothermie.de/oberflaechennahe/heizen_und_kuehlen.htm
http://www.aknds.de/htm/interessierte/pdf/s34_han_nordlb.pdf

Kapitelverweis: 3.3 / 3.6 / 4.2.2 / 5.4.1

Tragwerk / Konstruktion:
Zwei aussenliegende Stützen und eine Schachtgruppe tragen das komplette Tragwerk. Oberhalb des neunten Geschosses sind Stützen und Geschosse mit V-förmigen Stahlbetonscheiben verbunden, in welche die Flurwände integriert sind.

Energiekonzept:
Da in Hannover die Temperatur nur an wenigen Tagen im Jahr über 22°C liegt, wurde viel Wert auf eine individuelle Lüftung gelegt, welche zugfrei sein sollte und gleichzeitig auch im Sommer, wenn nur kleine Temperaturdifferenzen auftreten, eine effiziente Lüftung ermöglicht.
Dieses System der natürlichen Lüftung wird unterstützt durch einen definierten Luftdurchlass im Bereich der Flurtrennwände. Der ist so ausgelegt, dass kein Schall aus dem Flurbereich in die Büros dringt. In den Flurbereichen sind Abluftschächte installiert worden, welche die verbrauchte Luft ansaugen und über das Dach abführen.
Für zusätzliche Kühlung der Büroräume wird eine Bauteilkühlung der Decke verwendet (durch PE-Rohre wird 18°C kaltes Wasser geleitet). Die Speicheraufladung erfolgt nachts. Das benötigte Kaltwasser wird dann im Erdspeicher durch einen Erdreichwärmetauscher erzeugt.
Das Erdreich wird als Speicher verwendet, um die Wärme oder Kälte zu sichern. In den Gründungspfählen sind Erdwärmetauscher verlegt worden, welche im Winter mit Wasser von ca. 6°C Temperatur durchflossen werden. Mit Hilfe einer Wärmepumpe wird das Wasser dann zu Heizungszwecken auf eine Temperatur von 30°C gebracht.

Mitarbeiterrestaurant in Herzogenaurach

Gebäudeart:	Betriebs-Restaurant
Bauherr:	adidas-Salomon AG
Architekten:	Kauffmann Theilig & Partner, Stuttgart
Standort:	Adi-Dassler-Str. 1–2, Herzogenaurach
Baujahr:	1999
Erdkanäle:	800 qm großes Erdkanallabyrinth
Kühlleistung:	60 W/qm

Be- und Entlüftung:

Die gesamte Raumtemperierung baut auf regenerativen Quellen auf. Das Kernstück des Klimakonzeptes bildet das zweischalig ausgeführte Dach, das auf der Unterseite mit einer hinterlüfteten, mikroperforierten Folie realisiert wurde. Diese low-e-Folie, über Spinalfedern verspannt, wirkt im Sommer als thermischer Spiegel in Verbindung mit der Fußbodenkühlung. Des weiteren wird durch die Folie die Raumakustik verbessert und ein Sonnenschutz gewährleistet. Im Winter wird durch die low-e-Folie zusammen mit der untergespannten Folienebene der Gesamtwärmedurchgang durch die Dachverglasung reduziert und somit angenehme Temperaturen erzielt.

Das 800 m^2 große Erdkanallabyrinth temperiert die Zuluft des Gebäudes vor.

In extrem heißen Sommernächten wird, zusätzlich zur Gebäudeauskühlung durch das Öffnen der Lamellenfenster, die Außenluft im Erdkanalsystem um 10 Kelvin abgekühlt, eingeführt und die massiven Gebäudeteile aktiviert.

Im Winter wird die Außenluft durch den Erdkanal vorgewärmt und die Entlüftung durch das automatische Öffnen von Lamellenflügeln im Dachbereich kontrolliert. Die Zuluftkonvektoren unter den Glasfassaden erwärmen die Außenluft, außerdem erhält man durch das transparente Dach noch passive Wärmegewinne.

Quelle:
Deutsche Bauzeitung 10/2000, Mitarbeiterrestaurant in Herzogenaurach

Kapitelverweis: 5.2

Otto-Locher-Sporthalle, Rottenburg/Neckar

Gebäudeart:	Sporthalle / Mehrzweckhalle
Bauherr:	Stadt Rottenburg, Hochbauamt
Architekten:	Ackermann + Raff, freie Architekten BDA
Standort:	Friedenstrasse 72108 Rottenburg-Hailfingen
Baujahr:	2002
BRI:	15.280 m^2
VF:	194 m^2
HNF+NNF+FF:	1.755 m^2
U-Wert Fenster:	1,3 W/m^2K

Konstruktion/Materialien:
Die Konstruktion der erdberührten Bauteile des Hallengeschosses und des Umkleidetraktes mit Nassräumen besteht aus Stahlbeton. Alle anderen Hallenwände wurden in einer sichtbaren Holzskelettbauweise mit außenliegender Wärmedämmung hergestellt. Das Dachtragwerk besteht aus Nagelplattenbindern und einer Schalung aus Holzbohlen. Das Dach wurde dann mit einer Aluminium-Dachdeckung versehen.

Energiekonzept:
Über eine thermische Simulation wurden die beiden extremen Jahreszeiten („sommerliche Kühlung" und „winterliche Belüftung") an der Halle untersucht. Dabei wurde erkannt, dass für den Sommerfall ein Sonnenschutz unter den Dachoberlichtern notwendig ist und eine Kühlung von Frischluft über einen Erdkanal verwendet werden muss. Im Winterfall kann dann diese Erdkanalanlage die Zuluft vorwärmen.
Aufgrund dieser Simulation wurden anstelle einer Klimaanlage Erdkanäle mit einem Durchmesser von 2 Metern und einer Gesamtlänge von 150 m unter den Bodenplatten eingebaut.
Es wurde eine kostengünstige Anlage entwickelt, welche im Sommer für die ausreichende Kühlung der Luft und im Winter für die Erwärmung der Luft sorgt.

Quelle:
DBZ 2/2002, Schwäbische Sparsamkeit, Otto-Locher-Sporthalle, Rottenburg/Neckar
http://db.nextroom.at/bw/31151.html

Kapitelverweis: 5.2

Infocenter Weserbergland

Konstruktion:
Das Gebäude ist ein dreigeschossiger Stahlskelettbau mit Flachdecken und Geilinger Stahlstützen. In der Dachverglasung sind die Fotovoltaikmodule integriert.

Das Energie- / Technikkonzept:
Der Energieverbrauch wird zu 19 % durch die Photovoltaikanlagen des Gebäudes gedeckt. Zwei Photovoltaikanlagen wurden dabei verwendet: 84,5 m^2 als teiltransparente Überdachung der Halle, 62,5 m^2 als statische Verschattung der Südfensterfläche.

Lüftungskonzept:
Die Frischluft wird über Erdkanäle im Bürgergarten angesaugt. Anschließend strömt die Luft durch einen Erdwärmetauscher; diese wird im Erdreich um maximal 6 Kelvin im Sommer gekühlt bzw. im Winter erwärmt. Während der Übergangszeit wird Frischluft durch eine zweite Luftansaugung in der Nordfassade im gelochten Ziegelbereich angesaugt. Verbrauchte Luft wird unter den Deckenschildern abgesaugt; durch den Abluftwärmetauscher werden anschließend mehr als 75 % der Wärme auf die Zuluft übertragen. Benötigt man die Wärme der Abluft nicht, leitet man die Frischluft über einen Bypass an der Wärmerückgewinnung vorbei.

Gebäudeart:	Informationszentrum
Bauherr:	Hameln Marketing und Tourismus GmbH
Architekten:	rolf + hotz Architekten, Freiburg
Standort:	Deisterallee 1 31785 Hameln
Baujahr:	2000
Heizwärme-bedarf:	16,7 kWh/m^2a
Erdwärme-tauscher:	1 m Durchmesser 33 m Länge
Kanalsystem:	Strömungsgeschwindigkeit < 2 m/sek.
Fotovoltaik-module:	84,5 m^2 mit 4,4 kW peak Nennleistung 62,5 m^2 mit 5,1 kW peak Nennleistung 8400 kWh/a Energieerzeugung
CO_2-Ein-sparung:	35,7 Tonnen gegenüber einem konventionellen Gebäude

Quelle:
Intelligente Architektur 28, Infocenter Weserbergland in Hameln
www.stahl-sonnenenergie.de/pihtml/hameln.htm

Kapitelverweis: 4.1.2 / 4.3 / 5.2

Berufsschulzentrum Bitterfeld

Gebäudeart:	Berufsschule
Bauherr:	Landkreis Bitterfeld, Hoch- und Tiefbauamt
Entwurf:	Prof. Rainer Scholl
Ausführung/ Planung:	Scholl Architekten, Stuttgart; Scholl Balbach Kappei Walker
Standort:	Parsevalstraße 2 06749 Bitterfeld
Baujahr:	2000
U-Werte der Außenbauteile:	zwischen 0,26 und 0,31 W/m^{2}K
Fläche der Solarkollektoren und deren Ertrag:	800 m^2 und ein spezifisch verwertbarer Ertrag von 260 kWh/m^{2}a

Tragwerk / Konstruktion:

Sichtbare Betonkonstruktion ohne jegliche Art Verkleidung, um die Kosten möglichst gering zu halten und dem Gebäude zur Langlebigkeit zu verhelfen.

Das Energie- / Technikkonzept:

Durch einen sehr guten Wärmeschutz erfüllt das Gebäude den Niedrigenergiestandard.
Zur Speicherung der solaren Gewinne wurde ein Bodenbelag aus im Mörtelbett verlegten Stampfasphaltplatten verlegt. Außerdem wurden thermisch-aktivierbare Sichtbetonwand- und -deckenflächen eingesetzt. Die gesamte Wärmeversorgung erfolgt über Fernwärme.
Über Erdkanäle (mit bis zu 110 m langen Betonröhren) wird Luft in die Lüftungszentrale der Gebäudeteile gebracht und von dort in den jeweiligen Gebäudeteil weitergeleitet. Dadurch reduzieren sich die erforderlichen Heizleistungen der Lufterhitzer im Winter. Im Sommer wird die Zuluft abgekühlt, so dass auf eine aktive Kühlung vollkommen verzichtet werden kann.

Lüftungskonzept:

Außenluft wird über Erdkanäle angesaugt und vorkonditioniert (ggf. vorgewärmt), bevor sie in die geschossübergreifenden Flure und Hallen eingeblasen wird. Von dort wird die Zuluft für die einzelnen Klassenräume abgegriffen, in dezentralen Lüftungsgeräten in den Schrankzonen der Zimmer weiter erwärmt und über Quellluftauslässe in die Räume gebracht. Die Abluft wird im oberen Schrankbereich abgegriffen und der Lüftungszentrale zur Wärmerückgewinnung zugeführt. Im Sommer und der Übergangszeit werden die Zimmer über natürliche Lüftung belüftet, wobei die Abluft auch dann abgezogen wird, so dass die Querströmung erhalten bleibt. Wenn die Temperaturen zu hoch werden, schließen diese Klappen automatisch und die Räume werden wieder mit vorkonditionierter Luft versorgt.

sommer tag

(Foto: Roland Halbe)

Quelle:
Intelligente Architektur 30, Berufsschulzentrum August von Parseval in Bitterfeld
http://www.ak-berlin.de/aktuell_efa2001/efa_26_d.html

Kapitelverweis: 5.2 / 5.4.1

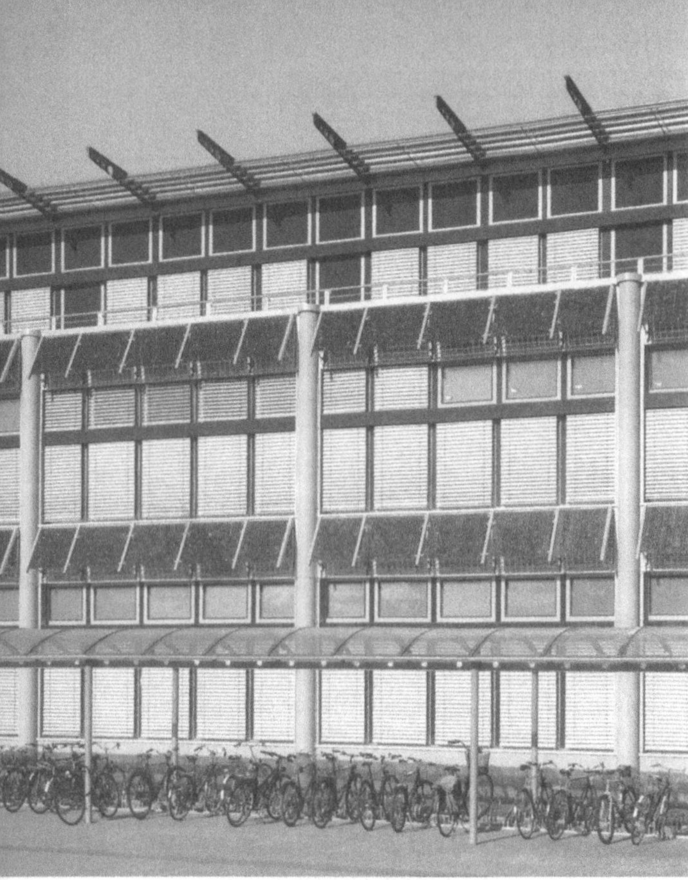

Fachhochschule Bonn-Rhein-Sieg

Gebäudeart:	Hochschule
Bauherr:	Land NRW, Staatliches Bauamt Bonn I
Architekten:	HMP Bauplanung, Köln
Standort:	Grantham-Allee 20 53757 Sankt Augustin
Baujahr:	2002
A/V-Verhältnis:	0,32 m^{-1}
BRI:	124.000 m^2
NGF:	26.987 m^2
HNF:	15.995 m^2
Mittlerer U-Wert:	0,42 W/m^2K

Jahresheizwärmebedarf (Q_h) nach WSVO \`95:

Max. zulässiger Q_h/V	19,32 kWh/m^2a
Q_h/V vorhanden	10,9 kWh/m^2a
Q_h/A_n vorhanden	34,0 kWh/m^2a

Unterschreitung von max. zul. Q_h um 44 %

Erdreichwärmetauscher:
drei Betonrohre von je 75 m Länge und einer Verlegetiefe von 4 m

Tragwerk / Konstruktion:
Das Gebäude wurde als Stahlbeton-Skelettbau ausgeführt. Die Aussenwände bestehen fast alle aus vorgefertigten Massivbauteilen (Beton-Sandwichelemente mit Kerndämmung oder Betonwände mit Aussendämmung und vorgehängter Fassadenverkleidung aus Aluminium).

Energiekonzept:
Durch 16 cm dicke Mineralfaserplatten-Wärmedämmung und Fenster mit einem U-Wert von 1,1 W/m^2K wurden die Transmissionswärmeverluste gesenkt. In der Maschinenhalle wird darüber hinaus mit transparenter Wärmedämmung erwärmt. Bereiche mit hohen Lüftungswärmeverlusten wurden mit einer Wärmerückgewinnungsanlage ausgestattet. Ein Erdregister kühlt und wärmt die Zuluft je nach Jahreszeit für die Hörsaalbereiche, Mensa und Bibliothek. Für Spitzenwerte ist eine adiabate Kühlung vorhanden. Im Sommer wird Nachtlüftung in Laboren, Hörsälen und Seminarräumen durchgeführt. So konnte auf Klimaanlagen weitestgehend verzichtet werden. Über zwei Gas-Brennwertkessel und einem Pufferspeicher wird der Heizwärmebedarf abgedeckt. Die Abwärme von Kleinklimageräten wird für die Warmwasserbereitung der Mensa genutzt.
Ein Gas-Blockheizkraftwerk sorgt für einen Teil der elektrischen Energie. Ein weiterer Teil der elektrischen Energie wird über Solarzellen abgedeckt. Diese sind als Sonnenschutz in die Dachverglasung der Erschließungshalle integriert oder als Sonnenschutz vor der Südfassade.
Das Gebäude verfügt des weiteren über eine Regenwassernutzungsanlage.

(Foto: Tibor Magaslaki)

Quelle:
http://www.motiondesign.de/architektur/t3d.html
http://www.solarbau.de/monitor/index.htm

Kapitelverweis: 4.1.2 / 4.4 / 4.9 / 5.2 / 5.3.3

Forschungsinstitut für solare Energiesysteme, Freiburg

Gebäudeart:	Forschungsinstitut / Bürogebäude
Bauherr:	Fraunhofer Gesellschaft
Architekten:	DISSING + WEITLING, Arkitektfirma, Kopenhagen
Standort:	Heidenhofstraße 2 79110 Freiburg
Baujahr:	2001
A/V-Verhältnis:	0,31 m^{-1}
Mittlerer U-Wert:	0,43 (W/m^2K)
BRI:	64.322 m^2
NGF (beheizt):	13.159 m^2
HNF:	6.474 m^2

Jahresheizwärmebedarf (Q_h) nach WSVO '95:

Max. zulässiger Q_h/V	19,2 kWh/m^2a
Q_h/V vorhanden	13,8 kWh/m^2a
Q_h/A_h vorhanden	41,2 kWh/m^2a

Unterschreitung von max. zul. Q_h um 28 %

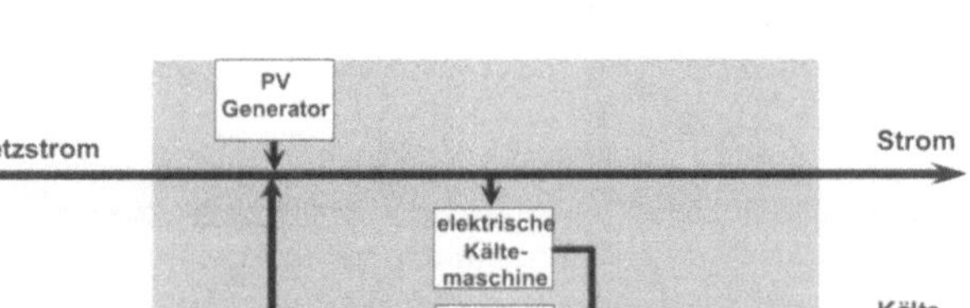

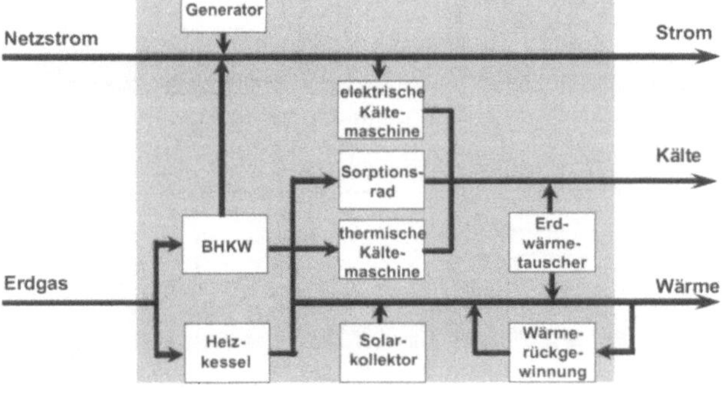

Quelle:
http://www.motiondesign.de/architektur/t3d.html
http://www.solarbau.de/monitor/index.htm

Kapitelverweis: 4.1.2 / 4.3 / 4.4 / 4.5 / 5.4.1

Tragwerk / Konstruktion:
Das Haupttragwerk wurde in Stahlbetonskelettbauweise ausgeführt. Je nach Ausrichtung wurden drei unterschiedliche Fassadentypen eingesetzt.

Energiekonzept:
Schwerpunkte des Energiekonzepts waren die Energieeinsparung und eine effiziente Energieversorgung. Durch eine gute Wärmedämmung und eine Wärmerückgewinnung vermindern sich die winterlichen Heizlasten. Durch ein gasbetriebenes Blockheizkraftwerk wird der elektrische Energiebedarf für die Grundlast des Gebäudes und auch die Notstromversorgung beim Netzausfall abgedeckt. An das BHKW ist eine Absorptionskältemaschine zum Kraft/Wärme/Kälte-Verbund gekoppelt. In der Winterzeit wird die Abwärme zum Heizen verwendet, und im Sommer wird die Wärme in Klimakälte umgewandelt. Über einen Gaskessel und eine Kompressionskältemaschine wird die Spitzenlast an Wärme und Kälte abgedeckt.
Des weiteren gibt es noch eine 200 m^2 große Photovoltaikanlage mit unterschiedlicher baulicher Integration in Dach und Fassade, welche die Stromversorgung unterstützt.
Labors und bestimmte Teile des Gebäudes müssen genau temperiert und be- und entlüftet werden, so dass eine Klimatisierung unumgänglich war. Diese Anlage ist mit einer Wärmerückgewinnung versehen.
Die Büros werden ebenfalls mechanisch entlüftet. Die Zuluft wird über die Fenster in den Raum geführt. Die Abluft wird dann über Lüftungslamellen oberhalb der Türen durch einen Unterdruck in den Flur geführt und von dort zentral weitergeleitet zur Wärmerückgewinnung.

Fortbildungsakademie Mont-Cenis in Herne

Konstruktion / Materialien:
Tragwerk der Aussenhülle aus Holz, einfachverglast; Innenhäuser nutzungsabhängig in Beton- oder Holzkonstruktion, holzverkleidet.

Energiekonzept:
Die Glashülle verändert das Klima im Innern: es herrschen mediterrane Verhältnisse, die Klimadaten entsprechen weitestgehend denen von Nizza. Der Energiebedarf der 9 Innenhäuser verringert sich entsprechend deutlich; die durch die Glashülle entfallenden Witterungseinflüsse lassen eine deutlich einfachere Bauweise zu. Im Sommer öffnen sich Dach- und Fassadenelemente der Glashülle, um eine Überhitzung zu vermeiden. Die Schatten von Bäumen und der Photovoltaikelemente sowie Wasserspiele verschaffen zusätzlich Kühlung. Die innenliegenden Häuser erhalten eine zusätzliche Kühlung über Erdkanäle, sie sind mechanisch be- und entlüftet und besitzen statische Heizsysteme. Die Betonkonstruktionen der innenliegenden Gebäude wirken als Wärmespeicher und gleichen Temperaturdifferenzen aus.
Auf dem Glasdach und in die Südwest-Fassade der Glashülle sind Photovoltaik-Module (ca. 10.000 m^2) integriert. Die Module haben unterschiedliche PV-Belegungen (55 – 85 %) und sind wie Wolken angeordnet. Sie sorgen für Verschattung. Die Energieproduktion der Module übersteigt den Energiebedarf des Gebäudes bei weitem, der Strom wird direkt in das Netz gespeist oder in einer Batterieanlage gepuffert. Aus der ehemaligen Zeche auf dem Gelände wird Grubengas frei; es wird in einem BHKW verarbeitet, welches Strom und Wärme erzeugt und zusammen mit der Photovoltaikanlage im Hybridbetrieb arbeitet.

Gebäudeart:	Fortbildungsakademie und städtische Einrichtungen mit Casino, Hotel, Stadtteil-Bibliothek und Bürgersaal
Bauherr:	Entwicklungsgesellschaft Mont-Cenis mbH für das Innenministerium des Landes NRW
Architekten:	Architektengemeinschaft Jourda Architects, Paris und Hegger Hegger Schleiff HHS Planer und Architekten BDA, Kassel
Standort:	Herne-Sodingen
Baujahr:	1999
Solarglasfläche:	10.000 m^2, mit einer Spitzenleistung von 1 Megawatt und 570 Wechselrichtern wird pro Jahr 750 MWh elektrischer Strom „geerntet", in das Netz gespeist oder in einer Batterieanlage zur Spitzenlastabdeckung gepuffert.
CO_2-Einsparung:	ca. 12.900 t pro Jahr
Jahresheizwärmebedarf:	unter 50 kWh/m^2

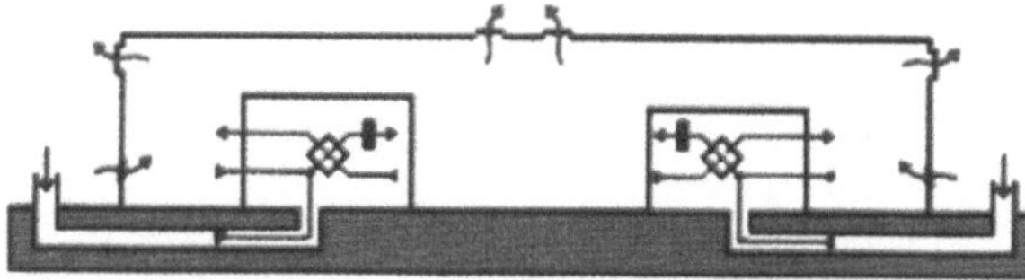
Sommer

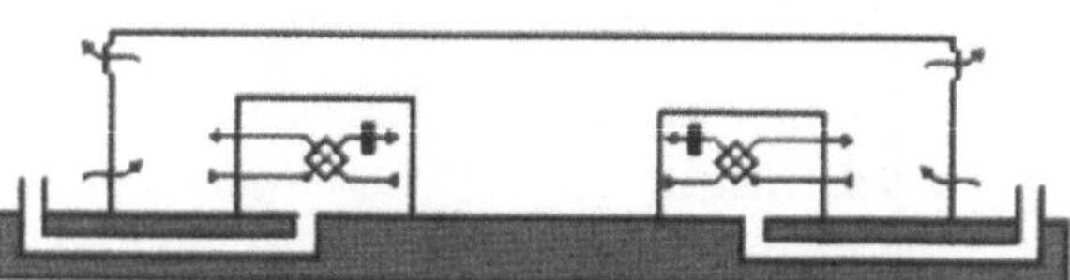
Übergangszeit

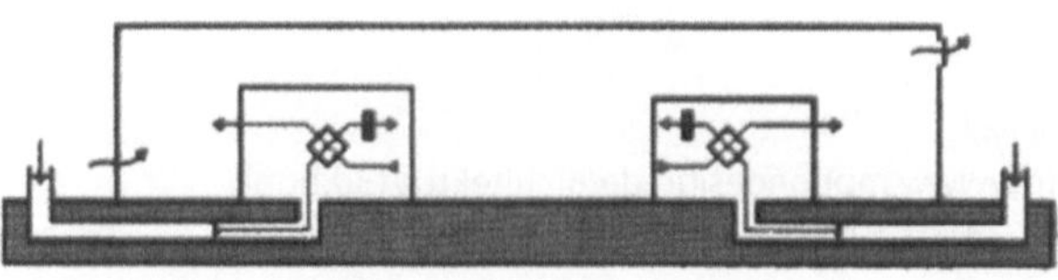
Winter

(Foto: Bildagentur artur)

Quelle:
Sonderdruck Intelligente Architektur 19/1999, Fortbildungsakademie Mont-Cenis in Herne, Solarzeitalter
http://www.akademie-mont-cenis-herne.nrw.de/
http://www.fortbildungsakademie.nrw.de/architek/index.html
http://www.eurosolar.org/solarpreis/esp_E_99.html

Kapitelverweis: 4.1.2 / 4.3 / 4.4 / 5.2

Hochschule für Film und Fernsehen Potsdam, Babelsberg

Gebäudeart:	Hochschule	
Bauherr:	Landesbauamt Potsdam	
Architekten:	me di um Architekten Roloff, Ruffing + Partner Thies Jentz, Heiko Popp, Peter Wiesner	
Standort:	Marlene-Dietrich-Allee 11 14482 Potsdam-Babelsberg	
Baujahr:	2000	
BRI:	Häuser Atrien	71.940 m^2 27.827 m^2
BGF:	Häuser Atrien	19.644 m^2 11.461 m^2
Nutzfläche:	ca. 6.000 m^2	
Kühlleistung:	ca.140 KW	

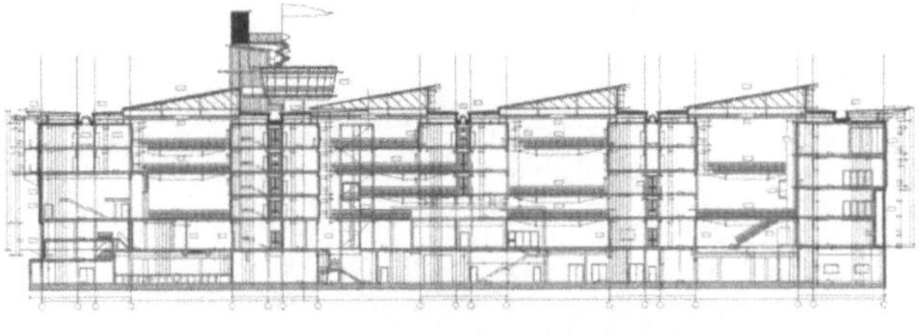

Konstruktion / Materialien:

Eine Stahl-Glaskonstruktion umfasst fünf in dem Glaskubus stehende Gebäude.

Energiekonzept:

Der Energieaufwand wird durch die solaren Energiegewinne durch die Glashülle drastisch gesenkt. Der Heizenergieverbrauch der angrenzenden Räume wird durch die in der Glashülle herrschenden 15°C minimiert. Durch diese hochwertige Glashülle können die Innenfassaden der fünf innenliegenden Gebäude deutlich vereinfacht werden. (So kann man mit Sicherheit sagen, dass diese nie Frost, Regen oder Wind ausgesetzt sein werden.)
Die Belüftung der Halle erfolgt über Lüftungsklappen, welche ohne großen technischen Aufwand für ein optimales Innenklima sorgen. Dieses Innenklima wird auch noch durch die verschiedenen Grünflächen (Ruhezonen mit Sprinkleranlagen für die Bewässerung des Rasens) innerhalb des Gebäudes positiv beeinflusst.
Unterhalb der Tiefgarage ermöglicht ein im Grundwasser liegender Massespeicher eine Abkühlung bzw. Vorerwärmung der Luft, bevor diese in die Halle eingelassen wird. Der verbrauchten Luft wird über einen Wärmetauscher die Wärme und Feuchtigkeit entzogen, bevor diese das Gebäude verlässt.
Anfallendes Regenwasser wird über eine Rigolen-Versickerung auf dem Grundstück beseitigt.

Quelle:
http://www.ado.de/downloads/datenblaetter/HFF.pdf
http://www.medium-architekten.de/hffbau.htm

Kapitelverweise: 5.1 / 5.2

Klinisch-molekularbiologisches Institut, Erlangen

Gebäudeart:	Forschungs- und Laborgebäude
Bauherr:	Universität Erlangen
Architekten:	Christof Präg (Universitätsbauamt Erlangen)
Standort:	Erlangen
Baujahr:	2002
BGF:	6.897 m^2
HNF:	2.830 m^2
BRI:	28.356 m^2
Gebäudekosten:	20,4 Mio.
Menge der Solarmarkisenmodule: 126 Stück	
Nennleistung der Solarjalousien: 22 kWp / 7,7 kWp	
Gesamtkosten der Solaranlage:	193.268 € (d. h. 25.564 € pro Kilowatt, teuerste Solaranlage der letzten Jahre)

Konstruktion / Materialien:
Viergeschossiger Stahlskelettbau mit einer Aluminium-Glas-Fassade.

Energiekonzept:
Das Vordach der Südfassade, unter welchem die Sicherheitslabors liegen, verhindert im Sommer eine zu starke Aufheizung der Räume, da eine Lüftungsanlage nicht betrieben werden kann. Hier wurde das Vordach mit Photovoltaikmodulen bestückt, so dass eine Art Solarmarkise entstand. Sie besteht aus 120 Modulen, welche eine Gesamtleistung von 22,5 Kilowatt haben. Damit das Dach jedoch nicht zu massiv wirkt, wurde zwischen den Modulen etwas Platz gelassen, so dass es eine leichtere Wirkung bekommt.
Im Gegensatz zu dieser feststehenden Anlage entstand noch eine Solar-Jalousie, welche aus 140 Modulen besteht und einachsig mit einem Motor je nach Sonnenstand ausgerichtet werden kann. Die Lamellen der Jalousie wurden jedoch nicht vollständig mit Photovoltaikmodulen bestückt, dass sie sich je nach Ausrichtung nicht selber verschatten. Es wurden also nur auf den unteren Teil der Lamellen Module aufgebracht. Zwischen den einzelnen Lamellen musste aus Sichtgründen auch wieder etwas Platz gelassen werden.
Das Gebäude an sich hat keine gebäudebezogene Heizung. Es wird über Wärmetauscher vom Fernwärmenetz der Stadt Erlangen geheizt. Die Gebäudetechnik kann man als konventionell bezeichnen, da keine besonderen ökologischen Maßnahmen, außer der Photovoltaikanlage, verwendet wurden.

(Fotos: Solon AG)

Quelle:
Detail, 04-2001, Fenster-Glas-Sonnenschutz
http://www.solonag.com
Informationsbroschüre der Uni Erlangen:
„Nikolaus Fieber-Zentrum, KMFZ, Glückstraße 6"

Kapitelverweis: 4.1.2

Öko-Hauptschule Mäder

Gebäudeart:	Hauptschulgebäude	
Bauherr:	Gemeinde Mäder	
Architekten:	B & E Baumschlager-Eberle GmbH, Lochau	
Standort:	Neue Landstraße 23 A-6841 Mäder	
Baujahr:	1998	
Energiebezugsfläche:		6.681 m^2
Jährlicher Heizwärmebedarf:		127.000 kWh
Fläche der Sonnenkollektoren:		28 m^2
Fläche der Erdluftkollektoren:		720 m^2
Fläche Photovoltaikanlage:		90 m^2

Tragwerk / Konstruktion:
Gestaltprägend ist die Holz-Glas-Konstruktion mit 70 cm tiefen Stützenreihen, die den Rhythmus der Türen vorgeben. Die Fassade ist eine Doppelfassade, welche ein wichtiger energetischer Bestandteil des Gebäude-Klima-Konzeptes ist.

Energiekonzept:
Es sollte bei hohem Komfort ein minimaler Energieverbrauch und geringer Kapitaleinsatz erzielt werden, was durch eine gesamtheitliche Optimierung von Gebäude- und Lüftungsechnik erreicht wurde.

Be- und Entlüftung mit Wärmerückgewinnung:
Die zentrale Anlage mit Wärmerückgewinnung entzieht der verbrauchten Luft während der Heizperiode 70 % der Wärme und überträgt sie auf die Frischluft.
In den Klassen befinden sich jeweils Anwesenheitsschalter, wodurch der Betriebsstrom freigegeben wird, außerdem ist die Zuluft CO_2-gesteuert. Das Luft-Erdregister als Wärme- und Kühlungsspeicher besteht aus einem doppellagig verlegten Röhrensystem (Luftkollektoren unter dem Pausenhof). Die Aussenluft wird im Winter angesaugt und durch einen horizontalen Betonkanal auf das Rohrsystem verteilt und im Speicher durch Erdwärme von 0 – 15° C vorgewärmt. Die Luft strömt dann in die Lüftungsanlage, wo die Abluft WRG die Frischluft zusätzlich aufwärmt. Im Sommer wird dann die gekühlte Luft (min. 7° C) aus dem Erdreich in die Lüftungsanlage eingespeist.
Die warme Abluft wird je nach Qualität gefiltert und über Weitwurfdüsen der Turnhalle zugeführt, so dass diese ohne ein konventionelles Heizsystem betrieben werden kann. Erst die Abluft der Waschräume wird der WRG-Anlage zum Wärmeentzug zugeführt.
Fotovoltaikanlagen wurden auf dem Dach des Klassentraktes und der Turnhalle (Flachkollektoren) angebracht.

(Foto: Eduard Hueber)

Quelle:
Intelligente Architektur 20, Öko-Hauptschule Mäder,
Klar optimiert
http://www.google.de (Bildquelle)
http://www.vlbg.at/oekohs/

Kapitelverweis: 2.2 / 4.3 / 5.2

Kindergarten in Ulm

Gebäudeart:	Kindergarten
Bauherr:	Stadt Ulm
Architekten:	Stadt Ulm, Hochbauamt
Standort:	Passivhaus Siedlung „Im Sonnenfeld", Ulm
Baujahr:	2002
Luftdichtig-keitswert:	0,3 $^{h-1}$

Energiekonzept:
Einen Kindergarten im Passivhausstandard zu bauen, bringt Schwierigkeiten mit sich, da in den Ferien und am Wochenende das Haus nicht genutzt wird und die Wahrscheinlichkeit von Wärmeverlusten durch Kinder, die vergessen, Türen zu schließen, sehr hoch ist. Deshalb wurden in dem Gebäude wasserführende Heizkörper und eine kontrollierte Lüftungsanlage integriert. Über den vorhandenen Fernwärmeanschluss wird das Gebäude nur geheizt, um die ersten Tage nach den Ferien zu überbrücken. Ansonsten wird die Wärme über die Lüftungsanlage bereit gestellt. Die Lüftungsanlage ist an eine Wärmerückgewinnungsanlage gekoppelt.
Über eine moderne Fenstertechnologie (Dreischeiben-Wärmeschutz-Verglasung) wird die Sonne zwar hineingelassen, aber im Winter dringt nur sehr wenig Wärme nach draußen. Des weiteren ist das Gebäude sehr stark gedämmt, so dass es vor der Kälte im Winter und einer Überhitzung im Sommer geschützt ist.

Quelle:
Das Bauzentrum Baukultur, 12/2002, Kindergarten in Ulm als Passivhaus
http://www.expo.ulm.de/fachdoku/teil1.pdf

Kapitelverweis: 2.3

Amstein + Walthert-Gebäude, Oerlikon

Gebäudeart:	Bürogebäude
Bauherr:	Winterthur Leben
Architekten:	Freie Architekten AG, Zürich
Standort:	Leutschenbachstrasse 45 CH-8050 Zürich
Baujahr:	2001
U-Wert:	Verglasung 1,1 W/ m^{2}K, die übrigen opaken Bauteile in O/W 0,3 W/m^{2}K
Heizfläche:	10.600 m^2
BGF:	5.300 m^2
spezifische Luftrate:	50 m^3/ Person.h 30 m^3/ Person.h 28°<Aussentemperatur<0°
Energieverbrauch:	50.400 kWh/a Antriebsenergie für Heizen/ Kühlen 22.500 kWh/a Förderenergie für Lüftung 18.600 kWh/a Strom für Beleuchtung der allgemeinen Fläche 3.800 kWh/a Strom für Liftanlage, allgemeine Zwecke 415 kWh/a Stromverbrauch/Arbeitsplatz
Wärmepumpe:	pumpt 83 % niederwertige Energie aus Abluft und Erdreich
Solarzellen:	150 m^2 erzeugen 20.000 kWh

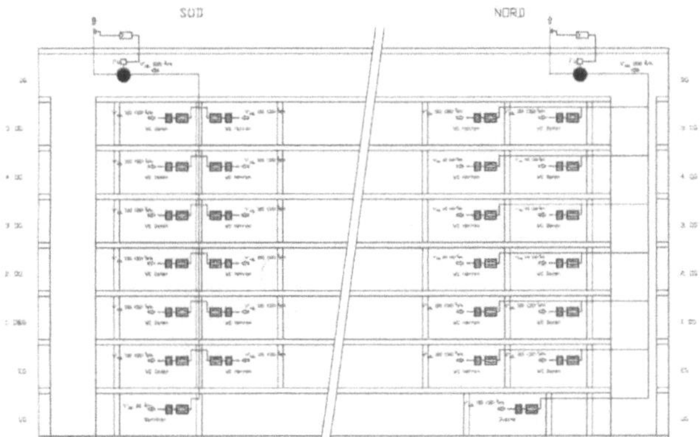

Quelle:
Hochparterre Beilage zu 5, Mai 2002, Amstein+Walthert AG Gebäude
www.amstein-walthert.ch

Kapitelverweis: 3.2 / 3.3 / 4.2.2 / 5.4.1

Heizung:
Es handelt sich um eine Zentralheizung mit einer Wärmepumpe an Stelle eines Gas- oder Ölbrenners. Den Wärmeaustausch übernehmen Heizschlangen mit zirkulierendem Wasser, die in den Betondecken einbetoniert sind (Bauteilaktivierung). In den dezentralen Zuluftapparaten (LUBO) in jedem zweiten Fenster wird die Außenluft mit maximal 28 grädigem Wasser von −10°C bis +18°C aufgeheizt oder im Sommer gekühlt. Die Zuluft wird durch leichten Unterdruck über einen zentralen Abluftventilator über die Luftboxen geführt. Die Vorlauftemperatur des Heizmediums an den Luftboxen beträgt 28°C, für die Bauteilaktivierung 26°C.
Wärme wird mit einer Wärmepumpe erzeugt, die 83 % niederwertige Wärme aus der Abluft und aus dem Erdreich gewinnt. Dazu wird 17 % hochwertiger Strom für die Wärmepumpe benötigt. Die Regulierung der Raumtemperatur steuert man durch Mitteltemperatur des Vortages. Das Gebäude „schwingt" durch Speicherfähigkeit in einem schmalen Temperaturband.

Kühlung:
Das Gebäude wird im Sommer durch Nachtauskühlung und Deckenregister, die mit den Erdsonden verbunden sind, gekühlt. So steigt die Temperatur im Gebäude nicht über 25°C. Tagsüber wird die Zuluft durch den Erdsondenkreislauf auf ca. 22°C gekühlt.

Zentrum für umwelt-bewusstes Bauen, Kassel

Gebäudeart:	Bürogebäude
Bauherr:	Zentrum für Umweltbewusstes Bauen e. V., Kassel
Architekten:	Arbeitsgemeinschaft Jourdan & Müller ° PAS, Sedding Architekten
Standort:	Gottschalkstraße 28 a 34127 Kassel
Baujahr:	2000
A/V-Verhältnis:	0,34 m^{-1}
Mittlerer U-Wert:	0,32 (W/m^2K)
Jahresheizwärmebedarf (Q_h) nach WSVO '95:	
Max. zulässiger Q_h/V	19,8 kWh/m^3a
Q_h/V vorhanden	5,3 kWh/m^3a
Q_h/A_h vorhanden	16,5 kWh/m^2a
Unterschreitung von max. zul. Q_h um 73 %	
BRI:	6.882 m^2
NGF:	1.732 m^2
HNF:	830 m^2

Tragwerk / Konstruktion:
Die vertikalen Lasten werden primär durch eine Verbindung aus Stahlbetonstützen und -decken aufgenommen. Zur Aussteifung dienen die kopfseitigen Wände und in Querrichtung dazu eine aufgehende Innenwand im hinteren Gebäudebereich.
Eine massige Lehmziegel-Innenwand trennt den Atrium-Bereich von den Arbeitsräumen; sie trägt nicht und dient nicht der Aussteifung.

Das Energiekonzept:
Um ein günstiges Oberflächen-/Volumenverhältnis zu erreichen, wurde der Baukörper als kompakter Riegel ausgeführt und der Großteil der nach Norden orientierten Längsfassade über ein Atrium an ein Bestandsgebäude angeschlossen. Die Außenbauteile erfüllen hohe Wärmeschutzanforderungen, die vorgehängte Südfassade ist als raumhohe Drei-Scheiben-Wärmeschutzverglasung ausgeführt. Unter Einbeziehung der winterlichen Wärmerückgewinnung liegt der Jahresheizwärmebedarf rechnerisch 73 % unter dem geforderten Niveau der Wärmeschutzverordnung '95. Der verbleibende Wärmebedarf wird im Wärmeverbund mit dem Nachbarhaus über einen Fernwärmeverteiler abgedeckt und über thermisch aktivierte Bauteile im Gebäude verteilt.
Der größte sommerliche Wärmeeintrag findet über die verglaste Südfassade statt; für die Verschattung sorgt eine externe Lamellenjalousie, die in einigen Büros zur Lichtleitung im Oberlichtbereich getrennt vom Fensterbereich regelbar ist. Die Brüstungsverglasung ist mit einer Lochrasterfolie bedruckt, bietet aber keinen regelbaren Sonnenschutz.
Die Gebäudekühlung wird einerseits über Nachtlüftung, andererseits über thermisch aktivierte Bauteile gewährleistet, die über ein Rohrleitungssystem in der Sohlplatte Wärme an das Erdreich abführen können. Auf eine Kältemaschine wurde verzichtet. Ferner besitzen massive Innenbauteile, vor allem die Lehmziegelwand, hohe Speichermassen, die sich im Sommer wie Winter positiv auf das Raumklima auswirken.
Das Gebäude besitzt ein flexibles Lüftungssystem, welches eine Zu- und Abluftanlage mit Wärmerückgewinnung über zwei Kreuzstrom-Wärmetauscher beinhaltet.
Das Atrium zwischen den beiden Baukörpern ist variabel als Zu- oder Abluftverteiler eingebunden.

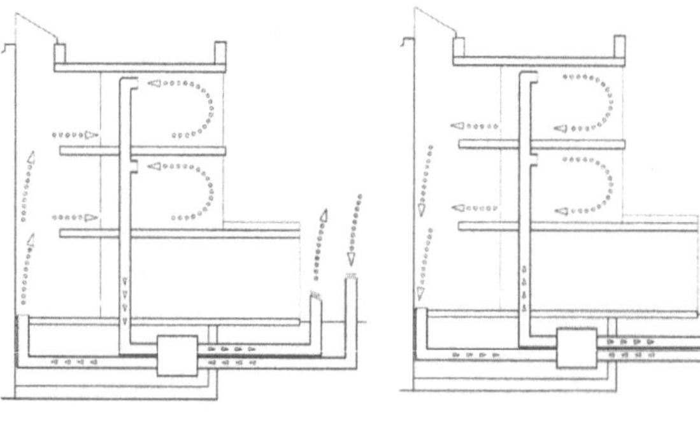

Abluft-Situation   Zuluft-Situation

(Fotos: Constantin Meyer, Köln)

Quelle:
Universität Kassel; FG Bauphysik und TGA
http://www.bpy.uni-kassel.de/solaropt
http://www.zub-kassel.de

Kapitelverweis: 3.3 / 4.3

Bürogebäude Braun AG, Kronsberg

Gebäudeart:	Bürogebäude mit Ausstellungsfläche und Tiefgarage
Bauherr:	Braun AG, Kronberg
Architekten:	Schneider + Schumacher Frankfurt am Main
Standort:	Frankfurter Straße 145 61476 Kronberg
Baujahr:	2000
BGF:	13.500 m^2
Kubatur:	54.500 m^2
Wärmedurchgangswert U_v:	1,2 W/m^{2}K
Fläche der Fassade:	1.650 m^2
Sonnenenergiedurchlassgrad:	g = 34 %

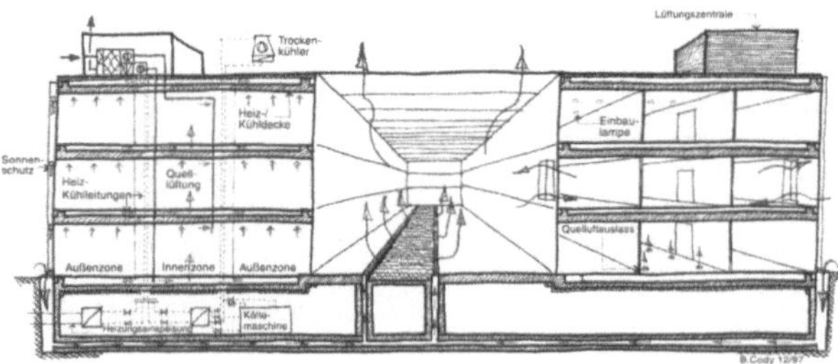

Quelle:
http://www.baulinks.de/webplugin/1frame.htm?http %3A//www.baulinks.de/webplugin/n911.php4
http://www.schneider-schumacher.de/schneider-schumacher/details/braun.htm
http://www.schneider-schumacher.de/schneider-schumacher/bauten/braun.htm
http://www.wicona.de/web/servlet/wicona_web.References?ref_id=28#

Kapitelnachweis: 3.3 / 5.1 / 5.2 / 5.3

Energiekonzept:
Der Bürokomplex bildet ein dreigeschossiges „U" mit einem großen überdachten Innenhof. Die Grundrissabmessungen betragen ca. 100 x 39 m. Der Zugang zum Gebäude wird durch einen überdachten Eingangsbereich markiert. Eine Rampe durchbricht die Eingangsfassaden und leitet den Besucher in die zentrale Halle.

Der dreigeschossige, mit Luftpolsterkissen (Membrandach) überdachte Raum ist nicht direkt beheizt. Er dient als Pufferraum zwischen Innen- und Außenraum. Im Sommer wird das Membrandach geöffnet, so dass ein Außenraum entsteht. Im Frühjahr und Herbst ermöglicht der Raum durch solare Gewinne und die Transmissionswärmeabgabe der inneren Fassade Aufenthaltsqualität und kann für Ausstellungen, Veranstaltungen und ähnliches genutzt werden. Im Winter sinkt die Temperatur nicht unter 10°C, so dass die Erschließungsfunktion des Raumes erhalten bleibt.

Die Büroflächen (ca. 9.000 qm) sind so wenig wie möglich vorstrukturiert und ermöglichen unterschiedliche Raumkonzepte. Die Stahlbetondecke mit vorgespannten Betondecken ermöglicht einen stützenfreien Innenraum. Die Grundbeleuchtung ist in die Decke integriert und ermöglicht jede Freiheit in der Raumorganisation (Zellenbüros, Kombibüros, Großraumbüros).

Die Versorgung mit Medien erfolgt durch den Doppelboden. Die massive Decke steht als thermische Speichermasse ganz zur Verfügung. Ein Kühl-Heizsystem wird in den Decken integriert, um ihre Speichermasse zu aktivieren: das Gebäude wird mit sekundärer Energie versorgt (Wasser mit niedriger Temperatur) und funktioniert als isothermischer Körper.

Die Fassade ist als öffenbare zweischalige Fassade ausgeführt: eine moderne Interpretation des Schweizer Kastenfenstersystems. Dies ermöglicht die natürliche Be- und Entlüftung aller Räume. Ein zentraler Gebäudecomputer entscheidet, ob es sinnvoll für die Gesamtenergiebilanz ist, die Fassade und das Membrandach zu öffnen (bei angenehmer Außentemperatur) oder geschlossen zu halten (bei extremen Außentemperaturen). Der einzelne Nutzer kann – wenn keine Gefahr besteht (wie z. B. zu hohe Windlasten) – trotzdem entscheiden, sein Fenster zu öffnen oder zu schließen. Dieses System versucht, ein Optimum zwischen energieeffizienter Rechnersteuerung und subjektiven Nutzerfaktoren zu realisieren.

Bürogebäude Ecotec, Bremen

Gebäudeart:	Bürogebäude
Bauherr:	ECOTEC-Bremer Institut für Gebäudeautomatik, Energie- und Umwelttechnik GmbH
Architekten:	Hahndorf, Wucherpfennig, Ingenieure und Architekten, Bremen
Standort:	Wilhelm-Herbst-Straße 7 28359 Bremen
Baujahr:	2000
A/V-Verhältnis:	0,31 m^{-1}
Mittlerer U-Wert:	0,54 (W/m^2K)
Jahresheizwärmebedarf (Q_h) nach WSVO '95:	
	Max. zulässiger Q_h/V 19,2 kWh/m^2a
	Q_h/V vorhanden 14,0 kWh/m^2a
	Q_h/A_h vorhanden 43,9 kWh/m^2a
	Unterschreitung von max. zul. Q_h um 27 %
BRI:	13.636 m^2
NGF (geheizt):	2.941 m^2
HNF:	1.837 m^2

Tragwerk / Konstruktion:
Das Gebäude hat eine Stahlträgerkonstruktion im Rasterbau mit tragenden Stützen im Untergeschoss und einen aussteifenden Fahrstuhlschacht. Die Decken sind aus Stahlbeton.
Die Fassade ist zweischalig, die erste Schale besteht aus rotem Verblendmauerwerk. Die Dächer sind als leichte Flachdachkonstruktion ausgebildet.

Energiekonzept:
Eine Müllverbrennungsanlage versorgt das Gebäude mit Fernwärme, und die Stromeinspeisung erfolgt aus dem öffentlichem Netz. Durch eine thermische Solaranlage (Röhrenkollektoren auf jedem Flachdach mit 45° Neigung nach Süden) und eine Solarstromanlage plus Wärmetauscher auf dem Dach wird zusätzlich Strom erzeugt.
Durch die Kollektoranlage wird Warmwasser produziert. Überschüsse werden in einem Pufferspeicher der Heizung eingespeist.
Aufgrund abrechnungstechnischer Wünsche ist jedes Geschoss dreifach unterteilt und hat ein eigenes Lüftungssystem, welches aus einer Wärmerückgewinnung im Kreislaufverbund mit dem „Heat-Pipe-Verfahren" und einer elektrisch betriebenen Wärmepumpe zum Heizen und Kühlen der Luft besteht.
Im Winter wird die Wärme größtenteils über die Wärmerückgewinnung erzielt, falls diese jedoch nicht ausreichen sollte, können die Räume über Radiatoren nachgeheizt werden. Dies geschieht automatisch, genauso wie das Ausschalten der Radiatoren, wenn ein Fenster geöffnet wird.
Im Sommer wird der Luft über die Wärmepumpe die Wärme entzogen und kühlt damit die Zuluft. Nachts kann durch einen reinen Lüftungsbetrieb das Gebäude entwärmt werden.

(Foto: Ecotec GmbH, Bremen)

Quelle:
http://www.motiondesign.de/architektur/t3d.html
http://www.solarbau.de/monitor/index.htm

Kapitelverweis: 4.1.1 / 4.2 / 4.3

Bürohaus „Am Hermannsberg", Groß-Gerau

Gebäudeart:	Bürogebäude	
Bauherr:	K. P. Vollhardt für MSV Immobilien GbR, Groß-Gerau	
Architekten:	m + architekten, Darmstadt	
Standort:	Am Hermannsberg 2 64521 Groß-Gerau	
Baujahr:	1999	
BGF:	3.166 m^2	
BRI:	11.330 m^2	
Jahresheizwärmebedarf:	13,93 kWh/m^3a (berechnet)	
U-Werte:	Fenster	0,80 W/m^2K
	Glasfassade	0,25 W/m^2K
	Außenwände	0,20 W/m^2K
Größe der Photovoltaikanlage:	53,5 m^2 (6,53 kW_p)	

Tragwerk / Konstruktion:
Das Besondere an diesem Tragsystem ist, dass das natürliche Be- und Entlüftungssystem schon integriert ist. Kamine dienen sowohl zur Luftführung als auch zur Aussteifung.

Energiekonzept:
Für das Be- und Entlüftungssystem wurden spezielle Kaminköpfe entwickelt, welche mit natürlicher Thermik und durch Windantrieb die dem Gebäude zur Verfügung stehenden Wärme-/Kältequellen nutzen.
Im Sommer wird die Luft im Erdkanal vorgekühlt. Nachts wird im Sommer über zentral gesteuerte Oberlichter das Gebäude abgekühlt. Dadurch wird die Gebäudetemperatur gesenkt. Die offenen Decken dienen dabei als Zwischenspeicher. Zusammen mit einem adäquaten Sonnenschutz reicht das Lüftungskonzept aus, ohne dass eine mechanische Kühlanlage dazu geschaltet werden müsste. Im Winter wird die Luft im Erdkanal über die zurückgewonnene Wärme aus der Abluft erwärmt. So werden Lüftungswärmeverluste minimiert. Aus diesem Grund kann auch die Heizungsanlage auf ein Minimum reduziert werden.
Es wurde keine zentrale Warmwasserversorgung eingebaut, nur in den Teeküchen ist je ein Kochwassergerät über der Spüle installiert.
Die Gebäudehülle wurde so hoch gedämmt, dass die Transmissionswärmeverluste so gering wie möglich gehalten wurden.
Die Lamellen sind so ausgeführt, dass sie zur Tageslichtlenkung dienen.

Quelle:
Energie Effizientes Bauen, 4/2001; Neubau eines Bürogebäudes „Am Hermannsberg"

Kapitelverweis: 5.2

Bürohaus im Passivhaus-Standard, Ellwangen

Gebäudeart:	Bürogebäude
Bauherr:	Hariolf Brenner, Ellwangen
Architekten:	Architekt Hariolf Brenner, Ellwangen
Standort:	Wolfgangstraße 8 73479 Ellwangen/Jagst
Baujahr:	2001
Nutzfläche:	810 m^2
Blower Door Test:	$n_{50} = 0{,}38\ h^{-1}$
Haustechnik:	Photovoltaikanlage 8,26 kW mit vier Wechselrichtern, Erdreichvorwärmung, Wärmetauscher, Heizregister über Gastherme
Heizwärmebedarf:	< 15 kWh/m^2 a

Tragwerk / Konstruktion:
Massivbauweise mit KS-Wänden (winddicht zugeschlämmt) und Betondecken mit 38 cm Dämmung aus Marmorit Polystyrol WDVS. Die Innenwände sind aus Gipskarton.

Energiekonzept:
Das Gebäude hat getrennte Wärme- und Kaltbereiche (Treppenhaus und Aufzugsschacht sowie der nicht gedämmte Glasanbau auf der Nordwestseite als Kaltbereich).
Erdkollektoren liegen ca. 1 m unter der Bodenplatte des nicht unterkellerten Gebäudes. Über einen Wärmetauscher wird der Abluft Wärme entzogen, so dass diese wieder zur Erwärmung der Frischluft verwendet werden kann. Nur an sehr wenigen Tagen ist ein kleines Heizregister, welches an eine Gastherme angeschlossenen ist, in Betrieb.
Das Dach wurde mit glattflächigen Betonplatten „Tegalit" bestückt, so dass Photovoltaikmodule gut integriert werden konnten. Die Anlage erzeugt ca. 8,26 kW und versorgt somit die Büros mit einem Großteil des von ihnen verbrauchten Stroms. Die Photovoltaikanlage hat jedoch Einbußen von ca. 4-5 %, da sie nicht 100 % nach Süden hin ausgerichtet ist.
Das Regenwasser wird in Zisternen gesammelt und zur Trinkwassersubstitution für die Spülungen der Toiletten verwendet.
Schon allein durch die Fassade wird das Energiekonzept deutlich. Nach Süden hin ist der Baukörper geöffnet zur Wärmegewinnung; nach Norden hin werden die Wärmeverluste durch eine Lochfassade gering gehalten.

Quelle:
EB 04/2001, Bürogebäude im Passivhaus-Standard
http://www.architekt-brenner.de/frprojek.htm

Kapitelverweis: 4.9 / 5.2

Bürohaus Lamparter, Weilheim

Gebäudeart:	Bürogebäude
Bauherr:	Frau Rothfuß, Zell und Aichelberg
Architekten:	Architekten Werkgemeinschaft Weinbrenner + Single Freie Architekten BDA Nürtingen-Erfurt Projektbearbeiter: Jürgen Müller
Standort:	Bahnhofstraße 4 73235 Weilheim a. d. Teck
Baujahr:	2000
A/V-Verhältnis:	0,4 m^{-1}
BRI:	5.540 m^2
NGF (beheizt):	1.000 m^2
HNF:	589 m^2
Mittlerer U-Wert:	0,30 W/m^2K

Jahresheizwärmebedarf (Q_h) nach WSVO '95:

Max. zulässiger Q_h /V	20,7 kWh/m^2a
Q_h/V vorhanden	10,1 kWh/m^2a
Q_h/A_n vorhanden	31,7 kWh/m^2a
Unterschreitung von max. zul. Q_h um 51 %	

Tragwerk / Konstruktion:
Massive Decken und Stützen unterstützen den Stahlbetonskelettbau des Gebäudes. Aus Leichtbauelementen sind die Außenwände konstruiert und mit 24 cm Mineralfaserdämmung sowie hinterlüfteten Lärche und Faserzementplatte versehen.

Energiekonzept:
Durch einen kompakten Baukörper und sehr guten Wärmeschutz werden Transmissionswärmeverluste des Gebäudes reduziert. Im Winter profitiert das Gebäude von den passiven solaren Energiegewinnen. Außerdem werden Lüftungswärmeverluste durch die luftdichte Gebäudehülle und die mechanische Lüftung mit Wärmerückgewinnung und Erdwärmenutzung vermindert. Über drei Nachheizregister kann bei Bedarf noch fehlende Heizwärme abgedeckt werden. Es gibt keine Heizkörper in dem Gebäude. Über den Wärmetauscher wird die vom Erdregister angesaugte Luft vorgewärmt. Für den restlichen Heizwärmebedarf ist ein Gasbrennwertsystem vorhanden, denn das Erdregister dient hauptsächlich der sommerlichen Kühlung. In den Übergangszeiten wird das Erdregister umgangen, damit Luft nicht unnötig aufgeheizt oder abgekühlt wird.
Durch Speichermassen (Decken und Wände) wird ebenfalls für eine Temperierung des Gebäudes im Sommer gesorgt. Nachts werden die Bauteile durch natürliche Lüftung abgekühlt, damit sie tagsüber die Kälte langsam in die Räume abgeben. Über aussenliegende Jalousien wird der Energiedurchlassgrad gering gehalten. Durch eine Solarkollektoranlage wird die Warmwasserbereitung unterstützt.

Quelle:
http://www.solarbau.de/monitor/index.htm

Kapitelverweis: 4.1.1 / 3.2 / 5.2

Das Prismahaus, Frankfurt am Main

Gebäudeart:	Bürogebäude (ganzheitlich ökologisches Gebäudekonzept auf Niedrigenergiestandard) mit Doppelfassade und Atrium
Bauherr:	HOCHTIEF Projektentwicklung GmbH, Niederlassung Südwest Helfmann-Park 1 65760 Eschborn
Architekten:	Auer + Weber + Partner, Stuttgart Partner Götz Guggenberger
Standort:	Hahnstraße 55, 60323 Frankfurt am Main, Niederrad
Baujahr:	2001
BRI:	240.000 m^2
BGF:	67.000 m^2
HNF:	37.000 m^2

Tragwerk / Konstruktion:
Stahlbeton-Skelettkonstruktion mit punktgestützen Flachdecken, Rundstützen und den Grundriss strukturierenden Kernzonen zur Gebäudeaussteifung.

Klimakonzept:
Das bereits im Wettbewerbsentwurf integrierte thermodynamische Energiekonzept ermöglicht eine natürliche Fensterlüftung ohne Einsatz herkömmlicher Haustechnikanlagen. Den Entwurf kennzeichnende Elemente sind dabei die große Verteilerhalle, die Doppelfassade an der Lyoner Straße, das große Glasdach und die in die Kernzonen integrierten Solarkamine.

Lüftung im Winter:
Belüftung des Gebäudes über die Doppelfassade und die Solarkamine, Entlüftung über das Atrium zur Nutzung der Büroabwärme.
Über die Doppelfassade und den Erdkanal mit den Solarkaminen werden die Bürogeschosse mit vorgewärmter Zuluft versorgt. Die Abluft wird mittels Fensterlüftung oder über in die Betondecke eingelegte Rohre an das Atrium zur Nutzung der Restwärme abgegeben. Die Entlüftung des Gebäudes erfolgt über das Glasdach des Atriums.

Lüftung im Sommer:
Belüftung des Gebäudes über das Atrium, Entlüftung über die Doppelfassade und die Solarkamine.
Die Lüftungsrichtung wird im Vergleich zum Winter umgekehrt. Das mit Beschattungs- und Lichtlenkungsanlagen versehene glasüberdeckte Atrium wird über den Erdkanal mechanisch mit vorgekühlter Zuluft versorgt. Durch den leichten Überdruck in der Halle strömt die Luft über Fensterlüftung oder über in die Betondecke eingelegte Rohre in die Bürogeschosse. Diese geben mit Unterstützung des thermischen Sogs über die Doppelfassade und die Solarkamine ihre Abluft an die Umgebung ab.
Nachts wird das Gebäude durch Nachtluftspülung aktiv entwärmt. Dabei wird das Prinzip der Sommerlüftung beibehalten, die Luftwechselrate wird zur Steigerung des Kühleffekts mit Hilfe des Lüfters im Erdkanal erhöht.

(Foto: Roland Halbe)

Quelle:
Intelligente Architektur 03-03/2002, Prisma Haus, Frankfurt am Main
http://www.auer-weber.de
http://www.artur-photo.de

Kapitelverweis: 5.1 / 5.2 / 5.3.1

Das Swiss Re-Gebäude, München

Gebäudeart:	Bürogebäude mit zentralen Sonderflächen, Bereiche Konferenz, Schulung und Casino
Bauherr:	Swiss Re Germany AG, München
Architekten:	Bothe, Richter, Teherani, Hamburg
Standort:	Dieselstraße München-Unterföhring
Baujahr:	2001
Fläche BGF:	54.000 qm, davon 23.500 qm Tiefgarage
UV-Wert:	Aussenfassade 0,5 W/m²K Sonnenschutzglas 1,1 W/m²K

Tragwerk / Konstruktion:
Der Stahlbetonskelettbau besteht aus zwei nahezu unabhängigen, geometrisch sehr unterschiedlichen Gebäuden, die sich überlagern.

Beleuchtung:
Um optimale Lichtverhältnisse zu schaffen, wird durch eine besondere Rahmenkonstruktion aus Stahl und Aluminium dafür gesorgt, dass auch in der Tiefe des Gebäudes noch Tageslicht eindringt. Jedoch verhindern spezielle Stoffrollos, dass dieses Tageslicht blendet. Durch eine Mischung mit künstlichem Licht, welches sich teilweise auch automatisch anschaltet, wird das Licht am Arbeitsplatz optimiert, wobei das aber auch individuell geregelt werden kann.

Heiz- und Kühlsystem:
Das Gebäude wird über Bauteilaktivierung in den Stahlbetondecken gekühlt und geheizt.
Ausschlaggebend für den minimalen Energieverbrauch ist die hochwertige Verglasung. Während früher der großflächige Einsatz von Glas in der Fassade angesichts des hohen Wärmedurchgangs zu erheblichen Energiekosten für die Klimatisierung führte, verknüpfen die modernen Hightech-Isoliergläser relativ hohe Lichtdurchlässigkeit mit hervorragendem Wärme- und Hitzeschutz.

(Foto: Jörg Hempel)

Quelle:
Intelligente Architektur 09-10/2002, Hightech-Glas statt Klimaanlage
http://www.baupraxis.de/magazin/news/bauen/swissre_muc.html
http://www.baukurier.de/baukurier/network/Rubriken/archiv/AR_Architektur/architektur_swiss_re.htm
http://www.brt.de/

Kapitelverweis: 3.3 / 5.3.2

Das Swiss Re-Gebäude, Zürich

Tragwerk / Konstruktion:
Stahlbetonkonstruktion

Energiekonzept:
Durch eine gut gedämmte Ost- und Westfassade (Fenster U-Wert: 0,9 w/m²K) ist mit keinem störenden Kälteabfall in der Nähe der Fenster zu rechnen. Diesen großen Glasflächen entsprechend, die sehr helle Räume entstehen lassen, wurde ein sehr wirksamer Sonnenschutz gewählt (feststehend durch Vordächer über den Fensterbändern, hochziehbare Rollos auf der Außenseite und herunterziehbare Rollos auf der Innenseite), welcher eine ganzheitliche Verschattung ermöglicht. Die Sichtverbindung nach aussen bleibt aber immer noch bestehen.
Das gesamte Gebäude wird über eine in den Decken integrierte Bauteilkühlung gekühlt. Um den Effekt der Kühlung nicht durch Akustikmaßnahmen zu verringern, wurde die Oberfläche der Decken als offene Rippenstruktur geplant. Die dadurch zusätzliche gewonnene Fläche ist mit schallabsorbierenden Elementen abgedeckt, ohne den eigentlichen Kühleffekt zu beeinträchtigen. Die vom MINERGIE-Standard für alle Räume geforderte Komfortlüftung war zur Gewährleistung eines verbesserten Lärmschutzes nötig. Das Gebäude wurde so geplant, dass jederzeit offene Bürolandschaften oder Einzelbüros gewählt werden können.

Gebäudeart:	Verwaltungsgebäude
Bauherr:	Swiss Re
Architekten:	schnebli ammann menz sam architekten und partner ag
Standort:	Soodring, Adliswil
Baujahr:	2001
Energiebezugsfläche:	26.000 m²
BGF:	32.370 m²
Bauvolumen:	122.600 m²
Installierte Heizleistung:	800 kW (zwei Gaskessel)
Installierte Kälteleistung:	450 kW mit Kältemaschine

(Foto: Gaston Wicky)

Quelle:
Intelligente Architektur 03-04/2002, Swiss Re Verwaltungsgebäude Soodring, Adliswil: Spaaaar-s.a.m.
http://www.samarch.ch

Kapitelverweis: 3.3

Deutsche Flugsicherung in Langen

Gebäudeart:	Bürogebäude
Bauherr u. Nutzer:	Deutsche Flugsicherung
Architekten:	KSP Engel & Zimmermann, Frankfurt
Standort:	Wilhelm-Leuschner-Platz Langen
Baujahr:	2000
BGF:	57.800 m^2
EBF:	44.500 m^2
Low Energie Office Zielwert (LEO):	100 kWh/ m^{2}a
Erdwärme-sonden:	154 Stück á 70 m im 5 m Raster Leistung im Kühlfall: 340 kW Leistung im Heizfall: 330 kW
Wärmeleitfähigkeit der Verfüllung:	1,6 W/ m/K (üblich 0,8 W/ m/K), dadurch Verbesserung der Erdwärmesondenleistung um 10 %
Wärme-pumpe:	Kältemittel NH3 Leistungsziffer > 6

Energie- und Klimakonzept:
Das Gebäude der deutschen Flugsicherung wird als „low energy office" bezeichnet. Durch 154 Erdwärmesonden (Doppel-U-Sonden) mit einer Tiefe von je 70 m wird die Grundlast der Gebäudeheizung und -kühlung betrieben. Eine Anlage mit einer solchen Leistung und Sondenzahl ist in Europa bislang noch selten. Im Sommer nutzt man das aus der Erdwärmesondenanlage kommende kalte Wasser direkt zum Kühlen der Betondecken. Dieses erwärmt sich und wird dann direkt wieder durch die Erdwärmesonden gepumpt. Hier wird die Wärme an das Erdreich abgegeben. Im Winter entzieht man über die Erdsonden Wärme und verwendet sie über Wärmepumpen zu Heizzwecken.
Als Wärmeträgermedium kann reines Wasser verwendet werden, da die DFS der Gebäudekühlung den Vorrang gibt und eine genaue Auslegungsberechnung zu Grunde liegt (Einsparung einer teuren Wasser-Frostschutz-Mischung).
Die 154 Erdsonden erbringen eine Leistung von 330 kW im Heiz- und 340 kW im Kühlfall, hiermit können 75 % des Kälteenergiebedarfs gedeckt werden, für Spitzenkälteleistungen verwendet man eine Kompaktkältemaschine. Im Winter werden 70 % des Wärmeenergiebedarfs mit einer Wärmepumpe erzeugt.
Neben der Frischluft mittels Quelllüftung in den Kombizonen können in den Büros individuell die Fenster geöffnet werden.

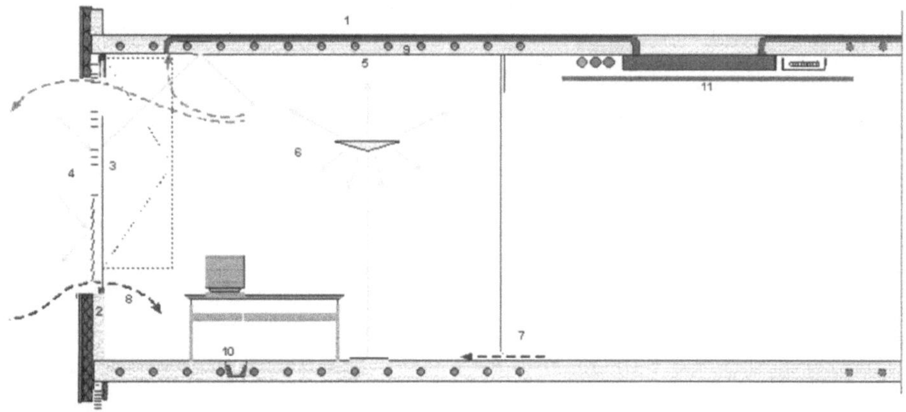

Baukonstruktion
1 Wärmespeicheraktive Decke
2 Fassade mit Brüstung

Lichtnutzung
3 Grosse Fensterflächen
4 Storen lichtoptimiert
5 Helle Oberflächen
6 bedarfsabhängige regulierbare indirekt / direktstrahlende Beleuchtung

Lüftung/Heizung
7 Quelllüftung in der Kombizone mit Luftabsaugung im Kombibüro
8 Fensterlüftung möglich
9 Bauteilheizung/-kühlung

Installationen
10 Bodentank für Elektro- und Kommunikationsanschlüsse
11 Deckenkoffer in der Kombizone mit HLKE Verteilung

Quellen:
Geothermische Energie 28/29, März/ September 2000
www.geothermie.de/oberflaechennahe/dfs_langen/dfs_langen.htm
Kapitelverweis: 3.3 / 4.2.2

Datenverarbeitungs-gesellschaft in Hannover

Das Energie- / Technikkonzept:

Das dreiteilige Glasdach dient hier als thermischer Puffer des gesamten Bürogebäudes. Durch eine Klappensteuerung im Fassaden- und Firstbereich des Glasdaches wird das Innenklima konditioniert, wobei man auch den äußeren Winddruck für den notwendigen Luftaustausch nutzt.

Der gesamte Bürobereich wird durch Bauteilaktivierung temperiert. Es wurden verschiedene Regelzonen ausgebildet, eine Grundzone (Büro/Kombizone) und eine separate am Randbereich zur Außenwand (ca. 60 cm, dort liegen die Rohre auf einer Wärmedämmung). Die Grundzone besitzt eine konstante Vorlauftemperatur von 22°C im Sommer und 22,5°C im Winter, bei der Randzone kann diese Temperatur im Winter gleitend auf 45°C angehoben werden. Durch die konstanten Vorlauftemperaturen des Bauteilaktivierungssystems stellt sich ein hoher Selbstregeleffekt ein; die Raumlufttemperatur kann energiesparend nach der Außentemperatur korrigiert werden. Im Kopfbau (ohne Pufferzone) sind akustisch hochwirksame Kühldecken mit Tauwassersensoren gegen Kondensation sowie statischen Heizflächen ausgestattet. Alle Räume besitzen eine Grundlüftung, können jedoch zusätzlich durch das individuelle Öffnen der Fenster belüftet werden.

Für die Räume mit zusätzlicher Wärmelast, wie Kommunikationsschwerpunkte, LAN-Räume, Testfelder SB-Komponenten, Banksysteme und PCs, werden 36 dezentral angeordnete Umluftklimageräte gekühlt und über eine separate RLT-Zentrale mit konditionierter Luft versorgt.

Gebäudeart:	Bürogebäude
Bauherr:	dvg Hannover Datenverarbeitungsgesellschaft mbH seit 2003 FinanzIT
Architekten:	Hascher + Jehle Heinle, Wischer und Partner Planungsgesellschaft dvg
Standort:	Hannover
Baujahr:	1999
BGF:	52.500 m^2
Werte:	Lamellenband: Nord 112 m^2, $c_v = 0{,}62$ Süd 171 m^2, $c_v = 0{,}62$ West/Ost 41 m^2, $c_v = 0{,}62$ RWA- Klappen: 67 m^2, $c_v = 0{,}62$ zusätzliches Lüftungsband: 96 m^2, $c_v = 0{,}62$
Umluftkühler:	Leistungen zwischen 2 und 45 kW

Quelle:
Technik am Bau 2/2001, dvg in Hannover
www.dvg.de

Kapitelverweis: 3.3

Expo-Turm im Wesertal

Gebäudeart:	Technikgebäude
Bauherr:	Elektrizitätswerk Wesertal GmbH, Hameln
Architekten:	Niederwöhrmeier + Wiese Architekten BDA, Darmstadt/Blomberg
Standort:	Am Ohrenberg 1 31860 Hameln / Emmerthal
Baujahr:	2000
Nettofläche:	198,5 m^2
BRI:	489 m^2

Tragwerk / Konstruktion:
Stahlbetonrahmen auf einem massiven Sockel mit aufgesetzter Stahlrahmenkonstruktion für dynamische Lasten.

Das Energiekonzept:
Wärmequelle ist das Wasser der Weser. Im ersten Prozess wird im Technikgebäude über eine zentrale Wärmepumpe die natürlich schwankende Wassertemperatur (ca. 3°C) auf mind. 12°C angehoben. Mit dieser Temperatur wird ein sekundäres geschlossenes „Kaltwassernetz" betrieben. In einem zweiten Wärmepumpenprozess, dezentral in den jeweiligen Häusern, wird das Heiztemperaturniveau auf 45°C zur Raumaufheizung angehoben. Die nach Süden ausgerichtete Fassade wurde mit einem Photovoltaiklamellensystem ausgestattet.
Die Photovoltaiklamellen folgen im mittleren Segment einachsig dem Sonnenhöhenwinkel. Die beiden Solarflügel erlauben eine zweiachsige Nachführung über eine zentrale vertikale Antriebswelle mit einem Schwenkbereich in azimutaler Richtung von –90° (Ost) bis + 90° (West). (Durch dieses Schwenken und Drehen erinnern die Solarflügel an eine Sonnenuhr. Ein Vorgang, der natürlich viel Aufmerksamkeit auf sich zieht.)
Rechnerisch gestützt wird eine optimale Nachführung durch die Parameter Sonnenhöhenwinkel, Sonnenazimut und Gebäudestandort erwirkt.

Quelle:
Intelligente Architektur 23, EXPO-Turm Wesertal: Sonnenanbeter
http://www.architektur-online.com/archiv/Heft0502/nichts_zu_verbergen.html
www.bda-hessen.de/werk/bw-et.htm#

Kapitelverweis: 4.1.2 / 4.2.2

Technologie- und Medienzentrum Erfurt

Gebäudeart:	Technologie- und Medienzentrum
Bauherr:	Technologie- und Medienzentrum GmbH, Erfurt
Architekten:	Dipl.-Ing. Göran Pohl Freier Architekt BDA
Standort:	Konrad-Zuse-Straße 15 99089 Erfurt
Baujahr:	2001
Wärmedurchgangskoeffizient der gesamten Konstruktion:	1,1 W/m^{2}K
Gesamtenergiedurchlassgrad:	26 %
Zweikreis Kältemaschine:	Kälteleistung 184 kW Wärmeleistung 192 kW
Erdsonden:	33 Stück mit einer mittleren Tiefe von 90 m und Entzugsleistung (gemessen) 55 W/lfm

Tragwerk / Konstruktion:
Die Gebäude sind alle in Stahlbeton-Skelettbauweise ausgeführt. Die Fassade ist als Membran-Glas-Fassade nach statischen und bauphysikalischen Kriterien geformt worden.

Energiekonzept:
Mit Ausnahme einiger weniger Versammlungs- und Besprechungsräume sowie WC-Anlagen und Lagerhallen wird auf eine RLT-Anlage größtenteils verzichtet. Über natürliche Lüftung werden die Räume be- und entlüftet.
Das Heiz- und Kühlsystem besteht aus mehreren Hauptkomponenten:
- 33 Erdsonden mit einer Tiefe von ca. 90 m,
- einer Zweikreis-Kältemaschine, welche im Winter als Wärmepumpe dient,
- vier Pufferspeichern für das Wärmepumpenheizsystem,
- Hausanschlussstationen für die Fernwärme,
- thermischen Solaranlagen.

In der Bodenkonstruktion des Gebäudes wurden wasserführende Leitungen integriert, um die Speichermasse thermisch zu aktivieren. Dieses System kann sowohl im Winter zum Heizen als auch im Sommer zum Kühlen verwendet werden.
Mit Hilfe von Erdsonden erfolgt im Sommer eine freie Kühlung der Betonkernaktvierung in den Decken. Im Winter hingegen wird die den Erdsonden entzogene Wärme der Betonkernaktivierung, der Fußbodenheizung in der Produktion und dem Nacherhitzer der Komfortlüftung im Konferenzbereich zugeführt. Über die Fernwärme der Stadt Erfurt werden die Hochtemperaturheizkreise von RLT-Vorerhitzer, Warmwasserbereitung, statische Heizung im Produktionsgebäude und die Spitzenlastheizung der Büros versorgt.

Quelle:
Intelligente Architektur, 11-12/2002, Technologie- und Medienzentrum in Erfurt: Gebäude mit Zukunft
http://www.rsb-rudolstadt.de/fassaden.html

Kapitelverweis: 3.3 / 4.1.2 / 4.2.2

Stadttor Düsseldorf

Gebäudeart:	Bürogebäude
Bauherr:	Engel Projektentwicklung und Management GmbH
Architekten:	Wettbewerb, Entwurfsplanung, Genehmigungsplanung: Overdieck, Petzinka und Partner Ausführung und Realisation: Petzinka, Pink und Partner
Standort:	Stadttor 1 40219 Düsseldorf
Baujahr:	1997
Geschosse:	19 Geschosse
Grundfläche:	1000 m² Atriumhalle 750 m² je Torsäule/Regelgeschoss
Zweite-Haus-Fassade:	12/15 mm ESG-Verglasung
Glasfassade:	72 Rauchabzugs- bzw. Belüftungsklappen 1,50 x 0,71 m
Plattenwärmetauscher:	Leistung von je 435 kW

Lüftungsstrategie

Sommer: Außentemperatur > 20°C

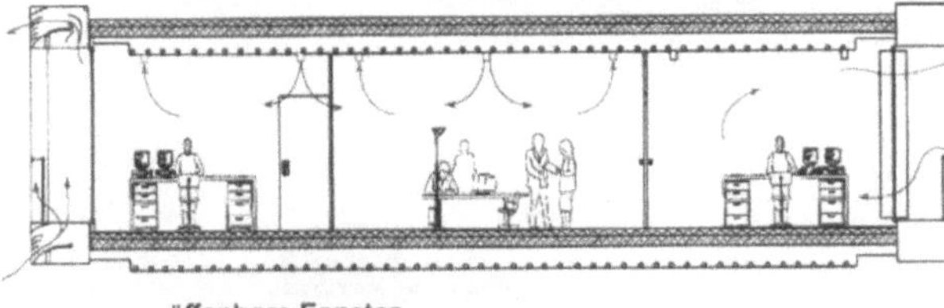

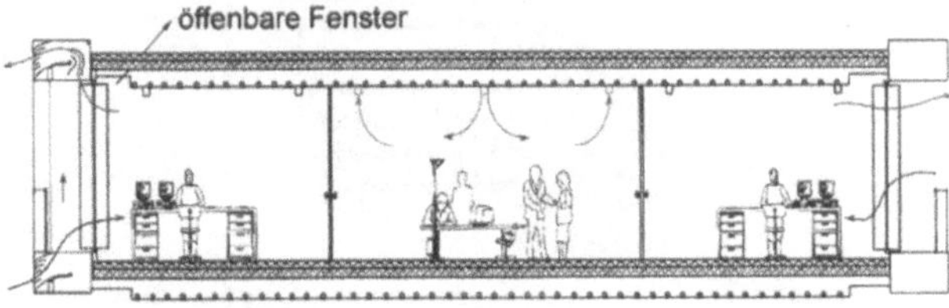

Übergangszeit: Außentemperatur 5°C - 20°C

Quelle:
Technik am Bau 7/99, Stadttor Düsseldorf
www.goldbach-gmbh.de

Kapitelverweis: 3.3 / 4.2.2 / 5.3.1

Konstruktion:
Als Stahlverbundbauweise konstruiert, erheben sich über der dreigeschossigen Eingangsebene zwei Bürotürme mit dem dazwischen liegenden 58 m hohen Atrium.

Energiekonzept:
Der Rhomboid als Grundrisskonfiguration reagiert auf das städtebauliche Umfeld, die Restriktionen des Tunnelbauwerks und auf die optimierte Ausrichtung zu den Windhaupteinfallsrichtungen. Neben dem ästhetischen Anspruch der Transparenz führte der Anspruch nach Reduktion des Primärenergieverbrauches, sommerlich-winterlichem Wärmeschutz, freier Lüftung / individueller Konditionierung der Nutzungsebenen, Reduktion der Betriebskosten, gestützt auf aerodynamische Versuche und thermodynamische Simulationen, zu dem jetzt realisierten Fassadenprinzip.
Bei den Fassadensystemen gibt es zwei Ausführungen: die segmentierte Doppelfassade im Bereich der aufgehenden Nutzungsebenen und die hinterspannte Einfachfassade des Atriums.
Die Doppelfassade wird mit einer außenliegenden Einfachverglasung und einer innenliegenden Isolierverglasung ausgeführt. Ein hochreflektierender Sonnenschutz wird direkt hinter der außenliegenden Fassadenebene montiert. Die Lamellen des Sonnenschutzes werden abhängig von den herrschenden Lichtverhältnissen zentral für das Gesamtgebäude gesteuert.
Die Forderung nach freier Lüftung und individuell konditionierbaren Räumen stellte unter den genannten Bedingungen sehr hohe Anforderungen an die Regelungstechnik im Bereich der Lüftungskästen.
Diese Lüftungskästen, deren Einlass- und Auslassöffnungen übereinander liegen, sind über Sensoren elektronisch steuerbar. Durch die Optimierung der Leitbleche innerhalb des Lüftungskastens wurde für die im Normalfall herrschenden Bedingungen – geringe bis starke Windverhältnisse – eine laminare Durchströmung erreicht.
Unter bestimmten Temperaturverhältnissen muss auch ein abgeschlossener Luftraum geschaffen werden, d. h. das Gebäude ist sensomotorisch gesteuert in der Lage, wechselnde Umweltbedingungen zu erkennen und darauf zu reagieren. Es gelingt dadurch, den Transmissionswärmeverlust erheblich zu reduzieren.
(Foto: Tomas Riehle/artur architekturbilder agentur)

Stadtverwaltungsgebäude in London

Gebäudeart:	Verwaltungsgebäude
Bauherr:	Greater London Authority
Architekten:	Foster und Partners, London
Standort:	London
Baujahr:	2002
Heizungsanlage:	zwei Gassperialheizkessel

Konstruktion / Materialien:
Geneigte Stahlrohrstützen und 675 mm hohe Hauptträger aus Stahl sind mit dem zentralen Stahlbetonkern verbunden.

Heizung:
Das Gebäude wird über zwei Gassperialheizkessel über Niederdruckverteilung mit variablem Volumenstrom beheizt. Dadurch wird der elektrische Energieverbauch der Pumpen reduziert.

Lüftung:
Während der Arbeitszeit wird frische Luft aus dem Bodenauslässen in die Büros geführt. Im Winter wird der Abluft dann Wärme und Feuchtigkeit entzogen, um die Frischluft vorzuwärmen. Im Sommer wird die Luft über den gleichen Wärmetauscher wie im Winter abgekühlt. Es wurde der Hohlraum des Installationsbodens für Luftzufuhr und Verteilung genutzt. In allen Büros, die aussen liegen, sind Lüftungsklappen vorhanden, die die Nutzer zur natürlichen Belüftung nutzen können. Wenn diese geöffnet werden, wird die Heizung und die Klimaanlage teilweise deaktiviert.

Kühlung:
Das Hauptkühlsystem bilden passive Kühlelemente unter den Decken der Büros. Kaltes Wasser fließt durch Rohre mit gerippter Oberfläche, was dann die Luft kühlt. Durch die Kälte steigt die Dichte und die Luft sinkt nach unten und verdrängt die warme Luft nach oben (es werden also keine Ventilatoren benötigt). Das Kühlwasser wird über das Grundwasser durch zwei Wasserpumpen gekühlt. Dadurch ist eine mechanische Kühlanlage nicht notwendig (der Stromverbrauch sinkt). Das Wasser, welches zur Gebäudekühlung verwendet wird, dient später dann für die Toilettenspülung.

Quelle:
Detail, 09 – 2002, Stadtverwaltungsgebäude in London
http://www.skyscrapers.com/english/worldmap/building/0.9/159693/index.html
http://www.guardian.co.uk/gall/0,8542,710859,00.html

Kapitelverweis: 3.3 / 4.2.2

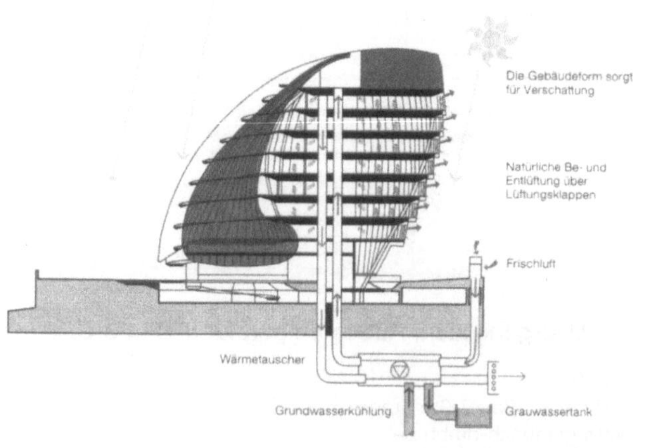

Verwaltungsgebäude in Hannover

Gebäudeart:	Verwaltungsgebäude
Bauherr:	Deutsche Messe AG Hannover
Architekten:	Herzog + Partner
Standort:	Messegelände
Baujahr:	1999
Luftwechsel:	1,5fach
Rotationswärmetauscher:	85 % Rückgewinnung der Abluftenergie
spezifischer Jahresheizwärmebedarf:	43 kWh/ m^2

Be- und Entlüftung:

Die Doppelfassade besteht innen aus Holz und Zwei-Scheiben-Isolierglas mit integriertem Sockelkanal. Außen wurde ebenfalls Zwei-Scheiben-Isolierglas verwendet und eine Stahl-Pfosten-Riegel-Konstruktion. Diese Fassade wird als „Korridorfassade" bezeichnet. Sie ist ein luftführendes System. Durch vom Winddruck abhängig steuerbare Lamellen in der äußeren Fassade erhält der großräumige Luftkanal Außenluft, diese wird dann über Fenster in der Innenfassade in die Büroräume transportiert; außerdem dient der umlaufende Korridor als thermische Pufferzone.

Etagenweise gesammelte Abluft wird über vertikale Schächte zur Gebäudespitze ins Freie geführt, durch einen Rotationstauscher wird 85 % der Wärmeenergie in der Abluft zurückgewonnen.

Die massiven, unverkleideten Geschossdecken werden als Speicher für das im Verbundestrich verlegte Heiz- und Kühlsystem verwendet („thermoaktive Decken").

Zur Kühlung bedient man sich der Nachtauskühlung sowie der Auftriebs- und Windströmungskräfte, mechanisch unterstützt mit minimaler Primärenergie.

(Foto: Robertino Nikolic/artur)

Quelle:
Deutsche Bauzeitung 10/ 2000, Verwaltungsgebäude in Hannover
www.herzog-und-partner.de

Kapitelverweis: 3.3 / 5.3.1 / 5.4.2

Verwaltungsgebäude der Deutschen Bahn AG, Hamm

Tragwerk / Konstruktion:
Das Gebäude wurde in einer Stahlbeton-Skelettkonstruktion errichtet. Erdgeschoss und Atrium sind durch eine Stahlbetondecke getrennt. Die Außenwände ab dem 1. OG sind aus Beton als Lochfassade mit einem Wärmedämmverbundsystem gebaut. Die sichtbaren Innenwände sind in Sichtbeton und einige Ausnahmen in Trockenbauweise ausgeführt.

Energiekonzept:
Schon bei der Planung wurde auf die Reduzierung des Heizenergiebedarfs Wert gelegt. Dieser sollte durch bauliche Maßnahmen verringert werden.
Durch eine kompakte Bauform und einen guten Wärmeschutz werden die Transmissionswärmeverluste reduziert. Als thermischer Puffer wirkt das Atrium, welches die Zone eines gemäßigten Aussenklimas darstellt. Über das Atrium und die Südfassade werden passive solare Wärmegewinne erzielt.
Über einen Gasbrennwertkessel wird die zur Beheizung notwendige Wärme erzeugt. Über ein Luft- / Erdkanalregister von 1,8 km Länge wird die Zuluft vortemperiert. Im Winter wird die Zuluft über eine Wärmerückgewinnung weiter erwärmt. Über Kompressionskälteaggregate werden die Spitzenkühllasten in den Konferenzräumen im Sommer ergänzt.
Im Sommer können die aussenliegenden Büros durch die Fenster belüftet werden. Innenliegende Büros werden über eine mechanische Zu- und Abluftanlage versorgt. Büros, welche an das Atrium grenzen, beziehen ihre Luft aus dem Atrium. Über eine Nachtlüftung werden die Speichermassen dann nach Büroschluss, schwerpunktmäßig an freiliegenden Stahlbetondecken, entladen.
Über das konventionelle vorhandene Netz erfolgt die Stromversorgung.

Gebäudeart:	Verwaltungs- / Bürogebäude
Bauherr:	Unternehmengruppe Roland Ernst, Köln
Architekten:	Architrav Architekten
Standort:	Wilhelmstraße 4 59067 Hamm
Baujahr:	1999
Geschosse:	5 Vollgeschosse, z. T. unterkellert
A/V-Verhältnis:	0,27 m^{-1}
Mittlerer U-Wert:	0,57 W/m^2K

Jahresheizwärmebedarf (Q_h) nach WSVO `95:

max. zulässiger Q_h/V	18,99 kWh/m^2a
Q_h/V vorhanden	16,50 kWh/m^2a (Atrium voll beheizt)
Q_h/An vorhanden	65,20 kWh/m^2a (Atrium voll beheizt)

Unterschreitung von max. zul. Q_h um 8 % (Atrium voll beheizt)

Quellen:
http://www.energie-projekte.de/start.php?/projekt.php?action=show&id=38
http://www.solarbau.de/monitor/index.htm

Kapitelverweis: 3.2 / 5.1 / 5.2

Verwaltungsgebäude in Wiesbaden

Gebäudeart:	Bürogebäude
Bauherr:	Zusatzversorgungskasse des Baugewerbes VvaG, Wiesbaden
Architekten:	Herzog & Partner, München
Standort:	Gustav Stresemann Ring Wiesbaden
Baujahr:	2003

Tragwerk / Konstruktion:
Die Büroriegel wurden in Stahlbeton-Skelettkonstruktion mit aussteifenden Scheiben gebaut. Durch eine günstige Dimensionierung sind keine Unterzüge notwendig, so dass eine große Flexibilität für die Büroaufteilung gegeben ist.

Energiekonzept:
Das System basiert auf Erwärmung bzw. Kühlung der massiven Bauteile durch Wasserrohre, welche im Estrich verlegt wurden. Damit aber die Effizienz des Energieaustausches möglichst hoch ist, müssen die Decken unverkleidet bleiben. Dadurch werden sehr niedrige Energieverbrauchswerte erreicht. Hölzerne Lüftungsflügel sind im seitlichen Bereich der Fassadenelemente eingebaut, die manuell bedient werden können. Durch integrierte Kunststoffklappen wird die durch einen Konvektor vorgewärmte Frischluft in die Innenräume geleitet. Mit diesem System werden die Räume auch bei geschlossenen Fensterflügeln ausreichend durchlüftet. Das System ist individuell einstellbar.
Der Sonnenschutz prägt die Fassade. An der Südfassade kann durch die schaufelförmigen beweglichen Elemente aus Aluminium das Sonnenlicht so gelenkt werden, dass in den Büroräumen jederzeit eine bildschirmfreundliche Beleuchtung vorhanden ist. Je nach Wetterlage ändert das Gebäude dann sein „Gesicht".
An der Nordfassade sind auch Lichtreflektoren angebracht, aber diese sind unbeweglich.
Hinter dem Sonnenschutz verbirgt sich eine Pfosten-Riegel-Fassade mit einer Dreifach-Isolierverglasung.

(Foto: Ricci, Fabio-Köln)

Quelle:
Detail, 07/2001, Verwaltungsgebäude in Wiesbaden
http://www.herzog-und-partner.de/zvk.html
http://www.ssp-muc.com/referenz/buero.html

Kapitelverweis: 3.3

Verwaltungsgebäude Pollmeier, Creuzburg

Gebäudeart:	Verwaltungsgebäude
Bauherr:	Pollmeier Massivholz GmbH, Creuzburg
Architekten:	Seeliger & Vogels Architekten, Darmstadt
Standort:	Pferdsdorfer Weg 6 99831 Creuzburg
Baujahr:	2000
A/V-Verhältnis:	0,32 m^{-1}
Volumen:	16.847 m^2
NGF:	3.510 m^2
HNF:	3.289 m^2
BRI:	16.847 m^2
Mittlerer U-Wert:	0,29 w/m^2K

Jahresheizwärmebedarf (Q_h) nach WSVO `95:

Max. zulässiger Q_h/V	18,2 kWh/m^2a
Q_h/AV vorhanden	10,3 kWh/m^2a
Q_h/A_n vorhanden	32,3 kWh/m^2a
Unterschreitung von max. zul. Q_h um 43 %	

Tragwerk / Konstruktion:

Das Gebäude wurde als Stahlskelettkonstruktion mit massiven Decken ohne Unterzüge mit Stützen gebaut. Nachträglich wurde noch eine Fassadendämmung aufgebracht und mit Faserzementplatten abgeschlossen.

Energiekonzept:

Das Bauvorhaben erfüllt die Anforderungen an einen hochwertigen Niedrigenergiehausstandard (Heizwärmebedarf < 40 kWh/m^2a).

Für die Wärmeversorgung kommt eine schon werkseitig vorhandene Holzfeuerungsanlage zum Einsatz. (Die in dem Holzbetrieb anfallenden Späne werden zur Verbrennung verwendet.) Durch Rippenrohrheizkörper entlang der Aussenfassade wird das Gebäude und die Verglasung zum Atrium hin geheizt. Das Atrium selbst wird über eine Fußbodenheizung komplett beheizt.

Zuluft strömt ohne Erwärmung oder Kühlung durch verstellbare Lüftungsgitter im Bereich der Aussenmarkisen in die Büros, um für den hygienischen Luftwechsel zu sorgen. Die Abluft wird im Deckenbereich der Büros zentral abgesaugt. Diese Anlage wird ebenfalls für die Auskühlung im Sommer verwendet.

Der Sonnenschutz und die Gebäudemasse machen eine maschinelle Klimatisierung nicht erforderlich. Das Energiekonzept hat die Fassade jedoch maßgeblich mitgestaltet. Das Licht, welches über die Fassade und das Atrium in das Gebäude gelangt, wird als natürliche Beleuchtung für die Büros verwendet.

Auf dem Dach des Atriums befindet sich eine Solarstromanlage, welche vermutlich einen Ertrag von 90 % des Ertrags einer Anlage optimaler Neigung und Orientierung bringen wird.

(Foto: Simone Rosenberg)

Quelle:
http://www.solarbau.de/monitor/index.htm

Kapitelverweis: 4.1.2 / 5.4.1

Verwaltungsgebäude Wagner Solartechnik, Cölbe

Gebäudeart:	Verwaltungsgebäude
Bauherr:	Wagner & Co, Cölbe
Architekten:	Architektur Stamm, Schweinsberg
Standort:	Zimmermannstraße 12 35091 Cölbe
Baujahr:	2001
A/V-Verhältnis:	0,36 m^{-1}
BRI:	8.533 m^2
NGF:	1.948 m^2
HNF:	1.743 m^2
Mittlerer U-Wert:	0,21 W/m^2K

Jahresheizwärmebedarf (Q_h) nach WSVO´ 95:

Max. zulässiger Q_h/V	20,1 kWh/m^2a
Q_h/V vorhanden	10,5 kWh/m^2a
Q_h/A_n vorhanden	32,8 kWh/m^2a

Unterschreitung von max. zul. Q_h um 48 %

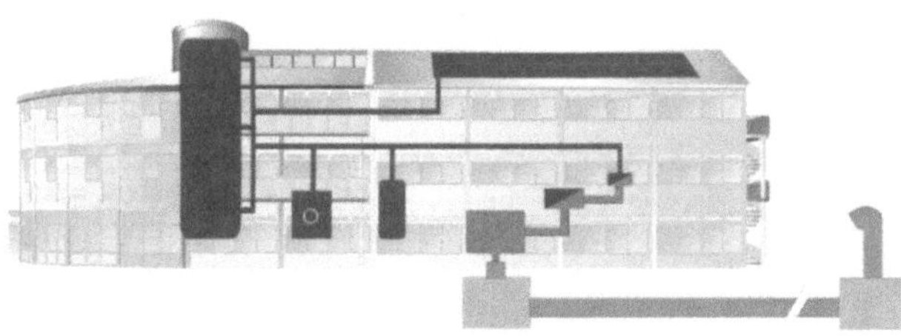

Tragwerk / Konstruktion:

Das Gebäude besteht aus einer Skelett-Konstruktion aus Stahlbeton mit einer massiven Bodenplatte. Der Fassaden- und Dachbereich wurde jedoch aus Leichtbauelementen in Holzbauweise errichtet.

Energiekonzept:

Das Passivhauskonzept setzt auf eine konsequente Reduktion der Transmissions- und Lüftungswärmeverluste für einen geringen Heizwärmebedarf. Dadurch kann erst der verbleibende Heizwärmebedarf von ca. 50 % durch die Solarenergienutzung abgedeckt werden. Für das Winterhalbjahr wird die anfallende Energie im Sommer in einem saisonalen Speicher vorgehalten, so dass diese dann nutzbar gemacht werden kann.
Über 10 m^2 große vorgefertigte Kollektordachelemente wird in den Sommermonaten ein im Gebäude zentral angeordneter Wasserspeicher erwärmt. Der Speicher wird je nach Bedarf schichtweise be- und entladen. Über die in dem Gebäude produzierte elektrische Energie wird der Restbedarf der Heizenergie abgedeckt. Ein gasbetriebenes Blockheizkraftwerk sorgt für einen Teil des Stromverbrauchs und liefert gleichzeitig Heizenergie an die Heizregister. Damit die Laufzeit des Blockheizkraftwerks verlängert werden kann, wird ein Großspeicher als Pufferzone verwendet und ein Nahwärmeverbund mit dem nebenstehendem älteren Gebäude eingegangen. Stromsparende Geräte und eine automatische Beleuchtungssteuerung vermindern den Verbrauch des elektrischen Strom, so dass dieser über das BHKW zum größten Teil abgedeckt werden kann.
Anfallendes Regenwasser wird in einem Erdtank für die Toilettenspülung gesammelt.

Quelle:
http://www.solarbau.de/monitor/doku/proj02/dokuproj/03waglr.pdf
http://www.solarbau.de/monitor/doku/index_0.htm

Kapitelverweis: 4.1.1 / 4.1.2 / 4.9

Bürogebäude im Passivhaus-Standard, Energon

Tragwerk / Konstruktion:
Das Gebäude wurde in einer Stahlbeton-Skelettkonstruktion ausgeführt. Es bildet sich aus drei gleichen, räumlich gekrümmten Fassaden, welche aus vorgefertigten, vorgehängten Holzelementen mit fast gleichen Abmessungen bestehen. Faserzementplatten bilden die äussere Hülle. Auskragende Wartungsstege aus Stahlgitter sind ein strukturierendes Merkmal der Fassade.

Energiekonzept:
Die Primäre Wärmeversorgung des Hauses basiert auf der direkten Nutzung der Sonneneinstrahlung und den internen Wärmequellen aus Personen und Geräten. Der verbleibende Restheizbedarf wird über einen Fernwärmeanschluss an ein Netz mit Kraft-Wärme-Koppelung gedeckt. Über die Fernwärme werden die Heizkreise für die Warmwasserbereitung der Küche, für den zentralen Zuluftnacherhitzer und für die Betonkernaktivierung gespeist. Zusätzlich wird noch die Abwärme aus den Kälteaggregaten der EDV-Räume in die Betonkernaktivierung eingespeist. Über 40 Erdsonden mit je 100 m Bohrtiefe erfolgt primär die sommerliche Wärmeabfuhr (mit bis zu 120 kW Kälteleistung) über ein Rohrsystem in den Geschossdecken. Das Wasser aus der Betonkernaktivierung durchströmt direkt die Erdsonden. Der Wasserkreislauf der Erdsonden wird auch noch einmal mit einem zusätzlichen Wärmetauscher mit Frostschutzsicherung zum Kühlen und Heizen der Zuluft eingesetzt.
Eine 15 kW_p-Solarstromanlage befindet sich auf dem Flachdach des Gebäudes. Eine Besonderheit dabei sind die amorphen Zellen, welche unmittelbar auf einer Fläche von 328 m^2 in eine Foliendachbahn einlaminiert sind.
Die Lüftung erfolgt mechanisch, wobei in allen Aufenthaltsräumen auch die Möglichkeit zur manuellen Fensterlüftung gegeben ist. Die Abluft wird durch ein 28 m langes Betonrohr im Erdreich mit 1,8 m Durchmesser angesaugt. Über das Atrium strömt dann Luft über Lüftungsschlitze in die Büros und Nebenräume nach. Bei den Aussenbüros geschieht dies über Rohre in den Geschossdecken.
Das Atrium kann im Sommer über RWA-Klappen sowie an einigen Stellen des Erdgeschosses belüftet werden.

Gebäudeart:	Bürogebäude im Passivhaus-Standard
Bauherr:	Software AG Stiftung, Darmstadt
Architekten:	oehler + arch kom, architekten ingenieure, Bretten
Standort:	Lisa-Meitner-Straße 14 89081 Ulm
Baujahr:	2002
A/V-Verhältnis:	0,22 m^{-1}
BRI:	32.223 m^2
NGF:	6.911 m^2
HNF:	5.412 m^2
U-Werte Aussenwände:	
	0,11 – 0,13 W/m^2K
Jahresheizwärmebedarf (Q_h) nach WSVO '95:	
	Max. zulässiger Q_h/V 17,7 kWh/m^2a
	Q_h/V vorhanden 5,4 kWh/m^2a
	Q_h/A_n vorhanden 16,9 kWh/m^2a
	Unterschreitung von max. zul. Q_h um 69 %

Quelle:
Energie Effizientes Bauen, 4/2002, Größtes Bürogebäude im Passivhaus-Standard, Energon
http://www.solarbau.de/monitor/doku/proj17/dokuproj/17_Energon.pdf

Kapitelverweis: 3.3 / 4.1.2 / 4.2.2 / 5.2

Bürogebäude in Solihull

Gebäudeart:	Bürogebäude
Bauherr:	BVP Developments Ltd.
Architekten:	Arup Associates, London
Standort:	Blythe Valley Park, Solihull, W. Midelands, UK
Baujahr:	2001
Fläche:	3.200 m^2
Energie-bedarf:	elektrisch 40 kWh/m^2 Heizenergie 50 kWh/m^2

Tragwerk / Konstruktion:
Stahlkonstruktion (innen offensichtlich, von außen nicht direkt zu sehen), wobei die Decken- und Dachplatten aus vorgefertigten Stahlbeton-Hohlelementen sind (Unteransicht dieser ist verkleidet).

Energiekonzept:
Der Entwurf beruht auf einem konventionellen Energiekonzept für Verwaltungsbauten. Wichtig war: viel Tageslicht, effektiver Sonnenschutz, je nach Himmelsrichtung unterschiedlich ausgeführt, natürliche Belüftung und eine wärmeeffiziente Gebäudehülle.
Um eine natürliche Belüftung zu realisieren, waren die Tiefe der Büroräume auf 12 bis 14 m begrenzt. Das Dach musste also in der Mitte geöffnet werden (auch um Tageslicht hinein zu lassen). Solarkamine, welche dem Gebäude seinen eigenen Charakter verleihen, ermöglichen, das Gebäude natürlich zu belichten und entlüften. Zur Belüftung des Gebäudes dringt Frischluft durch Schlitze an der Ober- und Unterkante der Fenster ein. Zusätzlich sind Nachtströmöffnungen mit der Gebäudetechnik verbunden. Die Stahlbeton-Holzelemente der Decke speichern die kühle Luft im Sommer. Bei Bedarf können die Fenster geöffnet werden, so dass die Luft von den Fenstern ins Innere strömt und durch die Solarkamine entweichen kann. Im Winter kann die Frischluft durch die in die Gebäudeverkleidung intergrierten, motorisch betriebenen Lüftungsklappen in das Haus gelangen. Diese Technik sorgt auch für eine ausreichende Nachtkühlung.

Quelle:
Baumeister B3, März 2003, Arup Associates, Bürogebäude in Solihull
http://193.116. 20. 22/Projects/Offices/AA_Campus.htm
http://www.dagreen.co.uk/stp5601.htm
http://www.pgcontrols.com/dsp_Case_detail.cfm?CaseID=46

Kapitelverweis: 3.2 7 5.4.2

Vertretung des Landes Nordrhein-Westfalen beim Bund in Berlin

Gebäudeart:	Bürogebäude
Bauherr:	Ministerium für Städtebau und Wohnen, Kultur und Sport, NRW
Architekten:	Petzinka Pink Architekten, Düsseldorf
Standort:	Wilhelmstraße 67 10117 Berlin
Baujahr:	2001
Luftaus-tausch:	13 und 19 /h 8 /h im Atrium
Brennstoff-zellen:	Gesamtwirkungsgrad rund 85 % Elektrischer Wirkungsgrad je 30 und 60 %
Grundlasten:	70 kW thermische Grundlast 30 kW elektrische Grundlast
Fotovoltaik:	100 m^2,12,8 kWp Leistung In acht Strängen mit je vier Modulen Netzparallelbetrieb
Erdkanal:	175 m Kanalsohle rund 5,75 m unter Geländeoberkante 25 cm Wendung aus Ortbeton 10 % Heizenergiebedarfreduktion 30 % Kälteenergiebedarfreduktion

Tragwerk:
Die Landesvertretung besitzt ein Hybridtragwerk aus Stahl und Holz. Das Gebäude ist durch die ungewöhnliche stützenfreie Holz-Stahl-Leichtbaukonstruktion multifunktional und flexibel. Die Primärkonstruktion besteht aus zehn zueinander parallel angeordneten, mehrhüftigen Stahlrahmen, die durch die jeweils dazwischen angeordneten Decken und Randträger miteinander verbunden sind.

Belüftung:
Es wurde sehr viel Wert auf weitestgehend natürliche Lüftung gelegt. Für den verbleibenden Restenergiebedarf wurde ein Energiekonzept mit geringen Schadstoffemissionen entwickelt. Nur die Räume mit hoher Personalbelegung und spezifischer Nutzung sind ergänzend mit Raumlufttechnik ausgestattet, im Gegensatz zu dem Atrium und den Wintergärten. Bei Veranstaltungen kann jedoch auch im Atrium eine Lüftungsanlage eingeschaltet werden. Die Bürobereiche besitzen Kühldecken und sind nach Norden ausgerichtet. Die Wintergärten dienen auch als Pufferraum.

Energiekonzept:
Ein Brennstoffzellen-BHKW in Verbindung mit einer Micro-Gasturbine übernimmt die Abdeckung der elektrischen und thermischen Grundlast. Um diese ganzjährig zu nutzen, wurde eine Absorptionskältemaschine verwendet, die mit der Abwärme des Brennstoffzellen-BHKW im Sommer Kälte für die Kühldecke und die Sonderbereiche erzeugt. Die elektrische Stromversorgung des Gebäudes wird durch eine Fotovoltaikanlage unterstützt. Für die Geothermienutzung wurde ein Wärmeübertrager eingesetzt, der die Außenluft für die Lüftungsanlagen und das Atrium vorkonditioniert. Der Erdwärmetauscher besteht aus einem 120 m langem Betonkanal mit 2,5 m^2 Querschnitt. Bei einem Volumenstrom von 31.300 m^2/h werden ca. 5 K Temperaturabsenkung erzielt. Die Spitzenlast für Wärme (bis zum Einbau der Brennstoffzelle vollständig) übernimmt eine Fernwärmeversorgung mit einem Konstantleiter.

Erdwärmeübertrager:
Die Zuluft für die Lüftungsanlagen der Besprechungsräume, Sonderbereiche und das Atrium wird in einem Erdwärmeübertrager vorkonditioniert. Der Erdkanal läuft rund um das Gebäude und tritt im Norden in das Gebäude. Die Luftansaugung befindet sich in 3 m Höhe südlich des Gebäudes.

(Foto: Taufik Kenan, Berlin)

Quelle:
Intelligente Architektur 1-2/2003, Vertretung des Landes NRW in Berlin
www.stahlverbundbau.de/aprojekt.html

Kapitelverweis: 3.3 / 4.5 / 4.6 / 5.2

Zentrum für angewandte Energieforschung ZAE in Garching

Gebäudeart:	Bürogebäude
Bauherr:	Zentrum für angewandte Energieforschung e. V.
Architekten:	Heinisch. Lembach. Huber Diplom-Ingenieure Architekten
Standort:	Walther-Meißner-Str. 611 85748 Garching
Baujahr:	2001
BGF:	1500 m^2
Jahresheizwärmebedarf:	32 kW/m^2
Wärmedurchlasskoeffizient:	1,0 W/m^2K Aerogelfassade
Dämmqualität:	0,21 W/mK Außenwand 0,18 W/mK oberste Geschossdecke 0,9 W/mK Verglasung 1 0,4 W/mK Verglasung 2
Flachkollektorsolaranlage:	500 Liter BWW-Pufferspeicher 1200 Liter Vakuum-Röhrenkollektoren Pufferspeicher Absorptionswärmenutzer

Konstruktion:
Das Gebäude wurde als Holzskelettkonstruktion ausgeführt. Um die Kosten zu senken, wurden einige elementierte Bauteile verwendet. Die bei der Holzbauweise anfallenden Hobelspäne wurden imprägniert als Schüttdämmung in die vorgefertigten Wandbauteile eingebracht.

Energiekonzept:
Für die energieoptimierte Konzeption des Gebäudes ist die klimatische Ausrichtung sehr wichtig. Sie orientiert sich nach Süden und durch die schmale, annähernd fensterlose und hochgedämmte Fassade reagiert das Gebäude auf die Beeinträchtigung durch übermäßige Aufheizung. An diesen Flächen sind solare Experimentieranlagen angebracht. Die größten Flächenteile des Hauses sind nach Westen und Osten ausgerichtet. Das Gebäude erfüllt den Niedrigenergiestandard. Durch einen hohen Wärmeschutz stellt vorwiegend nur die Kühlung einen Energieaufwand da. Durch die Nutzung von Brunnenwasser werden Labor-, Tagungsräume und der Bürobereich gekühlt. Der Bürokern und die Bodenplatte sind als Speicherfläche ausgelegt. Der Kühlkreislauf kann in Heizperioden zum Heizkreislauf umgekehrt und über die Deckensegel verteilt werden. Wichtig ist die natürliche Lüftung mit Querlüftungsmöglichkeit. Für den kontrollierten Luftwechsel der Bürobereiche ist ein Lüftungssystem mit Wärmerückgewinnung vorgesehen; dieses kann nachgerüstet werden. Einen temporären energetischen Einsatz liefern die Kollektortechnik, Brennstoffzellen und vieles mehr.

Quelle:
Intelligente Architektur 1-2/2003, das Zentrum für angewandte Energieforschung ZAE in Garching
www.muc.zae-bayern.de/zae4/a4/deutsch/spezielles/holzbaupreis/d_holzbaupreis.html

Kapitelverweis: 3.3 / 4.1.1 / 4.1.2 / 4.6

Bürogebäude Drees & Sommer, Vaihingen

Gebäudeart:	Bürogebäude
Bauherr:	DS-Grundstücksgesellschaft II
Architekten:	Architekten PSK'A Stuttgart
Standort:	Obere Waldplätze 11 70569 Stuttgart
Baujahr:	2002
Grundstück:	2.292 m^2
BGF, inkl. UG:	3.550 m^2
BRI:	11.465 m^2
U-Wert:	Fenster 1,28 W/m^{2}K
Primärenergieaufwandzahl (für Heizung, Kühlung und Lüftung berechnet):	30 kWh/m^{2}a

Energiekonzept:
Die Stadt Stuttgart forderte im Rahmen eines städtebaulichen Vertrages, dass der Jahresheizwärmebedarf von Gebäuden gegenüber der Wärmeschutzverordnung 1995 um 30 % reduziert werden muss. Dies war ein Problem, weil im Vergleich zur EnEV keine ganzheitliche Betrachtung von Wärmeschutz und Gebäudetechnischen Anlagen zulässig war. Da dies ein relativ kleines Gebäude war, konnten die Anforderungen nur mit aufwändigen Dämmkonstruktionen und einer 3fach-Wärmeschutzverglasung eingehalten werden.
Über eine mechanische Lüftungsanlage mit Wärmerückgewinnung wurden die Wärmeverluste für die Außenluftversorgung minimiert.
Der Fensterflächenanteil der Fassade wurde auf 50 % beschränkt, da somit die Transmissionswärmeverluste geringer wurden, wobei gleichzeitig auch der solare Wärmeeintrag im Sommer in Grenzen gehalten wurde. Zusammen mit außenliegenden Lamellenraffstores und einer speicherfähigen Deckenkonstruktion wurde ein guter sommerlicher Wärmeschutz erzielt.
Geheizt werden die Räume über die Stahlbetondecke bzw. abgehängte Heizdecken, welche mit niedrigen Heizlasten beheizt werden können (Bauteilaktivierung). Zur Steuerung der Raumtemperatur wurde in den Deckenrandstreifen eine Zusatzheizung mit geringer Reaktionszeit integriert. Der Vorteil dieses Systems ist, dass man es auch zur Kühlung der Räume ausnutzen kann.
Da die Decken auf Grund ihrer großen Spannweiten 30 cm stark wurden, war es möglich, auch noch Luftleitungen in die Stahlbetondecke zu legen. So kann mechanisch aufbereitete Zuluft in den Außenbereichen isotherm über neu entwickelte Schlitzluftdurchlässe im Boden in die Räume eingeblasen werden.
Durch die niedrigen Heizwasser- und hohen Kaltwassertemperaturen des innovativen Raumklimasystems hat sich die Nutzung von Umweltwärme angeboten. Es wurden insgesamt 18 Erdwärmesonden mit einer Tiefe von 55–60 m und einem Mindestabstand von 6 m hergestellt. Die Heizung erfolgt über eine monovalente Wärmepumpe.
Im Kühlbetrieb wird die Wärmepumpe nicht benötigt, da eine direkte Kühlung mit Hilfe der Erdsonden stattfindet. Über einen parallel zur Wärmepumpe geschalteten Wärmetauscher wird die Kälte in den Gebäudekreislauf übertragen.
Mit dem hier realisierten Konzept wird der Grenzwert des Primärenergiebedarf der EnEV 2002 um 44 % unterschritten.

Quelle:
Energie Effizientes Bauen, 1/2003, „Bürogebäude mit innovativem Energeikonzept, Heizen und Kühlen mit Erdwärme"
http://www.dreso.com/Unternehmen/Stuttgart_anf_AG.pdf
http://www.geothermie.de/oberflaechennahe/innovatives_energiekonzept/innovatives_energiekonzept.htm

Kapitelverweis: 2.3 / 4.2.1 / 4.4.2

6.5 Wohnungsbau

Berlin Marzahn, Sanieren mit Solarnutzung

Gebäudeart:	Doppelhochhaus / Wohngebäude (Sanierung / Renovierung)
Bauherr:	Wohnungsbaugesellschaft Marzahn
Architekten:	Becker, Gewers, Kühn u. Kühn
Standort:	Helene-Weigel-Platz 6–7 Berlin Marzahn
Baujahr:	2001
Photovoltaikmodule:	480 Module mit je 72 polykristallinen Siliziumzellen (426 m^2)
Leistung der Photovoltaikmodule:	Ca. 25.000 kWh Strom (damit wird ein Teil des Hausstromverbrauchs abgedeckt)

Tragwerk / Konstruktion:
Das Gebäude ist ein Stahlbetonplattenbau mit monolithischem Stabilisierungskern, an welchem ein Stahlbetonskelett angegliedert ist (dadurch konnte eine Veränderung der nicht tragenden Wände ohne größeren statischen Aufwand realisiert werden).

Energiekonzept:
Eine vorgehängte, hinterlüftete Fassade dient der Wärmedämmung und verdeckt auch gleichzeitig die Unebenheiten des Gebäudes. Dabei wurde in die Südfassade eine der größten Photovoltaikanlagen Europas integriert. Die ca. 70 m hohe Fassade bietet optimale Voraussetzungen für den Einsatz einer Photovoltaikanlage, da dort kein Schatten und keine Antenne, Wasserrinne oder ähnliches den Wirkungsgrad der Anlage verringern kann.
Zwei Paneelen aus Solarelementen decken die gesamte Fassade ab, wovon jedes aus ca. 240 speziellen Solarmodulen aus Verbundsicherheitsglas besteht. Die Module sind ca. 45 kg schwer und speziell auf einen Winddruck von 1,1 kN/m^2 ausgelegt. Damit eine optimale Belegung der Fläche möglich wurde, wurden polychristalline Solarzellen mit einer Kantenlänge von 10,2 x 10,05 cm in dem Farbton blau gewählt.
Die Gesamtfläche der Paneele beträgt 426 m^2 und bringt eine Leistung von ca. 48 kWp. Über 27 Wechselrichter wird die Gleichspannung in Wechselspannung umgewandelt. Der Strom wird in das hauseigene Stromnetz eingespeist. Überschüssiger Strom wird in das öffentliche Netz gegeben.
Durch diese Anlage wird eine CO_2-Reduktion von 72 t in einem Betriebszeitraum von 20 Jahren realisiert.

Quelle:
Detail 3/2000, Das Expo 2000 Projekt Berlin Marzahn Sanieren mit Solarnutzung
http://www.mieterschutzbund-berlin.de/ausflug/artikel/0004aus.shtm
http://www.harmswulf-landschaftsarchitekten.de/frameset_projekte_wohnungsbau.htm?/projekte_wohnungsbau.htm

Kapitelverweis: 4.1.2

Hannover-Kronsberg, Niedrigenergiehaus-Siedlung

Gebäudeart:	Wohnhausanlage / -Siedlung
Bauherr:	BauBeCon Holding AG, Hannover
Architekten:	Willen Associates, Wiesbaden
Standort:	Hannover-Kronsberg
Baujahr:	2000

Energiekonzept:
Die Mikroklimazone – ein geschlossener, überdachter Innenhof, angeordnet zwischen den 3 Häusern – ist das ökologische Herz der Wohnanlage. Sie bietet während des gesamten Jahres die Möglichkeit, die Grünanlagen zu nutzen und sich dort zu treffen. Die Temperatur innerhalb der Mikroklimazone ist an kalten Wintertagen immer um mindestens 10 Grad Celsius höher als die Außentemperatur. Dieser Effekt reduziert den Wärmebedarf der angrenzenden Wohnungen wesentlich. Einen weiteren Beitrag zum Niedrigenergiekonzept leisten die verwendeten Materialien. Sie wurden unter besonderer Berücksichtigung der zu ihrer Herstellung benötigten Energie ausgesucht. Die Türen und Fenster sind aus heimischem Buchenholz hergestellt.
An den nach außen orientierten Längsseiten der Gebäude sind an den Balkonen verschiebbare Verschattungselemente angebracht. Jede Wohnung verfügt über einen solchen Balkon mit mehreren Schiebeelementen. Diese ermöglichen eine flexible Nutzung der Balkone, indem sie, entweder nebeneinander gestellt, für einen privaten, verschatteten externen Wohnraum sorgen oder, hintereinander stehend, den Balkon nach außen öffnen und somit im Sommer eine Wohnraumerweiterung ermöglichen.
Ein weiteres wesentliches Anliegen ist es, im Gebäudeinnern angenehme flexible Wohnräume zu schaffen, die einen unverwechselbaren individuellen Charakter haben. Breite, um 180 Grad schwenkbare oder verschiebbare Türen machen eine individuelle Wohnungseinteilung möglich. Pro Treppenhaus und Etage sind maximal 3 Wohnungen erschlossen. Alle im Erdgeschoss liegenden Wohneinheiten sind barrierefrei zu erreichen und damit behindertengerecht.
Die Zuluft für alle Appartements wird durch ein Rohrsystem geleitet, welches eine effiziente Filterung und Wärmerückgewinnung ermöglicht.

Quelle:
dbz 09/2000, „Wer gut wohnt, lebt besser; Wohnanlage in Niedrigenergiebauweise"
http://www.baubecon.de/bbc_deu/unterneh/projekte/kronsber/baukrons.htm

Kapitelverweis: 5.4.1

House of the future, Cardiff

Gebäudeart:	Wohngebäude
Bauherr:	National Museums & Galleries of Wales
Architekten:	Jestico + Whiles Architects, London
Standort:	Museum of Welsh Life, St. Fagans, Cardiff
Baujahr:	2001
Wärme-pumpe:	2,3 kW
Elektroboiler:	3,4 kW
U-Wert:	0,2 W/m²K (Bauvorschriften werden um 60 % unterschritten)

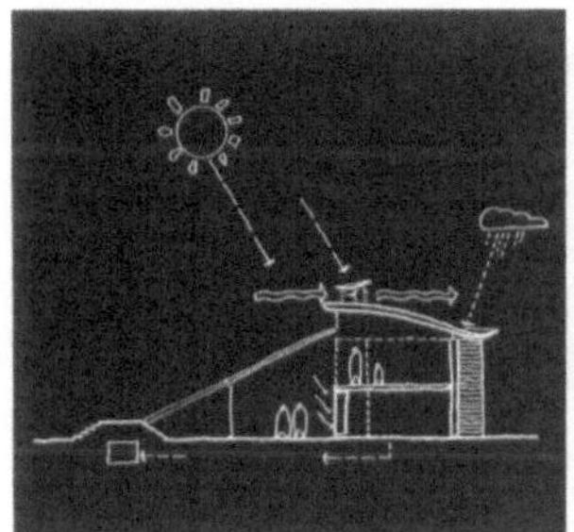

Wärmestrahlung und Luftströmung bei Tag ...

... und bei Nacht

Tragwerk / Konstruktion:
Das Haus besteht aus einer Holzkonstruktion, wobei Holz aus heimischen Wäldern zum Einsatz kam. Des weiteren wurden nur Baustoffe verwendet, die wieder verwertbar sind.

Energiekonzept:
Das Gebäude ist hochgedämmt mit einem U-Wert von 0,2 W/m²K. Photovoltaikanlagen auf dem Dach leisten mind. 50 Watt pro Quadratmeter (an einem bewölkten Tag). Durch die mit Schiebetüren verglaste Südfassade wird die passive Sonnenenergie maximal ausgenutzt.
Zwischen den Photovoltaikpaneelen wurde auf dem Dach ein 2 Quadratmeter großer Solarer-Flachplatten-Kollektor installiert. Das Wasser wird einem Heißwasser-Tank zugeführt, in dem ein Wärmeaustausch zwischen dem erwärmten Wasser aus dem Dach und dem frischem Wasser stattfindet. Als Ausweichmöglichkeit dient ein Boiler, welcher die Wassererwärmung unterstützen kann.
Es wurden 8 monokristalline Paneelen einer Photovoltaikanlage installiert. Jedes dieser Paneele produziert bis zu 100 Watt Gleichstrom, welcher mit Hilfe eines Umwandlers in Netzspannung umgewandelt wird.
Als Heizsystem wurde eine Grundwasserwärmepumpe, bestehend aus einer 2,3 kW starken Wärmepumpe und einem 3,4 kW starken Elektroboiler, als Hauptversorger installiert. Die Arbeitszahl der Wärmepumpe ist 3,15.
Das Warmwasser, welches von der Wärmepumpe produziert wird und Temperaturen von bis zu 50°C erreicht, zirkuliert in herkömmlicher Weise durch das konventionelle Heizsystem.

Quelle:
Intelligente Architektur 27, Wohnhaus im Museum of Welsh Life in St. Fagans, Cardiff: House for the future
www.greenroof.co.uk/html/main5.htm

Kapitelverweis: 4.1.1 / 4.1.2 / 4.2.2

Mehrfamilienhaus in der Messestadt Riem

Gebäudeart:	Mehrfamilienhaus mit Kindertagesstätte
Bauherr:	NEST Passivhaus GmbH + Co KG, Unterhaching
Architekten:	Architekt J. Nagel, Unterhaching
Standort:	Münchener Stadtteil „Messestadt Riem"
Baujahr:	2002
Energiebezugsfläche:	A_{KITA}: 571 m² A_{MFH}: 1.600 m²
Wohnnutzfläche:	A_{WN}: 2.300 m²
BRI:	9.290 m²
Heizwärme:	Q_h = 15 kWh/m²a
Drucktest:	n_{50} = 0,15 h^{-1}

U-Werte der Außenbauteile:

Leichtbau Aussenwände	0,13 W/m²K
Kellerdecke	0,16 W/m²K
Flachdach	0,13 W/m²K
Fenster	0,83 W/m²K

Tragwerk / Konstruktion:
Das Passivhaus ist eine Mischung aus Massivbau und Holzbau. Die Außenwände und die tragenden Wände des Kellers bestehen aus Stahlbeton. Die Außenwände im Erdgeschoss und den darauffolgenden Obergeschossen sind als Holzrahmenwände konstruiert worden.

Energiekonzept:
Durch die massiven Deckenplatten und die tragenden Wände wird eine erhebliche Speichermasse hergestellt, welche sich im Sommer ausgleichend auf die Raumtemperatur auswirkt und eine schnelle Erwärmung der Räume verhindert.
Die mechanische Komfortlüftungsanlage mit Wärmerückgewinnung wurde in jeder Wohnung und in dem Kindergarten separat eingebaut. Ausgewählt wurde ein dezentrales Lüftungsgerät, so dass die aufwendige Verrohrung der einzelnen Wohnungen entfiel. Außerdem können so die Räume viel schneller bedarfsorientiert geregelt werden.
Über Fernwärme wird das Gebäude mit Wärme versorgt. Die Verteilung erfolgt in den Wohnungen über konventionelle Plattenradiatoren und Warmluft. Mit Hilfe eines Gegenstromplattenwärmetauschers wird der Abluft bis zu 95 % der Wärme entzogen.
Die Koppelung der Luftheizung und der konventionellen Heizung hat den Vorteil, dass über die Heizkörper kein definierter Luftstrom für die Heizung erforderlich ist. So können die Räume bei Grundlüftung oder sogar ausgeschalteter Lüftungsanlage temperiert werden. Außerdem ist die Luftfeuchtigkeit in den Räumen etwas höher, als wenn nur mit einer reinen Luftheizung geheizt würde.

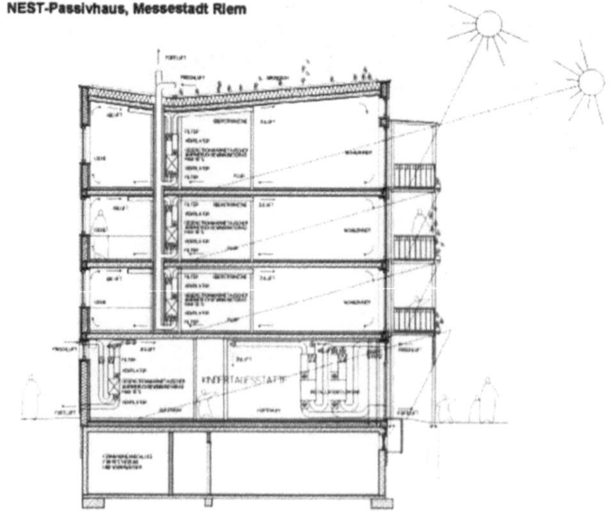

Quelle:
EB 3/2002; Mehrfamilienhaus mit Kindertagesstätte in der „Messestadt Riem"
http://www.bergmueller-holzbau.de/htm/baustellenberichte/passivhaus2001 m_riem/passivhaus2001riem.html
http://www.nest-passivhaus.de/

Kapitelverweis: 4.3

Niedrigenergie-Familienhaus, München

Gebäudeart:	Mehrfamilienwohnhaus	
Bauherr:	Gemeinnützige Wohnstätten- und Siedlungsgesellschaft MBH (GWG), München	
Architekten:	R&S Christian Raupach, Günter Schurk, München	
Standort:	Baumgartnerstraße München	
Baujahr:	1996	
A/V-Verhältnis:	0,36 m^{-1}	
k-Wert:	Fassade	0,27 W/m^2K
	Dach	0,23 W/m^2K
	Kellerdecke	0,28 W/m^2K
	Außenfenster	1,1 W/m^2K
	Fenster zu Glaswand	1,4 W/m^2K
	Glaswand	3,0 W/m^2K
Heizungsanlage:	Gas-Brennwertkessel 2 x 179 kW	
Brauchwassererwärmung (Solar):	109 m^2 Flachkollektoren	

Quelle:
http://www.grammer-solar.de/referenzen/Referenzen/baumgart.pdf
http://www.agsn.de/eschweizer/glasfaltwand/beispiele/beispiele_allg.htm
www.bine.info/

Kapitelverweis: 3.3. / 4.1

Tragwerk / Konstruktion:
Die Gebäudehülle besteht aus einer Stahlbeton-Schotten-Konstruktion. Die Trennwände der Wohnungen tragen die Lasten des Gebäudes genauso wie die vorgefertigten Holzelemente der Fassade.

Energiekonzept:
Die Wohnungen sind mit verschiedenen Heizsystemen versehen, welche in sechs, sich teilweise ähnelnde Typen aufgeteilt sind. Es gibt Wohnungen mit konventioneller Heizung, mit unterschiedlichen luftgeführten Solarenergiegewinnsystemen, mit einem wassergeführten Solarenergiegewinnsystem oder einem transparentem Wärmedämmsystem.

Die Systeme können wie folgt beschrieben werden:

Systeme A – C:
Bei diesen Systemen werden unterschiedliche luftgeführte Solarenergiegewinnsysteme erprobt. Eins dieser Systeme besteht jeweils aus zwei Luftkollektoren. Beim geschlossenen System wird die im Luftkollektor absorbierte Sonnenenergie in einer Betonwand abgespeichert, in deren Wandmitte sich Rohre befinden, die oben und unten mit einem Verteilerkanal verbunden sind. Die Luft strömt durch die Röhren und dann in den Kollektor zurück.

System D:
Das System gleicht dem ersten nur mit dem Unterschied, dass als Wärmeübertragungsmedium hier Wasser verwendet wird, welches durch 15 mm dicke Kupferrohre im Putz geleitet wird.

System E und F:
Bei diesem System wird jeweils auf der südlichen Aussenwand ein transparentes Wärmedämmverbundsystem mit unterschiedlicher Stärke (12 cm oder 6 cm mit schwarzem Absorberflies) angebracht. Die Wärme wird dann jeweils durch die Betonwand zeitverzögert in den Raum weitergeleitet.

Passivhaussiedlung Wiesbaden, „Lummerlund"

Gebäudeart:	Wohnhaussiedlung (Reihenhäuser für junge Familien)
Bauherr:	Rasch & Partner Bauen und Wohnen GmbH, Darmstadt
Architekten:	Rasch & Partner (Dipl.-Ing. R. Mundt, Dipl.-Ing. T. Martus), Darmstadt
Standort:	Wiesbaden-Dotzheim
Baujahr:	1997
BRI:	23.156 m^2
HNF:	4.567 m^2
BGF:	2.912 m^2
U-Wert:	Glas 1,1 W/m^2K (Zweifachverglasung für Niedrigenergiehausstandard)
	Glas 0,7 W/m^2K (Dreifachverglasung für Passivhausstandard)
Heizenergieverbrauch:	
Niedrigenergiehaus	38 $kWh/(m^2K)$, d. h. 3,8 l Heizöl pro m^2 Wohnfläche im Jahr
Passivhaus	15 $kWh/(m^2K)$, d. h. 1,5 l Heizöl pro m^2 Wohnfläche im Jahr

Tragwerk / Konstruktion:
Es wurden 24 Niedrigenergiehäuser und 22 Passivhäuser in einer Mischkonstruktion gebaut. Die Tragkonstruktion besteht aus Betonfertigteilen, die Aussenwände aus Holzleichtbaukonstruktion und die Innenwände aus Gipskarton-Metallständerwänden.

Energiekonzept:
Die Häuser der gesamten Siedlung zeichnen sich durch ihren erhöhten Wärmeschutz aus, d. h. die Wärmedämmung wurde stärker ausgebildet als bei „normalen" Häusern. Der mittlere U-Wert der Aussenwände beträgt 0,14 $W/(m^2K)$, der mittlere U-Wert des Daches 0,10 $W/(m^2K)$ und liegt bei der Bodenplatte bei 0,11 $W/(m^2K)$. Hierbei ist jedoch anzumerken, dass die Häuser nicht unterkellert sind.
Durch die besondere Luftdichtigkeit der Häuser werden Transmissionswärmeverluste auf ein Minimum reduziert.
Die Lüftungsanlage einiger Häuser wird über einen Erdwärmetauscher geführt. Der verbrauchten Luft wird also die Wärme entzogen und der Frischluft zugeführt. So ist eine Wärmerückgewinnung von ca. 80 % zu erreichen.
Die Heizung läuft über Fernwärme. Die Wärme wird durch kleine Radiatoren an den Innenwänden in den Raum abgegeben. Der Heizwärmebedarf liegt bei ca. 13,4 $kWh/(m^2a)$.

Quelle:
EB 02/2001; Passihaussiedlung Wiesbaden: Wenig Heizenergie und zufriedene Bewohner
http://www.phasea.de/Events/Resumee/Rasch.doc
http://www.aee.at/verz/artikel/niedr23.html
http://www.passiv.de/
http://www.baunetz.de/arch/bauobjekte/11.3/komplett/06801/index.htm#seitenanfang

Kapitelverweis: 5.2

Sanierung eines Mehrfamilienhauses in Hannover

Gebäudeart:	Mehrfamilienhaus	
Bauherr:	Nicole von Oesen	
Architekten:	Nicole von Oesen	
Standort:	Große Baliner 62 30171 Hannover	
Baujahr:	1920, Instandsetzung 2001	
U-Werte:	Fenster	0,8 W/m²K
	Aussenwände	0,089 W/m²K
	Dach	0,065 W/m²K
Heizenergieeinsparungen:	mehr als 90 %	
CO_2 Einsparung pro Jahr:	25 t	

Baukonstruktion / Tragwerk:
Mauerwerk mit neu aufgebrachter Wärmedämmung, welche in den Aussenwänden auf 30 cm verstärkt worden ist.

Energiekonzept:
Vom Erdgeschoss bis zum 3. Obergeschoss reicht eine semizentrale Lüftungsanlage für ausreichend frische und warme Luft. Diese Luft wird im Innenhofbereich in ca. 3 m Höhe angesaugt und in einem Erdregister erwärmt. Im Keller wird die Luft dann über zwei Kanalgegenstrom-Wärmetauschermodule mit Hilfe der Abluft erwärmt. Über Wickelfalzrohre, die in den nicht mehr benötigten Kaminrohren verlegt wurden, kommt die frische, vorgewärmte Luft in die Wohnungen.
Untereinander sind die Wohnungen durch Feuerschutz-Klappen getrennt. In den abgehängten Decken befinden sich neben den Wickelfalzrohren auch eine Filteranlage für die verbrauchte Luft und Weitwurfdüsen für die frische Luft.
Ein Brennwertkessel zwischen dem 1. und 2. OG übernimmt die gesamte Wärmeversorgung.
Die Warmwassererwärmung erfolgt zu ca. 50 % über eine Solaranlage auf dem Dach. In den einzelnen Wohnungen kann das Wasser dann je nach Bedarf noch über ein kleines Wasser/Luft-Nachheizregister auf bis zu 50°C erwärmt werden.
Da der Kellerbereich aufgrund fehlender Wärmedämmung nicht auf den Standard eines Passivhauses gebracht werden kann, erreicht die Sanierung nur einen guten Niedrigenergiestandard. Die Obergeschosse sind jedoch im Passivhausstandard erstellt.

Quelle:
EB 04/2001; Sanierung eines Mehrfamilienhauses im Passivhausstandard zu vertretbaren Mehrkosten
http://www.proklima-hannover.de/

Kapitelverweis: 4.1.1

Sanierung eines Mehrfamilienhaus zum Passivhaus, Zürich

Gebäudeart:	Mehrfamilienhaus
Bauherr/ Sponsoren:	Amt für Abfall, Wasser, Energie und Luft Zürich; Bundesamt für Energiewirtschaft Bern; Competair, Thalwil EWZ Stromsparfond, Zürich, Flumroc AG, Flums; Suprag AG, Telekommunikation, Zürich
Architekten:	Viridén + Partner und Prof. W. Dubach, Arch SIA/BAS, Zürich
Standort:	Magnusstraße 23 Zürich
Baujahr:	1894, Instandsetzung 2001
U-Werte:	Fenster (10 %) 0,7 W/m²K Gebäudehülle (70 %) 0,15 W/m²K Straßenfassade (20 %) 0,43 W/m²K
Luftdichtigkeit:	ca 2 h^{-1}
Heizwärmebedarf (Q_h):	17,5 kWh/m²a
Heizenergiebedarf (E_h):	13,3 kWh/m²a

Energiekonzept:
Die Gebäudehülle wurde wärmetechnisch überdurchschnittlich verbessert, was an der Dicke der Wärmedämmung mit bis zu 40 cm liegt. Ca. 70 % der Gebäudehülle haben einen U-Wert von 0,15 W/m² im Durchschnitt.
Vor der Sanierung wurde nur mit Einzel-Ölofen und Elektroradiatoren geheizt. Auch nach der Sanierung gab es keine Heizkörper oder Fußbodenheizung. Der Energieverbrauch sollte für Heizung, Lüftung und auch Warmwasser möglichst gering gehalten werden. Außerdem sollten möglichst viele erneuerbare Energien eingesetzt werden. Über eine Luft-/Wasser-Wärmepumpe und über die Sonnenkollektoranlage auf dem Dach wird die benötigte Energie für Heizung und Warmwasser in einen Speicher mit integriertem Boiler geleitet. Über die Wohnungslüftung mit Wärmerückgewinnung erfolgt dann die Wärmeverteilung in den einzelnen Wohnungen. Wenn die Temperaturen unter −2°C sinken, reicht die Warmluftheizung nicht aus und muss mit einem Holzspeicherofen in den einzelnen Wohnungen abgedeckt werden.
Über eine Komfortlüftung kann jede Wohnung einzeln regulieren, wie viel Luft in die Zimmer eingeblasen wird.
Nach der Sanierung wurde der Primärenergiebedarf um den Faktor 10 reduziert.

Quelle:
EB, 04/2001; Passivhaus im Bestand
http://www.viriden-partner.ch/

Kapitelverweis: 4.3

Wohnanlage am Lohbach, Innsbruck

Gebäudeart: Wohnanlage
Bauherr: Neue Heimat Tirol
Architekten: B & E Baumschlager-Eberle, Lochau
Standort: westlicher Stadtrand von Innsbruck, Österreich
Baujahr: 2001
Heizenergiekennzahl: 20 kWh/m^2 a
Wohnnutzfläche: 21.500 m^2
Heizenergieersparnis: 860 MWh/a (ca. 86.000 l Öl oder 86.000 m^2 Gas)
Sonnenkollektoren: 140–190 m^2 pro Gebäude

(Foto: Eduard Hueber)

Quelle:
Detail, 03/2002; „Vom Gebäudetyp zum Grundriss – Die Wohnalage in Lohbach"
http://www.arbeitundklimaschutz.de/pdf_downs/ph_symposium/Baumschlager.pdf
http://db.nextroom.at/bw/21531.html

Kapitelverweis: 3.3 / 4.1.2

Energiekonzept:
Die Wohneinheiten der Gebäude werden über eine Warmluftheizung in Verbindung mit einer kontrollierten Gebäudelüftung mit Wärmerückgewinnung und Aussenluftvorwärmung über Sonnenkollektoren und einem Pufferspeicher mit Wärme versorgt. Wenn noch Heizenergie benötigt wird, geschieht dies über ein Lüftungsgerät in jeder Wohnung. Die Wohnungen verfügen jeweils über eine Kleinstwärmepumpe. Die Spitzenheizlast übernimmt ein Gasbrennwertkessel.
Der Warmwasserbedarf wird teilweise über die Solaranlage auf dem Dach und der restliche Bedarf über einen zentralen Gasheizkessel abgedeckt.
In jeder Wohnung befindet sich ein Lüftungsgerät mit Wärmerückgewinnung. Die Luft wird nur bei Bedarf erwärmt und in die Wohnungen eingebracht. Sie wird über Lüftungsrohre, welche in die Betondecken eingelegt sind, in die Räume geführt. Abluft aus diversen Räumen (Bad, Küche ...) wird abgesaugt. Die Entsorgung der Abluft aus den anderen Räumen erfolgt durch den Luftspalt unter den Türen.
Die Solarkollektoren auf dem Dach geben ihre Wärme an den Solarspeicher in der Tiefgarage ab. In diesem Speicher wird im Sommer das benötigte Warmwasser erwärmt, welches dann in die wohnungseigenen Warmwasserspeicher weitergeleitet wird (je nach Bedarf kann das Wasser dort noch zusätzlich durch die Kleinstwärmepumpe nachgewärmt werden). Die solare Wärme wird im Winter zur Erwärmung der Zuluft genutzt.

Wohnhaus Sobek, Stuttgart

Konstruktion:
Das emissionsfreie Nullheizenergiehaus besteht aus einer modularen Bauweise, die durch Verwendung vorgefertigter Bauteile kurze Bauzeit und Recycling ermöglicht.
Die Außenfassade besteht aus geschosshohen Scheiben in dreilagiger Bauweise und dreifacher Isolierverglasung. Die Glasscheiben besitzen zwischen der äußeren und der inneren Glasscheibe eine metallbedampfte Folie, die einen Großteil der Infrarotstrahlen des Sonnenlichtes reflektiert. Die Scheibenzwischenräume wurden mit Edelgas befüllt.
Die Scheiben werden durch sogenannte pads in horizontaler Richtung gehalten, diese pads sind wiederum durch Stützenelemente mit der Hauptkonstruktion verbunden.
Das Tragwerk ist ein Stahlskelettbau mit gelenkigen Verbindungen.

Be- und Entlüftung mit Wärmerückgewinnung:
Dem Bauherren war ein emissionsfreies Energiekonzept wichtig. Da in diesem Wohnhaus jedoch auf Grund der Vollverglasung Speichermasse fehlt, wurden wasserdurchströmte Deckenpaneelen, die in Kontakt mit der Raumluft stehen, als Transportmedium eingesetzt. Sollten bei sonnigen Wintertagen überhöhte Temperaturen im Gebäude entstehen, wird die überschüssige Wärme über den Wasserkreislauf der Heiz- und Kühlelemente abgeführt und für kältere Tage im gut gedämmten Speicher mitten im Haus gespeichert. Die zwischen Deckenpaneele und Langzeitspeicher geschaltete Wärmepumpe verlängert dieses Prinzip auf die gesamte Heizperiode.
Außerdem können dem Innenraum bei bereits erhöhten Speichertemperaturen solare Gewinne entzogen und im saisonalen Pufferspeicher gespeichert werden.
Fällt die Temperatur im Wasserspeicher nahe den Gefrierpunkt ab, kann durch einen elektrischen Heizstab nachgeheizt werden.

Gebäudeart:	Wohnhaus
Bauherr:	Werner & Ursula Sobek
Architekt:	Werner Sobek
Standort:	Stuttgart
Baujahr:	2000
Nutzfläche:	250 m^2
Umbauter Raum:	920 m^2
k-Wert:	Fenster k = 0,45
Solarmodule:	48 Stück je 1,375 x 0,815 m bei intensiver Sonneneinstrahlung 6,72kW/h
Stromverbrauch:	3000 – 4000 kW/ a
Primärenergie:	9000 – 12000 kWh
Wärmetauscher:	Wirkungsgrad 70 %

Dieser wird durch im Stromnetz gespeicherte Gewinne der rahmenlosen Photovoltaikanlage auf dem Dach gespeist.
Durch eine mechanische Be- und Entlüftung erreicht man einen hygienisch notwendigen Luftaustausch, und die Wärmeenergie der aufgeheizten Fortluft kann aufgefangen werden. Die einströmende Frischluft wird durch einen Erdwärmetauscher unter der Bodenplatte erwärmt.

Quelle:
Deutsche Bauzeitung 7/2001, Wohnhaus Werner Sobek

Kapitelverweis: 3.3 / 4.2 / 4.3

Solaroffice Seebronn

Gebäudeart:	Wohnhaus mit Arbeiten
Bauherr:	Klaus Lambrecht
Architekten:	Dipl.-Ing. Gottfried Haefele, Oed & Haefele Architekten BDA, Tübingen
Standort:	Buchenweg 12 72108 Rottenburg, Ortsteil Seebronn
Baujahr:	1997
U-Wert:	Dach 0,18 W/(m^{2}K) Außenwände 0,12 – 0,2 W/(m^{2}K) Bodenplatte 0,28 W/(m^{2}K) Radgarage Nord 0,23 – 0,35 W/(m^{2}K) Verglasung 1,4 W/(m^{2}K) (g=0,58)
Heizungsanlage:	– Solaranlage mit 2 m^2 Solarschichtenspeicher mit Anbindung an die Zentralheizung – Holzvergaserkessel (14 kW)
Wärmebedarf für Warmwasser und Strom:	12 kWh/m^{2}a
Heizwärmebedarf:	10 kWh/m^{2}a

Energiekonzept:
Es handelt sich um ein ökologisches Wohnhaus mit Arbeitsbereich. Das Haus wird ausschließlich mit erneuerbaren Energien beheizt. Das geschieht über eine thermische Solaranlage und eine Holz-Zentralheizung. Die nicht hinterlüfteten 34 m^2 großen, fassadenintegrierten, vollflächigen Solarkollektoren dienen zusätzlicher Wärmedämmung. Ein zwei Kubikmeter großer Pufferspeicher mit Schichtenlader nimmt die Sonnenwärme auf und speist auch die elektronisch geregelte Frischwassererwärmung. Die Kollektoren decken über 50 % des Wärmebedarfs, den Rest steuert der Vergaserkessel der Holz-Zentralheizung bei. Über 50 % der Wärme werden von der Sonne erzeugt. Der Heizwärmebedarf liegt um mehr als 5 kWh/m^{2}a unter dem Passivhausstandard von 15 kWh/m^{2}a.
Großflächige Wand- und Fußbodenheizungen ermöglichen, die Räume individuell zu temperieren, und tragen wesentlich zum Wohnkomfort bei. Die Zuluft wird über ein Erdregister mit vorgeschaltetem Filter ins Gebäude geführt. Der Erdwärmetauscher in Verbindung mit der Lüftungsanlage bewirkt nicht nur eine Lufterwärmung im Winter. Er liefert auch kühle Luft im Sommer und ermöglicht den Verzicht auf eine aktive Klimatisierung. Das Erdregister erfüllt gleichzeitig auch noch die Funktion der Verteilung, indem die Rohre unter Bodenplatte mit vier Abgängen ins Gebäude gehen. Aus den Bädern, Toiletten sowie Küche und Hauswirtschaftsraum wird die Abluft abgesaugt. Selbst an heißen Sommertagen steigen die Innentemperaturen kaum über 25°. Das spart im Sommer ebenso Energie wie die großflächig, der Sonne zugewandte Verglasung in den kalten Monaten. Die großen Fensterflächen im Süden und Westen lassen zudem viel Tageslicht in das Wohnzimmer. Der Wärmebedarf des Hauses wird ausschließlich durch die aktive und passive Nutzung der Sonnenenergie sowie mit Holz gedeckt.

Quelle:
Das Bauzentrum Baukultur, 12/2002, Solaroffice Seebronn – Wohnen und Arbeiten im Solarhaus
http://www.solarserver.de/solarmagazin/anlageaugust2002.html

Kapitelverweis: 4.1.1 / 4.8.1 / 5.2

Passivhaus am Bodensee

Bauherr:	Familie Striegel
Architekten:	Martin Wamsler, Dipl.-Ing. (FH), Freier Architekt BDA, Markdorf
Standort:	Oberteuringen, Hefigkofen (Friedrichshafener Hinterland)
Baujahr:	2000
Wohnfläche:	192,5 m^2
Verbrauch:	12,5 kWh/m^2a
Wohn- und Nutzfläche:	237 m^2
Umbauter Raum:	1.017 m^3
Heizwärme-bedarf:	14,2 kWh/m^2a (berechnet)
U-Werte:	Fenster 0,79 W/m^2K (g=60 %) Bodenplatte 0,12 W/m^2K Aussenwand 0,11 W/m^2K Dach 0,11 W/m^2K
Lüftung:	Lüftung mit 90 % Wärmerückgewinnung, Erdwärmetauscher

Energiekonzept:
Das Gebäude ist mit einer kontrollierten Be- und Entlüftung mit Erdwärmetauscher ausgestattet. Der minimale Restheizbedarf sowie die Warmwassererzeugung wird durch Solarkollektoren sichergestellt. Sollten diese nicht ausreichen (schlechter Wirkungsgrad durch ungünstige Hausausrichtung im Bebauungsplan), wird der Restbedarf durch einen Pelletsofen sichergestellt.

Die Besonderheiten des Hauses sind:
- Passivhaus mit Pelletsheizung für die Warmwasserbereitung
- Kontrolierte Be- und Entlüftung mit Erdwärmetauscher
- Solarkollektoren
- Regenwasserzisterne für WC-Spülung und Gartenbewässerung (7,5 m^3)
- Zellulosedämmung 36 cm in Wänden und Dach, 30 cm über Bodenplatte
- EIB-Elektroinstallation
- Drucktest $n_{50} = 0,28$
- Bauzeit nur vier Monate

Quelle:
Das Bauzentrum Baukultur, 12/2002, Bauherr in Eile: 102 Tage bis zum Einzug ins Passivhaus
http://www.solarserver.de/solarmagazin/anlageaugust2002.html

Kapitelverweis: 4.1.1 / 4.8.1 / 5.2

Studentenwohnheim Burse, Sanierung

Gebäudeart:	Studentenwohnheim
Bauherr:	Hochschul-Sozialwerk, Wuppertal
Architekten:	Architektur Contor Müller Schlüter, Wuppertal Architekten Petzinka, Pink und Partner, Düsseldorf
Standort:	Wuppertal
Baujahr:	2000
Heizwärmebedarf:	weniger als 70 kWh/(m^{2}a)
Luftdichtigkeitswert:	$n_{50} = 0{,}4\ h^{-1}$
U-Werte der Außenbauteile:	
	Fenster 1,56 W/(m^{2}K) (Niedrigenergiehaus) 0,82 W/(m^{2}K) (Passivhaus)

(Foto: Thomas Riehle)

Quelle:
Das Bauzentrum Baukultur, 12/2002, Vom Altbau zum Niedrigenergiehaus und zum Passivhaus: Studentenwohnheim Burse
http://www.gladen-ingenieure.de/Site/Projekte/1124-m.htm
http://www.presse.uni-wuppertal.de/html/module/medieninfos/druckansicht/0402_burse.htm

Kapitelverweis: 4.3

Gebäude:
Das ursprüngliche Studentenwohnheim Burse, 1977 mit rund 600 Wohnplätzen eines der größten Studentenwohnheime in Deutschland, war nach intensivster Nutzung baulich verbraucht und strukturell veraltet. Kleine Zimmer mit nur 12 Quadratmetern hatten keinerlei Infrastruktur, die Wohngruppen waren mit 16 Personen viel zu groß. Zentrale Gemeinschaftsküchen und Sanitäreinheiten für bis zu 32 Personen, fehlende Medienanschlüsse, kleine, wenig Sonne einlassende Fenster, all das entsprach zuletzt längst nicht mehr den heutigen Anforderungen. Außerdem waren Fassaden und Dächer aufgrund konstruktiver Mängel undicht.

Bauablauf:
Die Gebäude wurden komplett entkernt und die vorgehängten Fassaden entfernt. Die Treppenhäuser im Inneren der Gebäude wurden abgerissen und durch je zwei verglaste Treppenhäuser ersetzt, welche außerhalb der beheizten Gebäudehüllen liegen.
Die Studentenwohnheime wurden in zwei Bauabschnitten erneuert, wobei der erste den Niedrigenergiestandard erhielt und der zweite im Passivhausstandard gebaut wurde. Dies gelang unter anderem durch eine Verbesserung der Holzrahmenkonstruktion als Fassadenelement.

Energiekonzept:
Das Lüften in dem Niedrigenergiegebäude erfolgt über einen individuell steuerbaren Ablüfter ohne Wärmerückgewinnung in Küchen- und Duschbereichen sowie über die Fenster. Auf Grund von mangelnder Lüftung wurde im zweiten Bauabschnitt (Passivhaus) die Lüftung kontrolliert, so dass man eine Wärmerückgewinnung von 80 % erreichen konnte. Dadurch wurden auch die Heizkosten gesenkt.
In dem Niedrigenergiehaus ist ein konventionelles Heizsystem eingebaut. Das Passivhaus hingegen ist theoretisch durch die Lüftung mit Wärmerückgewinnung ausreichend mit Wärme versorgt. Trotzdem wurde zur individuellen Regulierbarkeit ein kleiner Heizkörper in den WC's der einzelnen Appartments eingebaut. Darüber kann zusätzlich die Wohnung geheizt werden. (Die Heizung wird über Fernwärme betrieben.)

Literaturverzeichnis

/1/ www.gfa.de 12/2002

/2/ Fanger, P.O.; Bandhidi, L.; Olesen, B.W.; Langkilde, G.: Comfort Limits for Heated Ceilings. ASHRAE AE Trans. 86(2) S. 141-156

/3/ Recknagel, Sprenger, Schrameck: Taschenbuch für Heizung- und Klimatechnik 2001/2002
R. Oldenburg Verlag, München/Wien

/4/ Witthauer / Horn / Bischof: Raumluftqualität
Verlag C.F. Müller, Karlsruhe 1993

/5/ DIN 1946, Teil 1, Ausgabe 1988: Raumlufttechnik

/6/ Glück, B.: Grundlagen der thermischen Bauteilaktivierung, Vortragsunterlagen Manuskript Firma Polytherm 2001

/7/ VDI 2078: Berechnung der Kühllast klimatisierter Räume
Beuth Verlag, Juli 1996

/8/ Energieeinsparverordnung (EnEV), 21. 11. 2001, Bundesgesetzblatt Nr. 59
Bundesanzeiger-Verlag, Köln

/9/ Balcomb, D., passiv solar design handbook, Vol. I und II
U.S. department of energy

/10/ european passive solar handbook, commission of the european communities, directorated general XII for signs, search and development, 1986

/11/ Knoblich, K. u. Sanner, W.: Geotechnik im Einsatz für Heizen und Kühlen – Energiepfähle, geotechnik 22 (1999), Nr. 1

/12/ VDI 4640: Thermische Nutzung des Untergrundes, Blatt 1, 12/2000
Beuth Verlag, Berlin

/13/ www.50-solarsiedlungen.de

/14/ www.itw.uni-stuttgart.de

/15/ www.bine.fiz-karlsruhe.de, Langzeitwärmespeicher und solare Nahwärme, 12/2002

/16/ Fisch, N., Möws, B., Zieger, J.: Solarstadt
Kohlhammer Verlag, Stuttgart 2001

/17/ www.solarserver.de

/18/ Scmidt, J.: Strom aus der Sonne, Verlag C.F. Müller
Heidelberg, 4. Auflage

/19/ www.bi-invest.de

/20/ www.bine.fitz-karlsruhe.de, Photovoltaik, 12/2001

/21/ Bine Informationsdienst, Projektinfo 1998, Photovoltaik

/22/ www.shell-solar.de

/23/ Hullmann, H.: Photovoltaik in Gebäuden, Handbuch für Architekten und Ingenieure, Fraunhofer IRB Verlag, Stuttgart 2000

/24/ www.bp-solar.de.

/25/ www.viessmann.de

/26/ www.agsn.de

/27/ RWE Bauhandbuch, 12. Ausgabe
RWE, Essen

/28/ Fox, Ullrich: Sonnenkollektoren, Thermische Solaranlagen, Kohlhammer Verlag Stuttgart, 1998

/29/ www.eam.de.

/30/ Fechner, Hubert, Arbeitsgemeinschaft erneuerbare Energie, www.aee.at, Solare Luftkollektoren – eine Übersicht, 04. 11. 2002
www.aee.de, Task 19 solar air systems

/31/ www.iea-shc.org

/32/ Kube, v.H.L. Wärmequellen für Wärmepumpen, Wärmepumpentechnologie Band 1
Vuklan Verlag, Essen 1980

/33/ Michler, K. und Richards, F.: Verfahren zur energetisch optimalen Auslegung von Wärmepumpen für die Raumheizung, HLH 31 (1980), Nr. 7, Seite 244 – 250

/34/ Länderarbeitsgemeinschaft Wasser (LAWA): Grundlagen zur Beurteilung des Einsatzes von Wärmepumpen aus wasserwirtschaftlicher Sicht
ZfGW Verlag, Frankfurt 1980

/35/ Bohne, D.: Planung einer Verbrennungsmotor-Gaswärmepumpenanlage und deren Kopplung mit dem Heiznetz am Beispiel einer Großanlage,
Diplom-Arbeit Universität Siegen, Januar 1982

/36/ Sanner, B. und Rybach, L.: Oberflächennahe Geothermie, Nutzung einer allgegenwärtigen Resource
Geowissenschaften 15/7 1997

/37/ Brehm et al: Ergebnisse von Temperaturmessungen im oberflächennahen Bereich,
Zeitschrift für angewandte Geowissenschaft (1981)

/38/ ASUE Broschüre Gas-Wärmepumpen; Ein Beitrag zur CO2-Minderung; Verlag Rationeller Energieeinsatz, Hamburg 2002

/39/ VDI-Richtlinie 4640: Thermische Nutzung des Untergrundes, Blatt 2, erdgekoppelte Wärmepumpenanlagen, 2001

/40/ Bohne, D.: Thermal Conductivity, Density, Viscosity and Prandtl Numbers of Ethylen-Glycol-Water-Mixtures, Ber. Bunsengesellschaft.Physik.Chemie.88, 739 – 742, 1984

/41/ Kaltschmidt, M. u. Wiese, A.: Erneuerbare Energien Springer Verlag, Berlin 1997

/42/ www.naegelebau.as

/43/ VDI-Richtlinie 4640: Blatt 6-2001, Thermische Nutzung des Untergrundes – Unterirdische Thermische Energiespeicher
VDI Verlag, Düsseldorf

/44/ VDI 2071: Wärmerückgewinnung in raumlufttechnischen Anlagen, 12/1997
VDI Verlag, Düsseldorf

/45/ VDI 2067, Blatt 7: Berechnung der Kosten von Wärmeversorgungsanlagen, Blockheizkraftwerke, 12/1988
VDI Verlag, Düsseldorf

/46/ ASUE, Broschüre Blockheizkraftwerke, Grundlagen der Technik und Anwendungsmöglichkeiten
Verlag rationeller Energieeinsatz, Hamburg

/47/ DIN EN 12831 Heizungsanlagen in Gebäuden; Verfahren zur Berechnung der Norm-Heizlast, August 2003
Beuth Verlag, Berlin

/48/ ASUE, Broschüre Mikro-KWK
Verlag rationeller Energieeinsatz, Kaiserslautern

/49/ www.bine.fitz-karlsruhe.de, Kraft-Wärme-Kopplung
Broschüre Blockheizkraftwerke, 12/2001

/50/ ASUE, Broschüre Absorbtionskälteerzeugung im Überblick, Kühlen mit Erdgas
Verlag rationeller Erdgaseinsatz, Hamburg

/51/ Energieagentur NRW, Brennstoffzellen – Entwicklungsstand, Einsatzbereiche und Marktanforderung, Wuppertal, 12/2002

/52/ www.L-B-Systemtechnik.com, 12/2002

/53/ Firma Vaillant, Broschüre Brennstoffzellen, 2002

/54/ www.energytech.at

/55/ www.solar_klimatis_ventilator_opti.pdf /

/56/ Marko, A., Braun, P.: Thermische Solarenergienutzung an Gebäuden
Springer Verlag, 1997

/57/ Henning, H.-M.:Aktive solarthermische Systeme für die Gebäudeklimatisierung, in: Thermische Solarenergie Nutzung an Gebäuden, Seite 385 ff, Springer Verlag, 1997

58/ Gems, B.: Photovoltaische und thermische solare Kühlung im Vergleich, VDI Fortschrittsberichte, Reihe 19
VDI Verlag, Düsseldorf 1995

/59/ Busweiler: Vortrag solare Kühlung, Universität Siegen, Fachbereich Architektur 07/2000

/60/ Henschel, J. und Oppermann, K.: Perspektiven erneuerbarer Energien – Teil 3: Biomasse KFW, 12/2002
Biomasse_15_24.pdf

/61/ Lasselsberger, L.: Verbrennungstechnik
Bundesanstalt für Landtechnik (BLT)
Österreichischer Biomasseverband, 12/2002, (HmH_Verbrennungstechnik.pdf)

/62/ www.kaminfeuer.de

/63/ Landesenergieverein Steiermark, Graz: Schauer, K.:
Broschüre Pireus 1.pdf
Graz 2002
www.stenum.at

/64/ www.energielandnrw.de

/65/ Bohne, D. und Schmickler, F.-P.: Regenwassernutzungsanlagen – Speicherdimensionierung durch Simulationsrechnung für Objektgebäude
Energieeffizientes Bauen EB, Ausgabe 1 und 2, 2002

/66/ König, K.W.: Das Handbuch der Regenwassertechnik
Herausgeber Wilo-Brain 2001, Ido GmbH, Dortmund

/67/ DIN 1988: Technische Regeln für Trinkwasserinstallationen
Beuth Verlag, 1988

/68/ Daniels, K.: Technologie des ökologischen Bauens
Berghäuser Verlag, 1995

/69/ Gebäude der Braun AG Kronberg, in „Intelligente Architektur", Nr. 23, Juli/August 2000, S. 25 ff.

/70/ Mont Cenis, Broschüre über dir Architektur der Fortbildungsakademie des Landes in Herne, 1999

/71/ Herzog, Thomas: Sustainable Height
Deutsche Messe AG Hannover
Prestel Verlag; 2000

/72/ Bine Projektinfo 02/2000: Erdwäremtauscher

/73/ www.nesa1.uni-siegen.de

/74/ www.ag-solar.de
Verbundprojekt Lufterdwärmetauscher
Zwischenbericht für das Jahr 1998

75/ Kennedy, M., Großmann, U., Schütze, T.: Erfahrungen mit innovativen Erdwärmetauscher-Lüftungsanlagen, Abschlussbericht, März 2001, Universität Hannover

/76/ Oesterle et al: Doppelschalige Fassaden – ganzheitliche Planung; Callwey Verlag 2001

/77/ Gertis, Karl: Sind neuer Fassadenentwicklungen bauphysikalisch sinnvoll? Teil 2 Glasdoppelfassaden, Bauphysik 21 (1999), Heft2.

/78/ www.gsw.de

/79/ EN 410: Glas im Bauwesen – Bestimmungen der lichttechnischen und strahlungsphysikalischen Kenngrößen von Verglasungen
Deutsche Fassung 1998

/80/ Handbuch Firma Interpain, Stand 2000

/81/ DIN 4008-2 Wärmeschutz und Energieeinsparung in Gebäuden-T2:Mindesanforderungen an den Wärmeschutz, 2003-04, Beuth-verlag Berlin

/82/ Memento Glashandbuch, Fa. Saint-Gobain., Ausgabe 2000

/83/ Roth, H.-W.: Raumklimatechnik mit dezentraler Fassadenbelüftung, das Geheimnis der Forks in cci.print 04/2002, S. 51 – 55

/84/ Firma Avenco AG, Zürich: Prospekt Luftboxen 2002

/85/ Kerschberger, A.: Solares Bauen mit transparenter Wärmedämmung, Bauverlag Wiesbaden/ Berlin1996

/86/ G & H Isover: Firmenunterlagen 2000

/87/ STO AG: Prospekt transparente Wärmedämmung, Stand 2000

/88/ Hartkopf et al.:Building as a Power Plant, Forschungsberichte Center of Building Performance and Diagnostics, CMU Pittsburgh USA, 2003

/89/ Bohne+Schumacher

/90/ www.rwe.de/Brennstofzelle

/91/ BHKW Infozentrum Rastatt

/92 Lohmeyer, G.: Praktische Bauphysik, Teubner Verlag Stuttgart 1992

/93/ Trogisch, A.: „Freie Lüftung"– eine Alternative, TAB 6/2003, S. 47 ff.

Register

S

T

U

V

W